垃圾焚烧发电建设项目
管控手册

李朝晖　李　权　主编

中国电力出版社
CHINA ELECTRIC POWER PRESS

内 容 提 要

本书结合垃圾焚烧发电建设项目实战案例，从项目管理的角度构建了一种 PPP 模式下中小型建设项目管理体系，按照建设项目的生命周期，翔实且细致地展示了在项目策划、组织管理、进度管理、成本管理、质量管理、安全管理、交验管理等十四个方面具体的工作方法及注意事项。本书可作为垃圾焚烧发电建设项目工程公司项目管控手册，对 PPP 模式下其他中小型建设项目同样具有借鉴作用。

图书在版编目（CIP）数据

垃圾焚烧发电建设项目管控手册 / 李朝晖，李权主编. —北京：中国电力出版社，2018.8（2020.12 重印）

ISBN 978-7-5198-2041-1

Ⅰ. ①垃… Ⅱ. ①李… ②李… Ⅲ. ①垃圾发电–项目管理–手册 Ⅳ. ①X705–62

中国版本图书馆 CIP 数据核字（2018）第 172764 号

出版发行：中国电力出版社
地　　址：北京市东城区北京站西街 19 号（邮政编码 100005）
网　　址：http://www.cepp.sgcc.com.cn
责任编辑：刘红强
责任校对：黄　蓓　李　楠
装帧设计：沈阳红石榴文化传媒有限公司
责任印制：钱兴根

印　　刷：三河市百盛印装有限公司
版　　次：2018 年 8 月第一版
印　　次：2020 年 12月北京第二次印刷
开　　本：710 毫米×1000 毫米　16 开本
印　　张：22.5
字　　数：463 千字
定　　价：48.00 元

编写组成员

主　　　编　李朝晖　李　权

编写成员　方艳利　戚永胜　刘高薇　崔小杰　刘海峰

杜　珊　郝秀华　王彩霞　马金铭　杨小录

王钰茹　何永金　杨　阳　田　持　周　蓓

田志群　李博文　武　臻

技术策划与指导　田志群　虞旭清

序 言

作为一个年轻的团队，中节能（北京）节能环保工程有限公司（以下简称“公司”）近年来承担了中国环境保护集团十几个垃圾焚烧发电项目的建设管理，经过不断摸索，积累了很多的管理经验。在这个过程中，为了不断提升项目管理水平，精益求精，我们学习参考了大量的项目管理类专著和政府主管部门编制的标准与规范。这些理论和规则令我们受益匪浅。但我们也发现，从理论规则到执行落实还有很长的路要走，而且没有专门针对垃圾焚烧发电项目建设管理过程中的管理方法。基于此，我们萌生了编制一本专门针对垃圾焚烧发电建设项目的管理手册，将管控事项形成细则，作为指导书，让管理水平、管理需求不一的各公司管理者，一线项目部各类管理人员拿在手里，可以当成具体开展管理工作的指南。

2016 年，公司借助于北京中电力企业管理咨询有限责任公司咨询组的力量，对项目管控模式进行了分析、总结和提升，导入标准化理念，经过双方多次的讨论，编制出涵盖项目管理全业务、全流程、全岗位的管控手册。这是一个学习的过程，也是一个展示的过程，更是一个团队全员不断提高和成长的过程。我们投入了时间与精力，也投入了每个人的激情与智慧。此次手册的编辑出版，是公司发展历程中收获的另一个经营业绩以外的成果；同时，也为这个行业提供可以借鉴的经验、知识与技能。

感谢公司所有成员几年来不懈的努力，才使得一个个项目得以实施；感谢北京中电力企业管理咨询有限责任公司咨询组的成员，为我们开阔了视野，拓展了思维，树立了标准化的理念，共同搭建起中节能（北京）节能环保工程有限公司这个平台，为大家提供了继续创造美好生活的舞台！

李朝晖

2017 年 10 月 28 日

目 录

第一章　垃圾焚烧发电行业概述

垃圾焚烧发电行业发展背景

近年来，随着经济的发展和人们生活水平的不断提高，各大、中型城市均面临着“垃圾围城”的严峻形势，使得生活垃圾焚烧发电逐渐成为“减量化、无害化、资源化”处置生活垃圾的最佳方式，且已经引起许多国家的高度重视与关注。

垃圾焚烧发电是生物质能发电中的一种，是利用城镇生活垃圾中所含的生物质能进行的发电，是可再生能源发电的一种。生物质能是目前应用最为广泛的可再生能源，其消费总量仅次于煤炭、石油、天然气，位居第四位，并且在未来可持续能源系统中占有重要地位。生物质能属于清洁燃料，与传统化石燃料相比，燃烧后二氧化碳排放属于自然界的碳循环，不形成污染。据测算，运营 1 台 2.5 万千瓦的生物质发电机组，与同类型火电机组相比，每年可减少二氧化碳排放约 10 万吨。

发展以生活垃圾焚烧发电为主的生物质能发电，实施煤炭替代，一方面，可解决垃圾处理的问题；另一方面，可显著减少二氧化碳和二氧化硫排放，同时还可回收利用垃圾中的能量，实现节约资源和保护环境的目的，产生巨大的环境效益。

近几年来，生活垃圾焚烧发电在我国迅速发展。2014 年 5 月，国家发展改革委、国家能源局、环境保护部出台了《能源行业加强大气污染防治工作方案》，提出要积极促进生活垃圾焚烧发电调整转型，重点推动热电联产。2014 年 12 月，国家发改委发布了《关于加强和规范生物质发电项目管理有关要求的通知》并提出要求，包括鼓励具备条件的新建和已建发电项目实行热电联产或热电联产改造，提高资源利用效率；加强规划指导，合理布局项目，新建城镇生活垃圾焚烧发电项目应纳入规划，符合国家或省级城镇生活垃圾无害化处理设施建设规划。根据 2017 年年初出台的《“十三五”全国城镇生活垃圾无害化处理设施建设规划》，“十三五”期间，全国城镇生活垃圾无害化处理设施建设总投资约 2518.4 亿元，到 2020 年城镇生活垃圾垃圾焚烧处理能力要占无害化处理总能力的 50%以上。

预计到 2025 年，我们国家的可再生能源中，以生活垃圾焚烧发电为主的生物质能发电将占据主导地位。可以预见，在今后一段时期，我国的生活垃圾焚烧发电产业仍将保持快速发展的势头。未来，利用生活垃圾焚烧发电将成为解决能源短缺的重要途径之一，发展生活垃圾焚烧发电产业将是构筑稳定、经济、清洁、安全能源供应体系，突破经济社会发展资源环境制约的重要途径。

垃圾焚烧发电建设项目与PPP模式

发展垃圾焚烧发电项目建设投资巨大，对地方财政带来较大的资金压力。在当前国家宏观调控的形势下，常规贷款融资方式受限，地方融资平台的融资能力下降，项目建设资金堪忧。

2015年3月10日，根据国务院关于切实保障重点投入、运用融资机制放大效应的批示精神，国家发展改革委、国家开发银行联合印发《关于推进开发性金融支持政府和社会资本合作有关工作的通知》（以下简称“通知”），对发挥开发性金融积极作用、推进PPP项目顺利实施等工作提出具体要求。

《通知》要求，各地发展改革部门要加强协调，积极引入外资企业、民营企业、中央企业、地方国企等各类市场资本主体，灵活运用基金投资、银行贷款、发行债券等各类金融工具，推进建立期限匹配、成本适当以及多元可持续的 PPP 项目资金保障机制。要加强与开发银行等金融机构的沟通合作，及时共享PPP项目信息，协调解决项目融资、建设中存在的问题和困难，为融资工作顺利推进创造条件。《通知》的出台，解决了垃圾焚烧发电项目建设的融资困境。通过采取PPP模式，可在一定程度上弥补项目建设资金缺口，完善垃圾焚烧发电项目建设。

PPP（Public–Private Partnership），又称PPP模式，即政府和社会资本合作，是公共基础设施中的一种项目运作模式。在该模式下，鼓励私营企业、民营资本与政府进行合作，参与公共基础设施的建设。PPP的形式分类如图1–1所示。

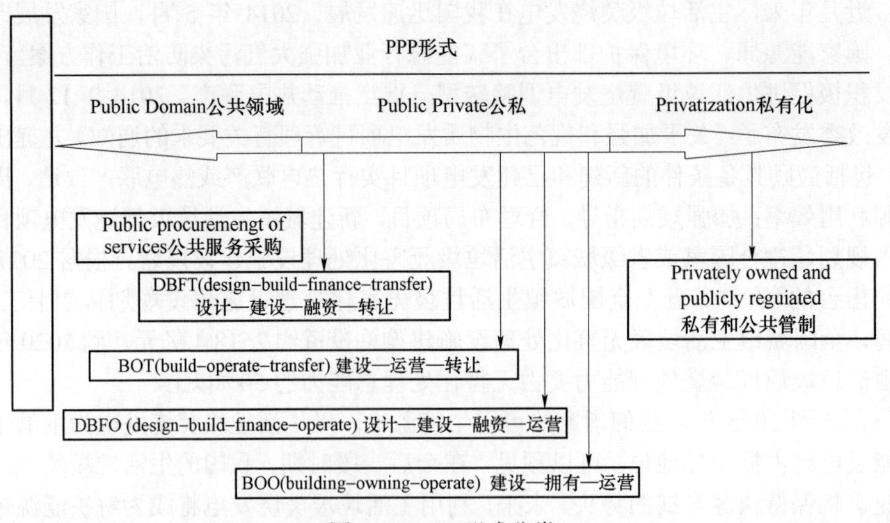

图1–1　PPP形式分类

从各国和国际组织对PPP的理解来看，PPP有广义和狭义之分。

广义的 PPP 是指政府公共部门与私营部门合作，让非公共部门所掌握的资源参与提供公共产品和服务，从而实现合作各方达到比预期单独行动更为有利的结果。

可以理解为一系列项目融资模式的总称，包含 BOT、TOT、DBFO 等多种模式。狭义的 PPP 更加强调合作过程中的风险分担机制和项目的衡工量值（Value for money）原则。

与 BOT 相比，狭义 PPP 的主要特点是，政府对项目中后期建设管理运营过程参与更深，企业对项目前期科研、立项等阶段参与更深。政府和企业都是全程参与，双方合作的时间更长，信息也更对称。

BOT（Build–Operate–Transfer）即建设—经营—转让。是私营企业参与基础设施建设，向社会提供公共服务的一种方式。国内一般称之为“特许权”，是指政府部门就某个基础设施项目与投资企业（项目公司）签订特许权协议，授予签约方的投资企业（包括外国企业）来承担该项目的投资、融资、建设和维护，在协议规定的特许期限内，许可其融资建设和经营特定的公用基础设施，并准许其通过向用户收取费用或出售产品以清偿贷款，回收投资并赚取利润。政府对这一基础设施有监督权、调控权，特许期满，签约方的私人企业将该基础设施无偿或有偿移交给政府部门。

BOO（Building–Owning–Operate）即建设—拥有—运营模式，由企业投资并承担工程的设计、建设、运行、维护等工作，产权归属企业，而由政府部门负责宏观协调、创建环境、提出需求，政府部门每年向企业支付系统使用费即可拥有使用权。这一模式体现了“总体规划、分步实施、政府监督、企业运作”的建、管、护一体化的要求。

目前，PPP 模式的典型运作方式已经初步形成，即地方政府通过政府采购形式与中标单位组成的特殊目的公司签订特许合同。这里说的特殊目的公司即一般常说的项目公司，也就是“业主”。在 PPP 的实践中，社会资本主体通常不会直接作为 PPP 项目的实施主体，在政府的特许经营授权下，会专门针对该项目成立项目公司，作为 PPP 项目合同及项目其他相关合同的签约主体，负责项目具体实施，政府通常与提供贷款的金融机构达成一个直接协议，这个协议不是对项目进行担保的协议，而是一个向借贷机构承诺将按与项目公司签订的合同支付有关费用的协定，这个协议使项目公司能比较顺利地获得金融机构的贷款。采用这种融资形式的实质，是政府通过给予项目公司长期的特许经营权和收益权来换取基础设施加快建设及有效运营。

近年来，PPP 项目得到了一些地方政府的高度重视，一些地方还专门组建 PPP 工作领导小组，负责 PPP 项目实施过程中有关问题的协调与处理；主管城建的部门也组建领导班子，专项负责项目的规范运作和顺利推进。同时，通过实施 PPP 项目，地方政府将在本级财政年度预算及中长期规划中充分考虑政府承担的付费责任，为项目提供财政保障，增加对投资人的吸引力。为顺利推进项目的实施，相关部门也会协助企业开展大量的前期工作，包括项目建议书的批复和落实用地选址等，确保项目满足采用PPP模式的前提条件。

PPP运作模式可为地方政府及城市管理实现如下目标：一是创新城市管理模式，有效化解政府融资平台压力；二是寻找具有技术、建设、运营和资本优势的社会投资人，社会投资人承担生活垃圾焚烧发电项目的投资、建设和运营，拥有项目的特许经营权，经营管理生活垃圾焚烧发电项目的经营性资产，享有本地及周边县区垃圾资源集中处理的优先权。

结合我国目前经济现状，国家鼓励国有企业或民营企业以PPP（含BOT、BOO）模式投资、建设固废环保项目。随着我国经济脱虚向实的逐步转变，大量有实力、有社会责任感的国有或民营企业，逐渐关注并参与投资建设生活垃圾焚烧发电项目。

本书编制的目的，就是能够满足于此类投资垃圾焚烧发电项目的建设过程的管理需要，为新建、续建、扩建、改建的工程项目建设，尤其对工程总承包单位派出的承担建设项目管控的项目经理部担负的管理事项提供了具体的工作方法。

术语和定义

（1）投资方：直接投资的公司，即社会投资主体，下设职能部门和行使业主管理职能、在项目所在地注册的项目公司，另设承担总承包职能的工程公司。

（2）项目经理部：工程公司派出，承担建设项目现场管理的机构。

（3）销售合同：是指建设工程总承包合同、设备总承包合同等工程公司业务范围内的收入承包合同。

（4）采购合同：是指工程公司作为发包人进行分包的设备采购、材料采购、施工承包、工程调试、设计服务等合同。

（5）里程碑计划：是一个目标计划，它表明为了达到特定的里程碑，去完成一系列活动。里程碑计划通过建立里程碑和检验各个里程碑的到达情况，来控制项目工作的进展和保证实现总目标。里程碑计划一般分为管理级和活动级。

（6）一级网络进度计划：标明主要进度里程碑的各个节点进度计划。

（7）设计变更：从初步设计文件批复之日起至项目竣工验收交付之日止，对已批准的设计文件进行的修改和优化活动。

（8）工程签证：按承发包合同约定，一般由承发包双方代表就施工过程中涉及合同价款之外的责任事件所做的签认证明。

（9）项目进度管理：是根据工程项目的进度目标，编制经济合理的进度计划，并据以检查工程项目进度计划的执行情况，若发现实际执行情况与计划进度不一致，就及时分析原因，并采取必要的措施对原工程进度计划进行调整或修正的过程。

（10）项目质量管理：项目建设相关的质量管理，包括执行质量方针、目标与职责的相关各过程控制，依赖于质量计划、质量控制、质量保证及质量改进所形成的质量保证系统来实现。

（11）项目成本管理：为使项目成本控制在计划目标之内所做的预测、计划、控制、调整、核算、分析和考核等管理工作，目的是要确保在预算内完成项目，具体依靠制订成本管理计划、成本估算、成本预算、成本控制四个过程来完成，在整个项目的实施过程中，为确保项目在已批准的成本预算内尽可能好地完成而对所需的各个过程进行管理。

（12）项目 HSE 管理：与项目建设相关的职业健康（Health）、安全（Safety）和环境（Environment）管理。

（13）工程估算：是对具体工程的全部造价进行估算，以满足项目建议书、可行性研究和方案设计的需要。

（14）工程概算：在初步设计阶段，根据设计要求进行的工程造价计算。

（15）工程预算：在施工图设计阶段，根据设计要求进行的工程造价计算。

（16）工程结算：已完工程验收后，承发包双方就最后工程价款进行结算。

（17）工程决算：由项目管理单位编制的，反映建设项目实际造价和投资效果的文件，包括从项目策划到竣工投产全过程的全部实际费用。

（18）验收标准：可交付成果通过验收前必须满足的一系列条件。

（19）监理单位：是指具备监理资质证书，经招标确认并签订合同，为基建项目提供现场监理服务的单位。

（20）造价咨询单位：是指具备工程造价咨询单位资质证书，经招标确认并签订合同，为基建项目提供投资估算和经济评价、工程概算和设计审核、标底和报价的编制和审核、工程结算和竣工决算等业务工作的单位。

（21）工程总承包单位：是指具备工程总承包资质，受工程公司委托，按照合同约定对工程项目的勘察、设计、采购、施工、试运行（竣工验收）等实行全过程或若干阶段承包的单位，其对承包工程的质量、安全、工期、造价全面负责。

（22）施工总承包单位：是指具有相应资质，通过投标，按合同约定承担全部施工任务的施工总承包单位。

（23）专业分包单位：是指建筑工程总承包单位根据总承包合同的约定，或者经项目管理单位的允许，可承担部分专业工程的单位。

第二章　垃圾焚烧发电建设项目管控体系

本书所描述的垃圾焚烧发电项目管控范围，是从投资方签订 PPP（BOT）协议后开始，由下属的工程公司采用 EPC 即工程总承包模式，对建设项目进行全过程管理。

EPC 模 式 概 述

EPC（Engineering Procurement Construction）是指受业主委托，按照合同约定对工程建设项目的设计、采购、施工、试运行等实行全过程或若干阶段的承包。通常是在总价合同条件下，对所承包工程的质量、安全、环保、费用和进度进行负责。

在 EPC 模式中，Engineering 不仅包括具体的图纸、方案的设计（Design）工作，还包括整个建设工程内容的总体策划以及整个建设工程实施组织管理的策划和具体工作；Procurement 也不是一般意义上的建筑设备材料采购，而更多地是指锅炉、汽轮机和电机三大主要设备，烟气净化和渗沥液处理等成套设备和其他设备与材料采用公开招标方式等程序性的采购；Construction 应译为“建设”，其内容包括电厂施工、安装、调试、验收、运行前的技术培训等。

在 EPC 模式下，业主只要确定投资意图和要求，其余工作均由 EPC 总承包单位来完成，业主聘请监理工程师来管理工程，总承包单位承担设计风险、自然力风险、不可预见的困难等大部分风险，一般采用总价合同。材料与工程设备通常是由项目总承包单位采购。在 EPC 标准合同条件中，规定由总承包单位负责全部设计管理（具体设计工作可外委实施），并承担工程全部责任，故业主不能过多地干预总承包单位的工作，而是重点辅助其完成总体竣工验收组织。

一、从 EPC 到 EPCM

从接触到的各类项目管理的实际情况看，的确像有的专家提出的，以社会投资主体投资建设的垃圾焚烧发电项目，其真正的管控模式，应该是在 EPC 的 Construtcion（建设）的后面，再加上 Management（管理），而这样的 EPC 就成为 EPCM，这是国际建筑市场较为通行的项目管理模式之一，也是我国目前推行总承包模式的一种。EPCM 总承包单位是通过业主（项目公司）委托或招标而确定的，与业主签订合同，对工程的设计、材料设备供应、施工管理进行全面的负责。根据业主提出的投资意图和要求，通过招标为业主选择、推荐最合适的分包商来完成设计、采购、施工、安装、调试等任务。设计、采购、施工、安装、调试等分包单位对 EPCM 总承包单位负责，监理单位与业主即项目公司签订合同，受业主委托，对 EPCM 总承包单位的管理工作进行监督。

二、风险识别与预控

在这种 EPCM 模式下，总承包单位必须建立有效的管控体系，在梳理管理事项，识别管理风险，在建立标准化、规范化的管理流程和相应制度的基础上，实现风险预控，确保所面对的风险尤其是经济风险被控制在一定的范围内，才能确保项目按期完成并获得预期收益。

在项目管理当中，风险管控是一个非常重要的问题。所谓风险，就是结果与目的之间的不确定性。在一份 EPCM 合同中，承包单位的风险其实贯穿了整个合同的每个条款和每份附件。在项目实施阶段，由于项目投资规模大、管理跨度大、协调关系多、技术环节复杂，参与项目管理的关联方多，风险管控尤其重要。

就垃圾焚烧发电 EPCM 项目而言，项目实施阶段管理的风险主要包括工期风险、安全风险、质量风险、设计变更风险、设备及材料供应风险和外部干扰风险等。

在充分识别可能制约项目管理目标实现的风险因素的基础上，为了有效规避或消除这些风险因素，避免给企业带来损失，我们针对垃圾焚烧发电建设项目管理要求，策划编制了比较详细的管理指南。这些指南，可直接应用于承担 EPCM 相关职责的工程公司和项目经理部，也可供项目公司对全部管理过程实施监督。

项目管控模式及组织机构设置

EPCM 总承包项目的管理相对复杂，参建方多，工程公司应在项目经理负责制的基础上，与各分包单位通过签订严密的合作协议、分包合同，制订系统的管理制度，按照分工合作、有机协调的原则，明确各方的职责与权限。

工程公司作为项目经理部的直接主管机构，在人才培养、选拔、制度建设和有效监督方面，要发挥主体作用。应针对现有人才结构普遍难以适应项目管理需要的特点，以专业知识为基础，在工程施工和项目管理的实践中，使用、发现和培养项目管理人才。提倡在工作中将复杂的问题通过分解使之简单化，将烦琐的事情程序化、表格化，将容易疏忽的方面制度化，建立起标准化的管控体系，对派出的项目经理部既管理又服务，从而不断提高整个项目执行过程的工作效率。

通过对业内不同企业的调查得知，目前，在工程公司和项目管理部两个层面，具体的组织机构设置与管控模式上大概有以下三种形式。

一、直线职能制管理模式

对于规模较大，管理基础较好的企业，一般采取这样的组织与管控模式，也是单项目运作的直线职能制管理模式。此种模式有效运作的前提，是作为投资主体的公司或负责 EPCM 总承包的工程公司各层级职能部门管理职责分工明确，管理流程顺畅，管理人员专业素质能够满足岗位要求，项目总体策划与专项工作策划、实施计划的制订与落实必须得到有效的保障，项目经理部以落实为主，反馈与沟通机制健全（见图 2–1）。也就是在上级公司本部运行有效的前提下，项目管理过程才会比较高效。

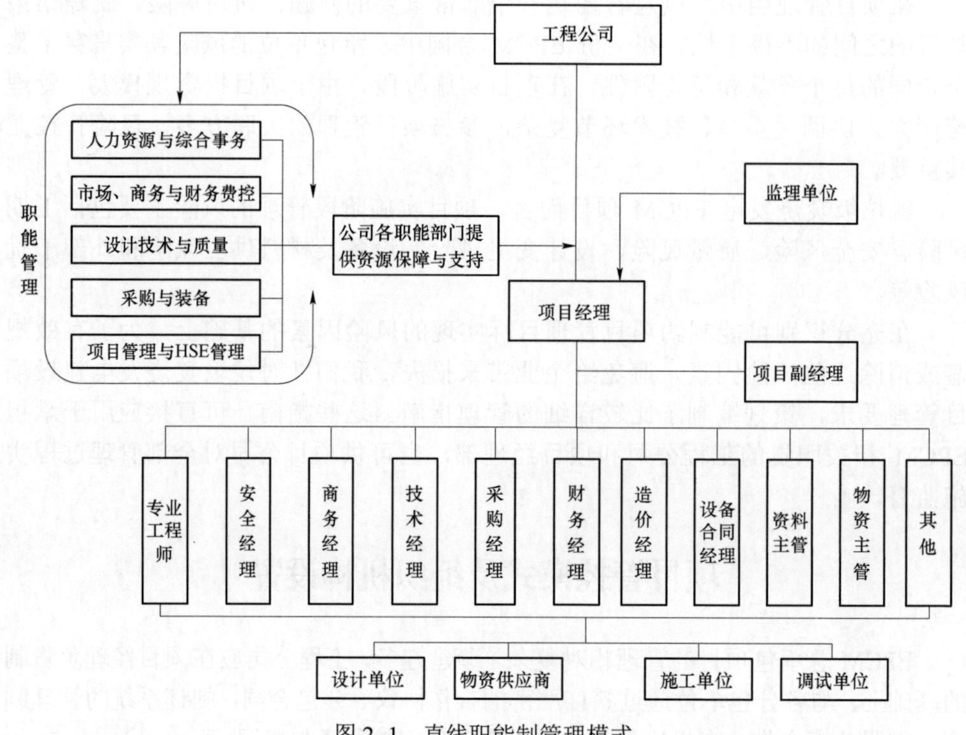

图 2–1　直线职能制管理模式

但这种管理模式适合于建设项目规模大、项目数量少的公司。而一旦项目数量增多，会因为各职能管理部门人力不足，不能深入项目并及时了解项目的基本情况、不当流程、职能部门的失误或人员素质不能满足需要，以及公司管理监督与绩效考核体系缺失而降低项目实施效率。

二、“小业主、大咨询”模式

随着建设项目数量的增加，在多项目管理过程中，工程公司本部以及派出的项目经理部人员有限的情况下，应充分发挥监理公司的作用，以管理规范、人员素质较高的监理项目部发挥作用为主，也就是树立“小业主、大咨询”理念。

在业主（项目公司）充分授权的前提下，以合同为依据，将包括质量、进度和投资控制以及环保、安全等具体事项管理工作均交给监理项目部人员承担，业主仅在重大问题如外部协调、重大技术方案调整、重要变更协商等方面参与管理，有利于克服 EPC 总包单位即工程公司人员能力和资源不足的问题。“小业主，大咨询”模式示意图如图 2-2 所示。

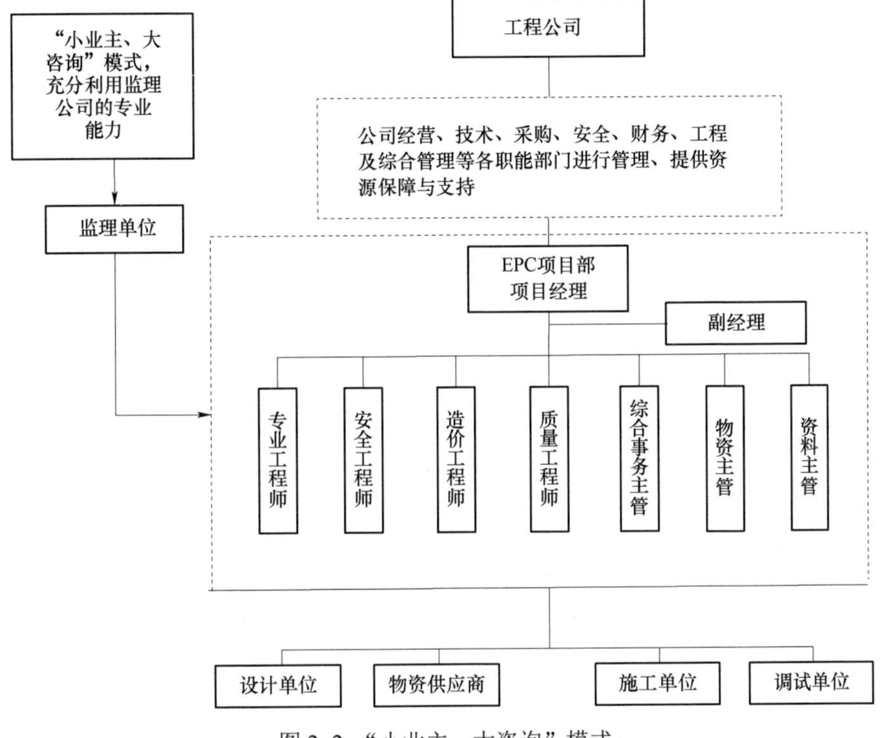

图 2-2 “小业主、大咨询”模式

我们知道，业主、监理、总包单位是 EPC 工程建设的三驾马车，既相互协作，也相互牵制。监理公司的职责是在贯彻执行国家有关法律、法规的前提下，促使发包人、承包人双方签订的工程承包合同得到全面履行。控制工程建设的投资、工期、质量和安全；进行合同管理、信息管理；协调有关单位之间的工作关系，也就是一般常说的“四控、两管、一协调”。

根据《建筑法》规定，监理公司由业主委托，还应该对 EPC 总承包单位进行监管。EPC 总承包单位即工程公司受业主委托而作为施工的管理者，原则上不直接参与施工管理，在对所承包工程的质量、安全、工期和造价等全部事项上，对监理项目部的职责履行提供支持和保障。工程公司管理职能后退，使监理公司职能向前延伸。而工程公司的管理侧重于管理事项策划与风险分析与事前预控，过程控制则依靠监理公司，这是一种比较高效的运作模式。两者在项目上同为管理者，可相互补位，从而确保达到最终的管控目标。

三、矩阵式管理模式

对于一些多项目、多任务的企业，矩阵式管理模式以其灵活、有效的特点受到青睐，是常见的组织结构形式。

如图 2–3 所示，矩阵式管理是指通过实施有效的横向的联系和纵向的沟通，平衡企业运营中的职责与权限，使各个部门的工作重点集中到公司的多项目管理整体效率提高上来。在具体项目管理过程中，可以打破部门间的壁垒，消除部门的本位主义，是在克服了垂直式组织结构（职能式）缺点的基础上形成的。可以缩短信息沟通的链条，加速信息传递，统一工作目标，从而提高项目管理的整体工作效率，降低管理成本，提升企业的快速反应能力。

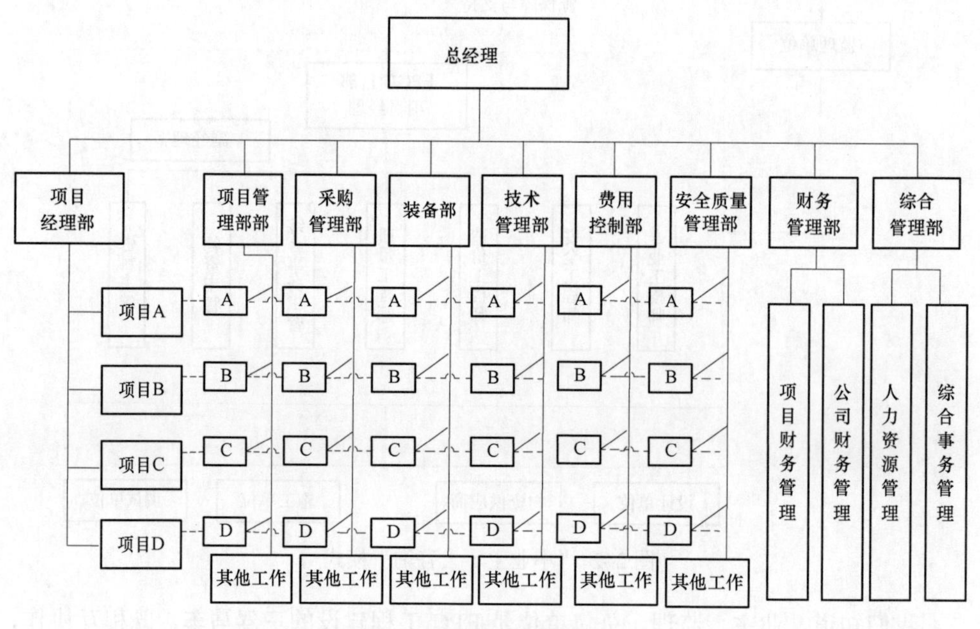

图 2–3　矩阵式管理模式

虽然矩阵结构受到越来越多的企业青睐，但矩阵结构本身存在一些缺点，而且这种复杂的组织结构在管理方面也非常具有挑战性。

矩阵结构本身的问题主要体现在两方面。一是多头领导耗时费力。由于下属同时接受两个主管同时领导，个别员工会由于工作主动性问题，造成主管对其管理的真空化。因此，必要时必须和职能部门主管或项目经理一起工作，才能解决问题。职能部门主管主要解决下属的技术水平问题，而项目主管则具体管理下属在这个项目上的行为工作结果和绩效。但这些活动需要大量的时间、沟通、耐心以及和别人共同工作的技巧。二是员工压力大。员工的两个直接领导的命令可能会发生冲突，这就要求员工必须能够面对项目经理和职能部门主管的指令，形成一个合理决策来确定如何分配他的时间。员工必须和两个主管保持良好关系，对两个主管都要显示出忠诚。

矩阵式管理与职能式管理融合模式

随着投资建设项目的增多，作为 EPC 总承包单位将不可能再依靠第一种模式进行项目管理；而真正能够满足“小业主、大咨询”管控模式的基础是有一个管理规范、专业能力和人员配备完全满足项目要求的监理公司，且双方协作较好，但恰恰在这方面，不成功的案例比较多。也就是说，第二种模式比较难以实现。第三种模式相对前两种模式有优势，但矩阵式管理的弱点同样不容忽视。所以，我们兼取职能式管理和矩阵式管理的优点，探索总结并设计出一种能够满足 EPC 总承包单位项目管理要求的职能式管理与矩阵式管理相结合的管控模式。

从上文我们知道，职能式管理模式不适合多项目，矩阵式管理模式的横向性恰好可以弥补这个劣势；矩阵式管理模式容易产生多头领导、权利交集和责任真空，职能式管理模式的垂直性刚好弥补其不足。二者结合的结果是实现了公司资源共享，充分发挥了团队优势，职能部门实现了有力的监督与制约，公司总部对各项目的控制也大大增强。

经过初步验证，将职能式与矩阵式的管理结合起来，其特性和优势确实适合多项目同时运营、跨地区的规模企业。因此，我们对其进行了分析与提炼，对机构与人员设置、职责分工和工作细则等进行了描述，总结出这种融合模式，希望可供同类的企业借鉴。

依据项目投资主体确定的原则，以项目合同书的形式确定项目经理与工程公司的责、权、利关系，项目经理按照公司规章制度，在项目管理过程中，履行其权利和义务，最大限度地优化项目管控过程，优质高效地完成目标任务。通过明确责任主体，缩短项目管理上的指挥层次和空间，赋予项目经理最大的人员调配、采购、支付等权力，对工程的安全、质量、进度、费用等关键事项的控制责任更为具体。

此种管理模式是本书针对项目管控事项制订管理规则所采用的模式。图 2–4 所示为工程公司组织机构设置，项目经理部与各职能管理部门平级，直接接受工程公司总经理的授权任命和管理，各职能管理部门为项目经理部提供支持与保障，但也负责业务监督和业务考核。

图 2–5 明确了项目经理部的组织结构，图中土建专业工程师、热动专业工程师、电仪专业工程师和安全主管是工程公司派驻项目部的人员，技术主管、采购主管、财务主管、造价主管和设备合同主管是各职能管理部门派出兼职的业务经理，物资主管、资料主管、综合主管及其他人员是根据需要临时聘用人员。

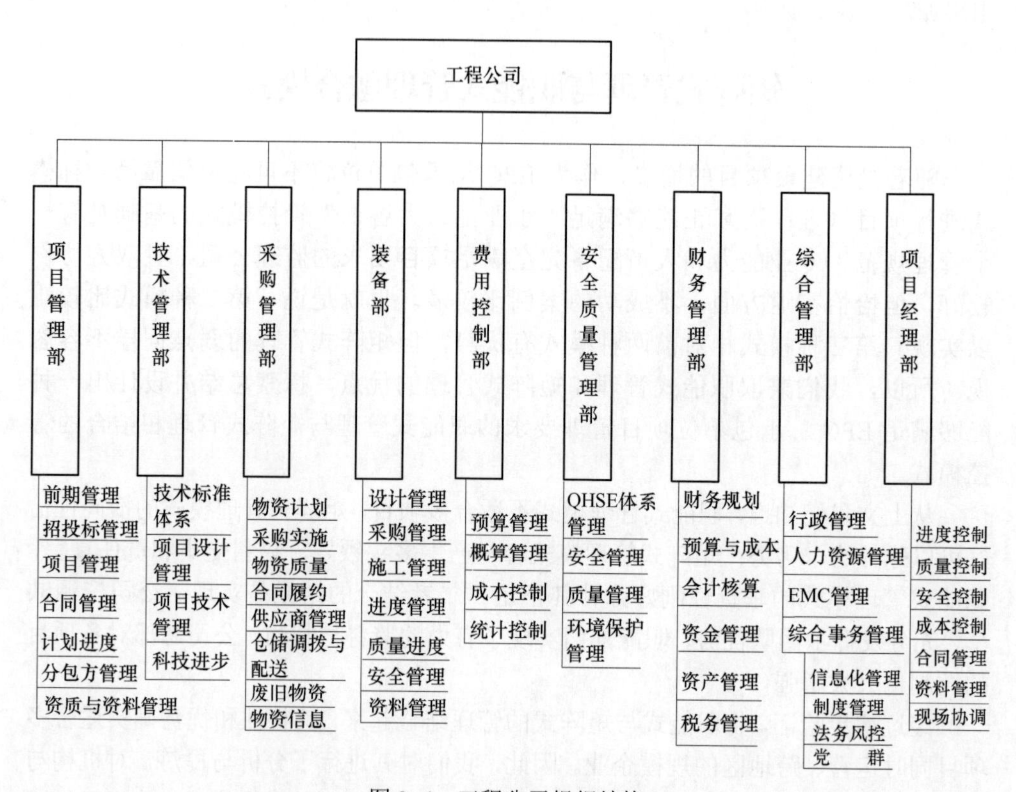

图 2–4　工程公司组织结构

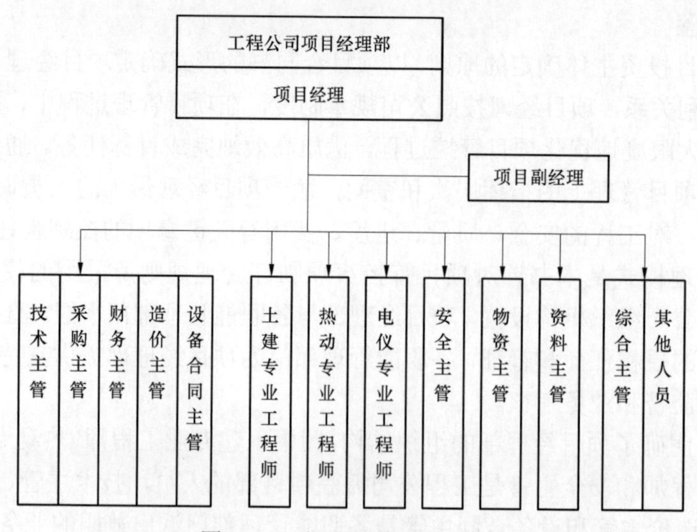

图 2–5　项目经理部组织机构

无论是工程公司各职能管理部门的分工与职责，还是项目经理部的组建方式，都是一种管控方式的探索与创新。在工程公司本部各部门人员均被派出到项目部兼任业务经理做专项工作的情况下，部门内部一些基础工作以及管理职能不能被削弱。派出到项目经理部的人员，将面临双重指挥，不能因沟通不畅而贻误工作的开展。各部门须有效协调，严格按照工程公司确定的管理流程落实相关职责，在权限范围内，充分发挥现有人员的潜力、调动大家的积极性，借助公司的激励机制，为每个项目的顺利实施而努力。

基建项目建设全过程管理与规范

与项目所在地地方政府签订 BOT 协议后，明确工程公司管理范围、目标和责任。按照矩阵式管理与职能式管理融合模式，工程公司组建项目经理部，在任务书和责任书明确的范围内，对基建项目建设全过程的组织管理、项目启动与策划管理、项目合同管理、项目资金管理、项目设计管理、项目采购与物资管理、项目现场管理、项目进度管理、项目技术管理、项目 HSE 管理、项目质量管理、项目交竣管理、项目造价和项目综合管理等十四个方面进行规范，将各项目的管理目标与责任具体落实到的相应项目经理部管理责任人。项目经理部代表工程公司开展项目建设管理各项工作，确保项目安全、质量、造价、进度等目标的全面完成。

下面各章以垃圾焚烧发电建设项目为例，按顺序对十四个管理事项管控方法分别进行描述。以下章节中如无特别说明，“公司”皆代指“工程公司”。

【关于附表与流程图说明】

本手册中，各章节内容所描述的管控方法与要求，只附上了部分具体工作中所使用的表格的样本和流程图，仅供大家参考。

第三章　项目组织管理

本章明确了项目管理关系、项目管理职责与权限、项目经理部设置及项目总体策划等相关内容。

基建工程项目管理体制与组织机构

投资方、工程公司和项目管理部是基建三级管理单位，投资方根据投资建设项目实施要求，在项目所在地注册项目公司作为建设单位即业主，投资方所属工程公司派出的项目经理部是实施工程项目管理实施机构。其中，投资方内设工程技术中心，是工程项目建设期的归口职能管理部门，项目公司作为建设单位接受投资方工程技术中心的业务管理，通过与工程公司的总承包合同，对工程公司项目经理部进行业务管理。工程公司是具体负责各个基建项目建设管理的执行单位，在基建管理业务上接受集团公司的领导。项目经理部是工程公司内部具体负责项目建设管理业务的派出机构，接受工程公司的领导、监督和考核，在工程项目建设过程中也接受建设单位（项目公司）的管理。项目经理部实行项目管理一体化，即实行项目经理负责制。

项目经理部的组织机构设置原则

项目总承包合同签订后，工程公司正式组建项目经理部并任命项目经理。项目建设期结束，项目资料移交完成、竣工验收完成或项目结算完成，履行完成合同约定后，项目经理部正式撤销。

项目经理部岗位设置包括项目经理、项目副经理、专业工程师、安全主管、造价主管、采购主管、综合主管及资料主管等岗位组成。

项目管理部提出项目经理任职资格、岗位能力任职需求，由综合管理部组织竞聘及评审，确定人选后，报请工程公司主管领导审核，经总经理办公会审批后发文任命。

项目经理提请项目经理部副经理、专业工程师、安全主管等用人计划，报项目管理部，项目经理可对本项目经理部人员进行提名。项目管理部根据整体工程建设情况及人员分布情况，统筹调配或提请综合管理部招聘，或由综合管理部进行调配。

项目经理部临时用工人员由各项目经理自行组织招聘，由工程公司综合管理部与其签订劳务合同并备案，临时用工人员工资由综合管理部负责发放。

项目经理享有对本项目经理部全部岗位人员使用的否决权，对无法满足本项目经理部岗位职责要求的人员，有权退回各职能部门，并要求重新配置。

项目经理部需更换项目经理时，应征求建设单位意见。

工程公司相关管理部门职能

项目管理部为项目管理的职能管理部门，负责项目管理工作的计划、组织、指导、协调、信息、检查和考核等日常工作。

项目管理岗位资源支持性部门及职能如下。

（1）项目管理部负责项目启动与策划管理、成本管理、合同管理、进度管理、质量管理、施工现场管理、交竣管理。

（2）安全质量管理部负责职业健康、环境保护、安全管理。

（3）财务管理部负责资金管理与财务管理。

（4）采购管理部负责设备材料采购管理、服务商采购管理和施工商采购管理。

（5）技术管理部负责设计管理与技术管理。

（6）综合管理部负责人力资源管理、行政事务管理和档案管理。

以上部门按党群组织形式管理，可根据规定配备（或兼任）相应领导及工作人员。

项目经理部组织机构建立

工程项目合同签订后，工程公司根据项目规模、项目特点、投标策划与合同要求，进行项目策划并组建项目经理部，项目经理部组织机构参照图 2–5。

项目经理部管理职能

工程公司针对特定工程项目建立的项目经理部，是直接承担项目管理职能的团队。项目经理部按本书规定的内容，负责工程项目 EPC 合同范围内设计、采购、施工、调试、试运行、修补缺陷、竣工移交等管理工作，具体职责包括并不限于以下几项。

（1）负责组织实施工程项目总承包合同范围内的具体工作，履行合同规定的职责，执行工程公司及上级公司有关规章制度，维护工程公司在项目上的合法权益，确保工程项目各项指标、目标的实现。

（2）贯彻执行国家、行业建设的标准、规程和规范，落实建设单位和监理单位的各项管理规定。

（3）依据《项目管理任务书》，编制《项目管理策划书》，组织编制《施工总体计划》，报项目管理部组织评审，经工程公司审批后执行。

（4）督促项目各承包单位依据《项目管理策划书》编制《施工组织设计》或《实施细则》，审批各参建单位的实施细则并检查具体实施情况。

（5）负责上报施工承包、专项分包和物资采购招标申请，参与合同签订。具体负责施工合同条款执行，配合物资合同条款执行，及时协调合同执行过程中的各项问题；汇总、上报施工、专项分包、物资供应商的合同履约情况；负责对工程各参建单位进行评价。

（6）负责设备监造、出厂试验验收、到厂设备接货与验收、交接等组织工作。督促和检查设备代保管单位，对采购设备及供货合同中工具和备品备件的保管、保养工作。

（7）参加工程公司组织的初步设计评审；组织施工图会检和设计技术交底；按照管理权限，审查工程技术方案和工程变更，重大设计变更和重大技术方案上报工程公司和建设单位审查。

（8）建立健全安全、质量管理网络，落实安全、质量责任制；开展及参加定期或随机的安全、质量专项检查工作；负责安全文明施工监督管理；审批施工单位安措费使用计划；在项目安委会领导下，开展和配合现场各项检查活动，履行安全、质量管理职能，做好预控措施；参加安全、质量事故调查、分析和处理，按规定程序上报安全、质量事故。

（9）负责检查施工单位全员的安全、质量培训和教育；检查施工必要的安全防护用品和检测、计量设备；审核施工单位的危险源和环境因素的辨识、评价与控制策划，监督检查形成文件，落实实施情况和记录；对重要危险源管理方案组织评审，并检查施工单位落实的相应人员和物资准备。

（10）组织各承包单位召开工程周例会、月度例会，根据需要召开专题协调会，检查工程安全、质量、进度、造价和技术管理等情况，协调工程问题，提出改进措施；负责会议纪要的分发和跟踪落实整改，做到闭环管理。

（11）按照施工质量验收范围划分表和制订的见证点（W 点）、停检点（H 点）、旁站点（S 点），参加单位工程、分部工程、分项工程及检验批的质量验收和评价；参加或配合工程公司管理部门的专项检查和工程验收工作，完成消缺整改闭环工作，组织专业之间工序交接检查。

（12）参加与配合电力质监中心站组织的质量监督活动，组织施工单位完善消缺整改闭环工作。

（13）组织工程中间验收和交接验收工作；试运行阶段组织分部试运工作，参加分系统试运竣工验收和整套启动试运行验收签证；组织工程移交生产；配合项目公司完成专项验收和整体竣工验收；负责工程移交后一个月内竣工资料与备品备件移交；工程移交后 4 个月内负责组织完成竣工结算；参加建设单位项目投产达标和创优工作。

（14）负责向公司申请工程资金使用计划；负责工程进度款申请和施工进度款

支付审核，配合工程结算和竣工决算、审计以及财务稽核工作。

（15）每周一中午12点前报送《工程周报》至项目管理部；每月最后一个工作日前上报《工程月报》至项目管理部；负责工程信息与档案资料的收集、整理、上报、移交工作。

（16）项目投运后，及时对本项目管理工作进行总结和综合评价，并报送工程公司项目管理部。

（17）负责完成工程公司布置的其他工作。

项目经理部岗位及职责

一、项目部定员参照标准

表3–1 项目部定员参照标准表

项目级别	大型（1级）1000吨/天以上	中型（2级） 600～1000吨/天	中型（3级） 600吨/天以下
人员配备 参照指标	15人以上	12～15人	10～12人

参照表3–1中的定员标准，按实际情况，在《项目管理策划书》中确定项目经理部所需派遣人员的数量。在满足项目管理基本需要的情况下，岗位设置时可考虑一专多能、一岗多责，适当缩减编制。

二、人员配备基本原则

人员配备基本原则包括：满足现场管理需要；符合成本控制需要；有利于企业人才培养的需要。人员配备计划见表3–2。

表3–2 主要项目管理人员到位表

序号	岗位名称	人数	来源	进场情况	入场时间计划
1	项目经理	1			
2	项目副经理	1			
3	土建专业工程师	1			
4	热动专业工程师	1			
5	电气、仪表 专业工程师	1			
6	安全主管	1			
7	采购主管	1			
8	技术主管	1			

续表

序号	岗位名称	人数	来源	进场情况	入场时间计划
9	造价主管	1			
10	财务主管	1			
11	合同主管	1			
12	资料主管	1			
13	质量主管	1			
14	物料主管	1			
15	综合事务主管	1			

三、部分岗位职责

（一）项目经理职责

（1）代表公司全面履行总承包合同，是安全管理第一责任人，承担项目部与公司签订的安全生产协议书和管理任务书的各项目指标。

（2）组织编制《项目管理策划书》和《施工项目总体计划》，经公司审核批准后执行。

（3）组织建立健全相关项目管理制度和各种专业管理体系，并组织检查各项管理制度落实和资源配备情况，监督管理体系有效地运行；负责项目经理部员工的考核及奖惩。

（4）对项目施工单位按《项目管理策划书》要求编制的《项目管理实施规划》《施工组织设计》《工程创优施工实施细则》《安全文明施工实施细则》《应急预案》和《强制性条文执行计划》等实施性文件组织进行评审和审批，并负责检查和监督落实情况。

（5）组织检查施工单位制订的施工进度、安全和质量等实施计划，及时掌握施工过程中安全、质量、进度、技术和组织协调等情况。

（6）组织对项目建设、安全、质量、技术和造价体系运转情况的检查、分析和纠偏；主持召开工程月度例会（各参建单位参加）或专题协调会（相关参建单位参加），协调解决存在的困难与问题。

（7）组织物资、非物资类招标，参与合同谈判，根据授权签订，组织项目经理部各专责人对所有承包商、供货商的合同执行情况进行监督与评价。

（8）负责现场设计管理与协调。

（9）参加项目现场安委会工作，根据安委会的工作分工，落实相关责任。

（10）组织专业工程师参与工程项目单位工程、分部工程、分项工程的质量验收；配合监理对质量监督见证点（W 点）、停检点（H 点）和旁站点（S 点）的检查。

（11）参加上级组织的定期或不定期的安全、质量专项检查工作；组织或参加工程安全事故和质量事故的调查。

（12）参加工程初步设计评审，审查重大设计变更和技术方案。

（13）全面落实集团公司施工企业形象设计《施工企业 VI 手册》标准化建设相关要求。

（14）审核项目开工报告；审核施工单位工程进度款支付申请；审核上报月度资金计划；审批工程措施费。

（15）组织工程交工验收和质量评价工作，参加工程竣工验收和启动试运行相关工作；组织项目达标投产并开展创优工作。

（16）项目投产后，组织对本项目管理工作进行总结和综合评价，报送公司项目管理部。

（17）做好组织调试工作，配合质检、安检工作，做好信息上报。

（18）组织做好项目管理部企业文化建设工作。

（19）组织做好项目预算编制、执行、总计分析与修订工作。

（二）项目副经理职责

（1）负责组织本工程项目的施工生产，建立项目安全保证体系。优化施工组织工作，组织实施质量计划确保满足合同要求和实现质量目标。

（2）组织贯彻技术规程、规范和质量标准，贯彻实施各项管理制度。

（3）审核施工单位提交的开工报告、施工组织设计、技术方案。

（4）督促技术主管执行施工图到场计划，督促采购经理执行设备到场计划。

（5）负责协调施工生产所需的人员、物资和设备的供给，协调组织安装、试运过程中有关人员的相关工作。

（6）审核与施工单位的工程联系单、工程进度款工程量，审核设计变更单，控制工程造价。

（7）安排各专业工程师及时处理工程中遇到的专业技术问题，参与工程质量事故的调查，参与工程验收工作。

（8）负责文件和资料的管理工作，确保现场使用的文件均为有效版本，指导和检查建设过程的各种质量记录和统计技术应用工作，确保质量记录的完整性、准确性和可追溯性。

（9）协助项目经理对项目经理部所属人员进行绩效考核。

（10）组织编写项目月（周）报告及其他专项报告。

（11）就项目管理工作对项目经理负责。

（三）专业工程师职责

（1）完成项目经理、副经理交办的专业业务，对本专业内施工项目进行合理规划，对进度、安全技术、施工质量等进行管理。

（2）负责贯彻、执行规程、规范与标准，落实与本专业技术管理相关的制度。

（3）与设计院设计工程师对接，要求其提交详细出图计划并跟踪图纸进度。

（4）负责本专业设备与材料采购技术规范书与技术协议的编写。

（5）负责收集和整理本专业有关信息，动态掌握专业范围内设备方面（采购、监造、到场、领用）、设计方面（技术规范书、提资、施工图、变更单）、施工方面（施工进度、质量、安全）、调试方面（分系统、整套启动）的各种情况，为项目推进提供便利。

（6）参与一级网络计划编制，审核二级网络计划并监督执行。

（7）编制施工组织总设计中本专业的相关内容，审核施工单位施工组织设计，并监督本专业施工组织设计的实施，审查本专业施工单位的施工方案、作业指导书和技术措施等。

（8）审核专业施工工程进度款。

（9）参加本专业与其他专业间的工序交接验收。

（10）审核本专业的设计变更和变更设计，材料代用、借用及设备修改；组织本专业图纸、设计资料的内部会审。

（11）参加本专业质量事故的调查、分析，提出纠正、预防和改进意见。

（12）参与本专业分部试运行，参加联合试运行，组织处理本专业试运问题。

（13）配合项目经理组织工程协调例会，并编制会议纪要。

（14）编制本专业工程信息（周报、月报）上报资料。

（15）编写本专业技术总结。

（16）完成领导交办的其他工作。

（17）填写工作日志。

（四）安全主管职责

（1）负责组织落实公司职业健康安全环境（HSE）管理体系、安全管理制度、安全管理手册、安全文明施工图册等要求，分解和落实项目安全目标指标，编制项目管理实施策划书安全文明施工部分。

（2）负责编制项目综合应急预案，审查分包单位编制的专项应急预案及应急处置措施。

（3）负责施工安全技术措施、专项安全施工方案的审查或专家论证会的组织工作。

（4）负责开展日常安全检查工作，组织开展周安全检查，配合公司质量安全管理部开展月度、节假日和季节性安全大检查。

（5）开工前负责组织对承包方负责人、工程技术人员和安全监督人员进行安全技术交底，并做好完整的记录。

（6）组织开展建设工程危险源的辨识、评价和控制工作；对危险性施工区域和关键点，在作业前负责组织对施工单位进行专门的技术交底，并做好完整的记录。

（7）按照国家、行业、上级公司制订的安全生产规章制度，对现场违章指挥、违章作业及一切不安全因素和行为认真执法，履行对现场施工单位的安全监察权和考核权。

（8）负责落实公司安全培训制度，及时对项目经理部有关人员进行安全培训，监督施工单位现场施工人员的安全培训制度落实。

（9）全面负责消防管理工作，建立工程消防安全管理网络，组织处理工程项目建设期间消防安全管理日常事务。

（10）组织消防检查，督促各参建单位开展消防知识、技能的宣传教育和培训，组建义务消防队，组织灭火和应急预案的演练，对项目的消防安全管理工作进行自检。

（11）定期组织对食堂、宿舍进行职业健康与卫生安全检查；做好项目经理部人员的劳动防护工作，监督参建单位按要求发放和使用劳动防护用品。

（12）负责组织安全事故报告、调查、分析和处理，实施纠正预防措施并及时上报。

（13）做好安全日志，向工程公司报送安全周报、安全月报及年度安全总结。

（14）协助项目经理完成安全考核指标。

（15）安全管理工作对项目经理负责，并接受工程公司质量安全管理部的业务监督。

（16）负责法律法规收集、宣传与培训，参加公司组织的合规性评价。

（五）采购主管职责

（1）按项目经理批准的设备、材料到货计划，组织制订项目采购计划，经采购管理部审核确认后报建设单位备案。

（2）组织采购项目相关合同的起草、评审和签订，在采购过程中跟踪合同的执行情况，随时解决合同纠纷、条款差异的解释补充等工作。

（3）按批准的采购计划组织实施采购工作，确保设备、材料到货期满足现场进度需要。

（4）负责所采购的设备供应商管理，跟踪设备制造进度和催缴管理，组织采购设备接收及移交。

（5）按工程公司采购管理制度要求做好现场购买材料的价格签证。

（6）对采购合同执行的情况定期向项目业主管理方汇报，并接受工程公司职能部门的业务监督。

（六）造价主管职责

（1）负责项目施工图预算、年度预算和月度预算的编制，监督项目预算的执行情况整理相关汇报。

（2）监督工程分包、设备采购、材料采购等分包内容商务价格的审查及部分重要内容的标底的编制。

（3）按照项目经理的计划安排，完成分包商的进度款支付审核。

（4）就结算量、收付款数量及工作完成进度对项目经理负责。

（七）质量主管职责

（1）负责公司质量管理体系的贯彻落实，执行有关质量管理制度。

（2）负责质量管理活动策划与质量控制，按照公司质量目标，做好项目总体质量检查与监督管理。

（3）负责工程项目设备和材料质量控制，参与到货开箱验收与质量检查，按设计图纸和设备清册上的规格、型号，核查工程使用的材料和设备，如有更改代用，须监督履行更改代用手续。

（4）负责设备监造、质量抽查等控制过程的资料查验，查验工程主要材料包括钢材、水泥、焊条、高强螺栓、烟囱用耐酸胶泥等复验报告。

（5）负责施工方特殊工种人员的资质审查管理。

（6）按质量标准和验评范围以及重要工程项目见证点（W 点）、停检点（H 点）和旁站点（S 点），进行施工过程质量控制。

（7）配合电力质量监督站阶段性质量检查和地方政府工程质量监督站专项质量检查。

（8）对项目施工质量，按检验批、分项工程、分部工程和单位工程划分，进行验收和评价。

（9）负责本项目施工过程中质量验收资料的审核与签证。

（10）参与质量事故调查和处理。

（11）完成项目经理交办的其他工作。

（八）综合事务主管职责

（1）负责项目经理部行政事务管理，包括文件收发、印章管理、会议、接待以及后勤生活设施等管理。

（2）负责项目信息管理，管理计算机网络。

（3）负责处理法律事务。

（4）负责建立健全项目经理部内部管理制度。

（5）负责项目经理部内部采购（劳保用品、基础设施及办公用品等）事宜。

（6）负责项目经理部人力资源、教育培训等工作。

（7）按规定建立党群组织，组织宣传工作。

（8）负责完成工作会议（除技术会议）组织、会议纪要编制和签署等工作。

（9）负责往来 E–Mail 的分发处理、备份归档，工程传真的收/发、登记、复印和存档。

（10）完成项目经理交办的其他工作。

（九）资料主管职责

（1）建立工作日志，整理工程周报/工程月报/年报和工程大事记。

（2）负责项目档案管理，包括设计资料、设备资料、施工资料、传真、文件、图纸、文献、照片、胶片、电子文档等的归口管理，确保符合归档要求。

（3）负责竣工资料的收集、整理、审阅、出版和移交。

（4）负责对更改或换版后作废文件的及时回收和上交工作，确保各相关工作场所不得使用作废文件。

（5）电子档案和书面档案管理。

项目管理任务书管理

在项目正式开工前，工程公司项目管理部依据总承包合同的要求，组织编制《项目管理任务书》，为项目经理部明确工程工期要求、安健环管理目标、质量目标、项目成本控制指标、管理考核指标等，确定公司与项目部权责关系、项目考核与奖惩管理规定等内容，项目《管理任务书》经公司总经理办公会审批后，公司与项目经理签署后生效。

《项目管理任务书》是项目经理部工作的依据，项目经理通过编制《项目管理策划书》予以落实。考虑总承包合同的变更或补充的要求，项目管理部可根据项目建设进展情况，对《项目管理任务书》进行变更修改，按原程序审批后下发项目经理部。

项目管理策划书管理

项目经理部正式组建后，项目经理按项目《管理任务书》的要求，组织编写《项目管理策划书》，项目管理部对项目经理部策划书的编制进行必要的指导和审核。

项目启动会一个月后，在工程正式开工前，由项目经理部完成《项目管理策划书》的编写，工程公司各部门会审后，报工程公司总经理办公会批准发布执行。

项目经理负责定期对《项目管理策划书》进行分析评审、修改与完善，保持其内容与相关计划的适宜性、充分性与时效性。

《项目管理任务书》发生变更时，由项目经理组织，按原程序对《项目管理策划书》进行修订和报批。

相关表单：

（1）项目部主要管理人员审批表（见表 3–3）

（2）部门管理承担的项目管理职能一览表

（3）项目管理策划书

（4）××项目工程月报

（5）××项目工程周报

（6）年度基建项目计划

表 3–3　　工程公司项目部主要管理人员审批表

××××工程公司项目部主要管理人员审批表							表格编号
工作名称及编码							
项目基本情况							
拟任人员基本情况							
序号	岗位	报任人员姓名	性别	年龄	职称	执业资格	当前岗位
1	项目经理						
2	项目副经理						
3	专业工程师						
4	安全主管						
5	物资主管						
6	物料主管						
7	综合主管						
8	其他						
招标文件/合同及建设方关于项目部主要人员的要求							
1. 对项目经理的要求							
2. 对项目部总工的要求							
3. 其他要求							
有关说明事项							
评审意见							
项目管理部门意见							
工程分管领导意见							
人事分管领导意见							
制表		审核		批准			
时间		时间		时间			

第四章　项目启动与策划管理

项目启动管理包含项目启动前管理和项目正式启动会管理；项目策划管理包含项目审批事项权限管理和项目管理策划。

项目管理部是项目启动与策划管理的归口部门。负责组织成立项目组，组织对《项目管理策划书》进行评审，根据工程进展，对《项目管理策划书》执行情况进行监督检查。

项目经理部负责组织编制《项目管理策划书》，经公司审核批准后具体执行。工程公司其他职能部门负责参加对《项目管理策划书》的相关内容进行评审，出具专业建议或意见。

项目启动管理

一、项目启动前准备

工程公司在项目可研及立项批复后，由项目管理部组织成立项目组，公司总经理任命项目组负责人，项目组根据公司授权，负责该项目正式启动会前的准备工作。

（一）项目启动前管理要求

（1）工程公司项目组负责组织项目前期启动会，项目管理部主任主持会议。

（2）公司分管副总经理及项目管理部、采购管理部、费用控制部、质量安全管理部相关人员和项目组成员参加会议，项目组负责会议记录与会议纪要编制。

（3）项目组制订工作计划，完成工程公司布置的具体工作和任务。

（二）项目组启动前工作计划要点

（1）了解项目概况，包括项目名称、建设规模、建设地点、所属的产业/业务/地域、批复的开工时间和完工时间、工期、合同模式、投资估算和资金分配情况等内容。

（2）负责组织配合公司初步设计工作，参与初步设计评审。

（3）确定项目的进度、HSE、质量、成本等控制目标。

（4）制订基准进度计划，确定项目重要节点的时限，包括项目重要招投标的开始时间（施工、主要设备材料）、开工日期、调试开始时间、试运行开始时间、完工日期等。

（5）组织项目投标文件编制，参与项目总承包合同谈判/签订。

（三）投标准备

（1）工程总体说明及资料（工程概况、设计原则和主要规定、建设规模、技术要求、EPC工程总承包单位工作服务范围、EPC标段划分、工程建设目标等）。

（2）项目技术标资料，总体项目管理方案、设计管理、物资采购管理、施工管理、分包管理、交竣验收管理等。

（3）项目总承包商务报价要求，包括设备材料采购费、施工费、总承包管理费等的清单报价或总报价。

（4）合同条款及格式（合同样本）。

（5）投标文件要求，包括投标函、法人证明、授权委托书、投标人基本情况、履约保函、预付款保函、保密承诺书、工程量清单报价表、项目管理机构组成、主要人员简历、人力资源计划配置、资金使用计划、主要施工机械使用计划、偏离表和潜在分包商/供应商名单。

（四）成立项目经理部

工程公司签订总承包合同后，工程项目总承包合同生效，总经理任命并授权项目经理，项目管理部负责组织对现场岗位人员进行调配管理，协助人力资源部门完成对项目需求人员的配置，正式组建项目管理部。

（1）项目管理部完成《项目管理任务书》编制与审批。

（2）项目现场完成三通一平（即水通、电通、路通与土地平整）的施工。

二、项目正式启动管理

召开项目正式启动会议即宣告工程项目进入实施阶段。通过会议，使项目经理部所有人员了解项目总体目标、明确各自的岗位职责，以便更加高效地协同工作。

工程项目EPC合同/总承包合同生效，项目经理部主要岗位人员已落实到位，项目正式启动应具备条件已确认，项目经理立即组织召开项目正式启动会。

项目经理组织启动会议的准备工作，确认启动会召开应具备的条件（见表4–1）。

表4–1　　工程项目正式启动应具备的条件

序号	工程项目正式启动应具备的条件	是否符合	备注
1	项目BOT协议已经签订	是□ 否□	
2	项目环境影响报告已经批复	是□ 否□	
3	项目可研报告编制完成通过评审，通过集团、政府审批	是□ 否□	
4	项目公司已经注册成立，并已经筹集到位项目资本金	是□ 否□	
5	项目核准手续已经批复，工程公司总承包合同已签订生效	是□ 否□	
6	项目经理、主岗工作人员已经选定并已到岗	是□ 否□	

续表

序号	工程项目正式启动应具备的条件	是否符合	备注
7	项目地质初步勘探和详细勘探已经完毕	是□ 否□	
8	项目三通一平已经结束	是□ 否□	
9	项目初步设计已经评审完成	是□ 否□	
10	设计图审核已合格	是□ 否□	
11	质量监督、安全监督已经报备	是□ 否□	
12	项目建设资金已经到位	是□ 否□	
13	项目施工许可证已经办理完成	是□ 否□	
14	施工准备工作完成，具备主厂房（垃圾坑）开挖条件	是□ 否□	
15	垃圾坑基础开挖完成，具备浇灌第一方混凝土条件	是□ 否□	

（一）启动会议准备工作

（1）会议召开前准备资料。项目经理编制项目初步实施方案，会前通知项目管理部和技术管理部准备进行合同交底及技术协议交底。

（2）参加单位及人员包括公司分管副总经理、项目管理部相关人员、安全质量管理部主任、技术管理部主任、项目组以及项目经理部全体人员。由项目经理部提前书面通知相关领导、部门和人员，项目经理主持会议。

（二）启动会议议程

（1）项目组介绍项目正式启动会前项目准备工作。

（2）项目管理部合同资料工程师全面介绍合同谈判背景、双方讨论的主要问题、最后达成的协议、合同的主要条款以及合同执行中需注意的问题。

（3）技术经理介绍项目主要技术指标、技术协议的相关内容以及需重点关注的技术要求。

（4）项目经理介绍项目组织结构及人员，阐述项目的任务、目标、原则、总体实施计划以及近期工作安排。

（5）相关部门及参会人员可就工作配合发表意见，讨论和确定其他有关事项。

（6）公司分管副总经理对项目实施提出意见和要求。

（三）启动会议的组织和记录

项目经理负责启动会议的组织工作，安排专人做会议记录，整理会议纪要，与会人员应在《项目启动会议签到表》上签到，会议后第 2 个工作日内，整理出《项目启动会议纪要》（见表 4–2），经项目经理审核后送主管领导签发。

三、其他管理要求

对于提前介入的工程或其他特殊工程，也应依据有关协议、指令或会议纪要等办理相应的项目启动手续。

公司相关部门及参会人员，在本职业务系统针对会议中提出的计划及要求，组织落实相关工作，项目管理部对会议的落实情况予以监督检查，各部门开展相应的资源保障、服务及监督管理。

相关表单：

（1）项目启动会议签到表

（2）项目启动会议纪要

相关流程：

项目启动会流程（见图4–1）

表4–2　　　　　　　　　　工程公司项目启动会会议纪要

××××工程有限公司项目启动会议纪要						表格编号	
工程项目名称							
项目地点							
建设单位							
监理单位							
设计单位							
工程结构形式			规模		工程造价		
启动项目的主要依据或理由：							
项目基本情况			计划开工		计划竣工时间		
项目基本特性							
项目属性	规模分类	功能分类	投资分类	工程性质	施工技术	承建模式	实施阶段
项目启动期限	起：		止：		共：		天
启动期间主要任务							
序号	工作内容		责任部门		完成期限	备注	
1	项目编码						
2	项目立项						
3	提名项目班子及项目部组成人员						
4	项目投标安排						
5	项目现金流分析						
6	项目投标策划						
7	项目投标成本测算						
8	投标、履约保函办理						
9	其他有关事项						
制表人		时间		审核		时间	
启动要求				命令签署人：		时间：	
文件发送人员或部门		签收	文件发送人员或部门		签收	备注	

注：启动会参加的人员由企业根据实际工作需要灵活安排。

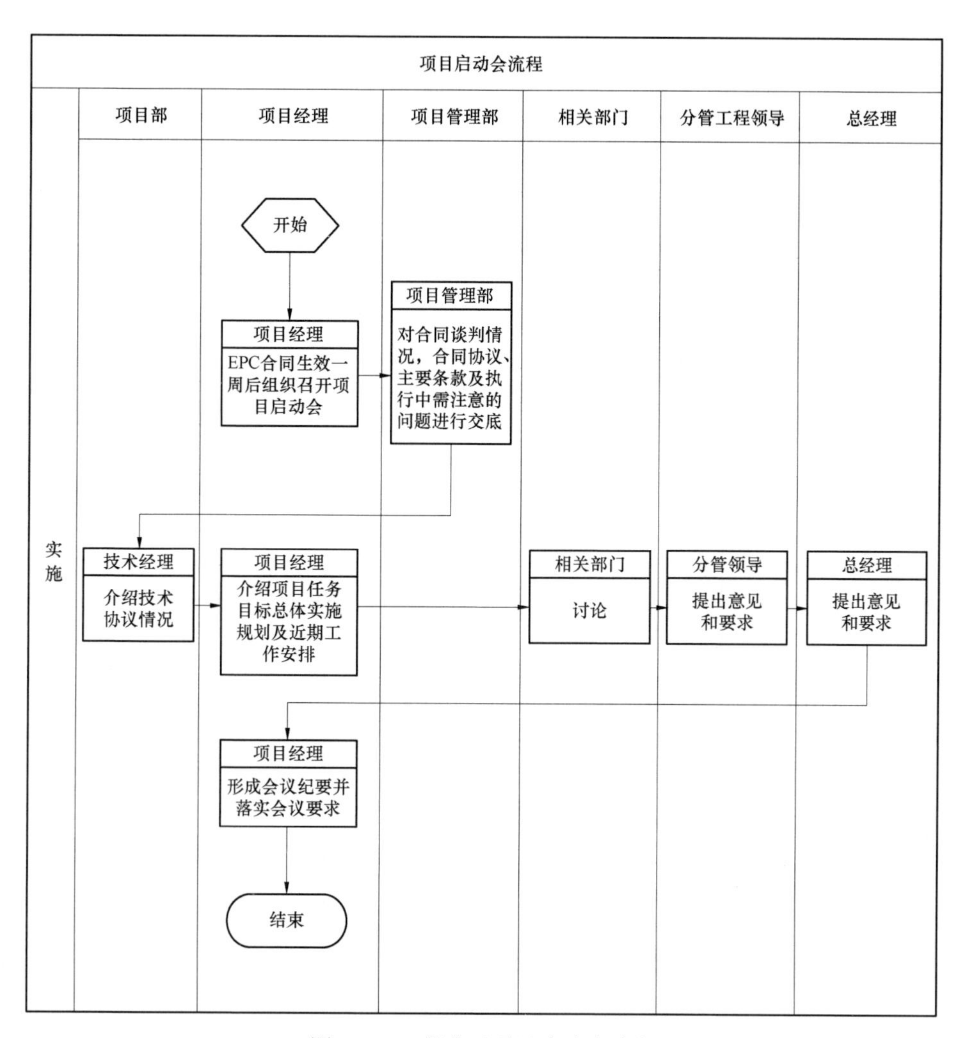

图 4–1　工程公司项目启动会流程

项目审批事项权限管理

项目审批事项权限管理原则如下：

（1）项目经理部必须严格执行项目审批事项权限管理有关规定和要求；

（2）个人当责原则，即经办人须尽职、勤勉、恪守职责；

（3）授权不授责原则，即通过授权减少了管理宽度并强化了垂直管理，以达到简政放权目的，但此举并不能减少授权人所对应的责任，所以授权需谨慎，被授权人须对授权人负责。

项目审批事项的发起办理、核查工作，签批、决定、确认等权限及有协助、告知和查询等工作对接，按《项目审批事项权限表》（见表 4–3）的划分办理。

表 4–3

项目审批事项权限表

事项序号	授权内容		授权额度	经办人	专业工程师	安全经理	合同经理	采购经理	技术经理	费控经理	财务经理	商务经理	项目经理	部门负责人	分管领导	分管财务领导	总经理/董事长	领导办公会	备注
说明	A）本表依据公司章程及相关规章制度拟定，如有冲突，以此表为准；适用范围是与财务相关事项，包括报销、收支等																		
	B）符号☆代表发起办理、核查等工作；★代表作出签批、决定、确认等权力；√代表有协助、告知、查询等工作对接需要																		
	C）本表旨在打造以项目为中心的签字授权体系，通过简政放权一方面减小本部领导的管理宽度，另一方面加强垂直管理力度，以加快本部的快速反应能力																		
	D）重要原则：个人当则原则，即经办人须尽职、勤勉、恪守职责；授权不授责原则，即通过授权减少了管理宽度并强化了垂直管理，以达到简政放权目的，但此举并不能减少授权人所对应的责任，所以授权需谨慎、被授权人须对授权人负责																		
1	工程量变更权限																		
	1.1	设计变更额度	在项目控制价范围内，项目部具有不超过 5 万元单项工程量变更权，具有累计不超过建安合同额 1%工程量变更权	☆	☆			☆	☆	☆	√	√	★						超出权限范围且在项目控制价范围内的变更，执行公司《设计变更管理办法》相应规定
	1.2	变更设计额度	在项目控制价范围内，项目部具有不超过5万元单项工程量变更权，具有累计不超过建安合同额 1%工程量变更权，项目控制价超执行概算时变更设计报公司审批	☆	☆			☆	☆	☆	√	√	★						超出权限范围且在项目控制价范围内的变更，执行公司《设计变更管理办法》相应规定

续表

事项序号	授权内容		授权额度	经办人	专业工程师	安全经理	合同经理	采购经理	技术经理	费控经理	财务经理	商务经理	项目经理	部门负责人	分管领导	分管财务领导	总经理/董事长	领导办公会	备注
1	1.3	超执行概算额度	超出项目控制价范围内的工程变更，全部报公司审批	☆	√		√	√	√	√	√	√	☆	☆	☆	☆	☆	★	
2	工程签证权限																		
	2.1	工程量签证额度	在项目控制价范围内，项目部具有不超过 5 万元单次工程量签证权，具有累计不超过建安合同额1%签证权	☆	☆		√			☆			★						超出权限范围且在项目控制价范围内的签证，项目经理部上报领导办公会议审批
3	采购权限																		
	3.1	工程类采购	项目部具有单项工程不超过 20 万元工程类采购确认权，20 万元以上项目部报公司审批	☆	☆	√	√	☆	☆	☆	√		★						超出权限范围的，执行《公司招采管理办法及实施细则》及工程公司《零星采购管理办法》相关管理规定
	3.2	材料类采购	项目部具有单类别（单套）材料（设备）不超过 5 万元，单批累计金额不超过 25 万元的材料（设备）采购权	☆	☆		√	☆	☆	☆	√		★						

续表

事项序号	授权内容		授权额度	经办人	专业工程师	安全经理	合同经理	采购经理	技术经理	费控经理	财务经理	商务经理	项目经理	部门负责人	分管领导	分管财务领导	总经理/董事长	领导办公会	备注
3	3.3	服务类采购	项目部具有2万元以下的服务类采购权	☆	☆			☆	☆	☆	√		★						
	3.4	集中采购	由公司统一组织采购审批	☆	√		☆	☆	☆	☆	☆		☆	☆	☆	☆	★		由公司集中采购，采购设备分类见相关管理规定
	3.5	BC类材料采购认价权	项目部具有BC类材料（没有信息价部分）认质认价权	☆	☆		√	☆	√	☆	√		★						超出权限范围的材料认价，项目经理部上报公司审批
4	工程资金使用权限																		
	4.1	工程类资金申请审结	项目部具有在项目月度资金计划范围内且符合合同约定的工程进度款项申请审结确认权	☆	☆	☆	√			☆	√		★						超出审批通过资金计划的，按投资方相关规定审批。 4.3和4.4项是按照采购部正在执行的设备付款表单修订
	4.2	工程类资金审结支付	由公司负责办理	☆			√				☆		√	☆	☆	☆	★		

续表

事项序号	授权内容		授权额度	经办人	专业工程师	安全经理	合同经理	采购经理	技术经理	费控经理	财务经理	商务经理	项目经理	部门负责人	分管领导	分管财务领导	总经理/董事长	领导办公会	备注
4	4.3	设备材料类资金使用	项目部具有在项目月度资金计划范围内且符合合同约定的设备材料款项申请支付、核查权利	☆	√		√	☆	☆	☆	☆		☆	☆	☆	☆	★		
	4.4	服务类资金使用	项目部具有在项目月度资金计划范围内且符合合同（设计、造价、勘测）约定的进度款项申请支付、核查权利	☆	√		√	☆	☆	☆	☆		☆	☆	☆	☆	★		
5	管理费使用权限																		
	5.1	年度预算范围内使用权限	项目部具有在月度、年度、项目总体额定范围内除工资总额以外的管理费使用权	☆	√						☆		★						超出年度预算的，项目经理部上报领导办公会审批
	5.2	项目生活费用	项目部具有在公司《项目综合管理规定》额度内的项目生活费用审批权	☆	√						☆		★						

续表

事项序号	授权内容		授权额度	经办人	专业工程师	安全经理	合同经理	采购经理	技术经理	费控经理	财务经理	商务经理	项目经理	部门负责人	分管领导	分管财务领导	总经理/董事长	领导办公会	备注
5	5.3	项目办公费用	项目部具有在公司核定项目办公费用额度月平均值范围内费用审批权	☆	√						☆		★						超出月度审批权限的顺延至下月审批、报销
	5.4	项目交通差旅费用	项目部具有在公司核定项目交通、差旅费用额度月平均值范围内费用审批权	☆	√						☆		★						
	5.5	项目招待费用	项目部具有在公司核定项目招待费用额度月平均值范围内费用审批权	☆	√						☆		★						
	5.6	车辆使用、租赁权限	在项目管理费额度范围内，根据项目需求可以租赁交通车辆	☆			√				☆		☆	☆	☆	☆	★		由公司决策或进行单项审批
	5.7	工资总额额度	无授权																由公司决定

续表

事项序号	授权内容		授权额度	经办人	专业工程师	安全经理	合同经理	采购经理	技术经理	费控经理	财务经理	商务经理	项目经理	部门负责人	分管领导	分管财务领导	总经理/董事长	领导办公会	备注
6	人事管理权限																		
	6.1	项目经理任命	由项目管理部提名报审，公司领导班子会审，董事长/总经理任命授权	☆										☆	☆	☆	★		
	6.2	项目经理部人员选聘权	项目经理对项目副经理、项目经理部管理人员选聘具有建议权										☆	☆	☆		★		
	6.3	项目经理部人员奖励权	项目经理对项目部成员具有奖励建议权										☆	☆	☆		★		超出权限范围的，由公司选聘或决定
	6.4	项目经理部人员处罚权	项目经理对项目部成员具有处罚建议权										☆	☆	☆		★		
	6.5	临时人员聘用权	项目部具有临时聘用资料员、司机、厨师、设备管理员各 1 名的权力，人员与公司签订临时用工合同	☆									★	√					

《项目审批事项权限表》由工程公司指定部门编制，相关部门参与会签，经公司领导批准后发布。在项目实施过程中，工程公司根据工程需要，可发文就特定事项的权限进行调整或补充作说明。

《项目审批事项权限表》依据公司章程及相关规章制度拟定，如有冲突，以此表为准；适用范围是与财务相关事项，包括报销、收支等。

项目管理策划要点及项目管理策划书的编制

一、项目管理策划要点

项目管理策划基本内容如图 4–2 所示。

一、项目简介	（1）现场总平管理
1. 编制依据	（2）厂区管理
2. 项目概况	（3）人员管理
3. 项目主要有关合同单位	（4）设备物资管理
4. 项目承包合同关系图	（5）文明施工检查
二、项目组织管理	（6）施工现场形象 VI 管理
1. 项目管理体系及各单位职责	（7）现场检查
2. 组织机构及主要岗位职责	（8）工程例会
3. 项目管理单位工作启动的条件	9. 项目合同管理
4. 项目管理目标	10. 项目资金计划与成本控制
5. 项目建设实施进度计划	11. 综合管理
6. 项目管理单位工作结束条件	（1）建设手续管理
三、项目建设管理	（2）工程档案管理
1. 项目管理制度	（3）项目信息管理
2. 项目管理工作流程	12. 启动调试与试运行
3. 项目进度计划管理与控制	13. 项目移交
4. 采购计划与实施组织管理	四、项目风险及应对措施
5. 项目技术管理	1. 组织风险
6. 工程质量管理与控制	2. 商务风险
（1）质量管理	3. 技术风险
（2）创优管理	4. 社会与环境风险
7. 安全文明施工、环保与健康（HSE）管理	五、项目考核管理办法
8. 现场管理	六、工程总结

图 4–2　项目管理策划基本内容

二、《项目管理策划书》的编制

项目经理部成立后，项目经理组织人员编制《项目管理策划书》，《项目管理策划书》应在初步设计批复后一个月内完成评审与审批。

项目管理策划书原则上由项目经理组织编制，未成立项目经理部的项目由该项目筹备组负责人组织编制。

项目管理策划书编制可分两阶段进行，即项目前期策划和项目建设期策划。项目前期策划，主要包括：组织管理、授权管理、基准进度计划等。项目建设期策划主要包括目标策划、开工前策划、投资控制策划、招标采购策划、采购管理策划、进度管理策划、质量管理策划、安全管理策划、启动调试策划、交竣管理策划、风险管理策划等。

原则上，初设批复后一个月内，且项目开工前，须完成项目管理策划书的编制和审批，未完成的项目，不得进行实质性开工和建设。

项目管理策划书评审由项目管理部组织进行，评审通过的《项目管理策划书》，经公司批准后执行，是公司《项目管理任务书》的编制和考核的依据。

三、项目管理策划书的实施

在工程开工前，由项目经理主持，主要编制人向该工程主要负责人及工程管理人员进行交底，明确各自的责任和目标，统一思想，确保行动目标一致。

审批后的《项目管理策划书》，现场参建单位应认真贯彻执行。如变更未经批准，则不得修改。项目经理部应在执行过程中及时分析《项目管理策划书》的执行情况，及时纠偏，确保建设目标实现。

凡涉及建设规模变动，修改重大设计和施工技术方案，提高技术标准，组织机构变动，以及质量、职业健康安全、环境目标和保障措施等出现重大改变时，应对相应的项目管理策划书内容进行修订，并履行审批手续。

工程结束后，项目经理部应做好《项目管理策划书》执行情况的总结，纳入《工程总结》中，为后续工程项目提供借鉴。

第五章　项目合同管理

本章明确了与建设项目有关的合同的签订、履行、变更、纠纷等管理工作。

合同分类及说明

本章所称合同是指以公司名义设立、变更、终止民事权利义务关系的协议，包括合同、协议书、备忘录等。本章中建设合同是指公司作为承包人承揽签订的项目工程总承包合同、设备成套供货合同、技术服务合同等，施工合同是指公司作为发包人签订的施工分包合同，采购合同是指施工类、物资类和服务类合同。

合同管理原则

合同管理必须遵循以下原则。

（1）合法性。符合国家和地方现行法律法规规章。

（2）合规性。合同管理应符合上级公司与公司的有关规定，符合合同签订程序。

（3）保密性。任何人不得泄露合同中涉及的公司秘密。

（4）信息化。积极推进合同信息化管理，努力提高合同管理效率。

（5）合同管理工作是为了推动公司规范化运作，提高合同管理水平，维护公司的合法权益，降低风险。

各部门合同管理职责

一、总经理办公会

总经理办公会是合同管理的最高管理机构，其主要职责为：

（1）审批合同管理制度；

（2）审批施工合同的计价原则；

（3）审批施工合同价格谈判结果及变更；

（4）审批纠纷解决方案；

（5）审批施工类、物资类和服务类采购合同。

二、项目管理部

项目管理部是工程合同和施工合同的归口管理部门。其主要职责为：

（1）统筹管理建设合同和施工合同；

（2）编制建设合同管理办法报审稿；

（3）组织编制建设合同和施工合同标准文本；

（4）指导、监督项目经理部对建设合同和施工合同的执行；

（5）参与建设合同和施工合同起草、谈判、签订、付款以及存档等相关工作；

（6）建设合同和施工合同会签；

（7）参与建设合同和施工合同纠纷的处理；

（8）其他建设合同和施工合同管理工作。

三、采购管理部

采购管理部负责物资类和服务类采购合同的谈判、签订与归档管理。

四、项目经理部

项目经理部是建设合同和施工合同的承办和执行部门，其主要职责为：

（1）起草建设合同和施工合同；

（2）进行施工合同交底；

（3）建设合同和施工合同会签；

（4）执行建设合同和施工合同；

（5）处理建设合同和施工合同的争议及纠纷；

（6）完成合同资料存档；

（7）完成其他建设合同和施工合同相关工作。

五、费用控制部

费用控制部主要职责为：

（1）起草建设合同和施工合同中价格条款、价格变更条款、结算条款；

（2）负责建设合同和施工合同计价部分谈判；

（3）建设合同和施工合同会签；

（4）审定施工合同进度款金额；

（5）审核工程签证、变更的工程量及费用；

（6）参与办理合同结算；

（7）参与编制建设合同和施工合同标准文本；

（8）其他与合同价格或费用相关的工作。

六、财务管理部

财务管理部主要职责为：

（1）审查工程合同和施工合同中的财务收支事项是否符合法律、法规和公司财务制度；

（2）对工程合同和施工合同中影响财务的其他重要事项提出意见；

（3）建设合同和施工合同会签；

（4）履行建设合同收款、开具发票和收据、办理履约保函等义务；

（5）履行施工合同付款、收取发票和收据、收取履约保函等义务；

（6）参与编制建设合同和施工合同标准文本。

七、技术管理部

技术管理部主要职责为：

（1）起草建设合同和施工合同技术协议及技术条款；

（2）负责建设合同和施工合同技术部分谈判；

（3）建设合同和施工合同会签；

（4）参与编制建设合同和施工合同标准文本。

八、安全质量管理部

安全质量管理部主要职责为：

（1）起草建设合同和施工合同安全协议及安全条款；

（2）建设合同和施工合同会签；

（3）参与编制建设合同和施工合同标准文本。

九、装备部

装备部主要职责为：

（1）起草建设合同和施工合同中涉及渗滤液与烟气净化工程的技术条款；

（2）起草渗滤液与烟气净化工程施工合同技术协议；

（3）渗滤液与烟气净化工程施工合同会签；

（4）参与编制渗滤液与烟气净化工程施工合同标准文本。

建设合同和施工合同的管理

一、合同签订

合同签订包括起草合同、法律审核、组织谈判、合同评审、合同用印、保管分送。

（一）建设合同的起草

项目管理部获得中标信息后应及时通知项目经理。项目经理组织按照建设合同标准文本起草合同，技术经理起草技术协议，造价主管起草价格条款及详细价格表，安全质量管理部起草安全协议（如有施工部分），财务经理起草财务收支相关条款，合同工程师起草合同其他部分，并汇总形成建设合同初稿。

建设合同起草应在项目经理得知中标信息后10个工作日内完成。

（二）施工合同的起草

建设合同签订完毕后，方可启动该项目施工合同签订程序。项目经理部收到采购部提供的确定承包人的有效文件后，项目经理方可组织起草施工合同，如中标通知书、定标报告、决议文件或者公司其他确定承包人的有效文件。

施工合同额在20万元及以上的，项目经理组织按照各类施工合同标准文本起草施工合同，造价主管起草价格条款及详细价格表，安全质量管理部起草安全协议，渗滤液、烟气净化施工合同技术协议由装备部起草，精装修及其他施工合同技术协议由项目经理安排专业工程师或技术经理编制，合同工程师起草合同其他部分，并汇总形成施工合同初稿；合同额在20万元以下的，项目专业工程师负责起草合同，其他专业负责人给予支持。

施工合同起草应在项目经理收到采购部提供的确定承包人的有效文件后10个工作日内完成。

（三）法律审核

建设合同和施工合同初稿起草完成后，应经项目经理确认后，制作《合同法律审核表》交律师进行法律审核，律师填写《合同法律审核表》中律师意见，合同应根据法律意见进行修订。

建设合同和合同额在20万元及以上的施工合同，由合同工程师提交给律师；合同额在20万元以下的施工合同由起草合同的项目专业工程师提交给律师。

（四）合同谈判

合同谈判应成立谈判小组。谈判可采用会议（包括视频会议、电话会议）、往来传真和邮件等形式。谈判结果应形成谈判纪要，并经谈判各方签字确认。

1. 建设合同谈判

建设合同经法律审核后，项目经理部应牵头组织与发包人、联合体其他承包人进行谈判。建设合同谈判小组中，项目主管领导任谈判组长，项目经理任副组长，项目管理部、费用控制部、技术管理部、财务管理部、采购管理部、安全质量管理部派员组成。

2. 施工合同谈判

合同额在20万元以下的施工合同，经法律审核后，起草合同的项目专业工程师应组织与承包人进行谈判。项目经理任谈判组长，项目专业工程师为副组长，根据实际情况需要，选择邀请项目管理部、费用控制部、技术管理部、财务管理部、采购管理部和安全质量管理部派员组成。

合同额在 20 万元及以上的施工合同，经法律审核后，项目经理部应牵头组织与承包人进行谈判。项目主管领导任谈判组长，项目经理任副组长，项目管理部、费用控制部、技术管理部、财务管理部、采购管理部和安全质量管理部派员组成。

（五）合同评审

经谈判就合同条款达成一致后，履行合同评审程序，评审分为会签和审批两部分。

合同评审应通过公司 OA 合同签订系统完成。各会签部门应在职责范围内对合同内容的合理性、合法性、真实性、履行可行性进行审查，并及时、高效、负责地进行会签，不得拖延。

1. 建设合同评审流程

合同工程师新建施工类合同会签审批单，填写项目名称、合同名称、合同编号、采购方式、合同金额、对方单位、合同摘要等信息，上传合同文本及附件、合同法律审核表等相关文件，提交至项目经理部、项目管理部、费用控制部、技术管理部、财务管理部、采购管理部、安全质量管理部会签。

会签后，提交项目分管领导、工程分管领导、财务分管领导和总经理审批。

2. 施工合同评审流程

合同额在 20 万元以下的施工合同，由项目专业工程师新建施工类合同会签审批单，填写项目名称、合同名称、合同编号、采购方式、合同金额、对方单位、合同摘要等信息，上传合同文本及附件、合同法律审核表等相关文件，提交至项目经理部审批。项目经理部批准后，交合同工程师备案。

合同额在 20 万元及以上的施工合同，由合同工程师新建施工类合同会签审批单，填写项目名称、合同名称、合同编号、采购方式、合同金额、对方单位、合同摘要等信息，上传合同文本及附件、合同法律审核表等相关文件，提交至项目经理部、项目管理部、费用控制部、技术管理部、财务管理部、采购管理部、安全质量管理部、装备部（如为烟气净化或渗滤液合同）会签。会签后，提交项目分管领导、工程分管领导、财务分管领导和总经理审批。

合同经评审定稿后，应按照合同约定份数，打印装订。合同工程师应按照印章管理流程申请加盖公司合同章及法人章。合同应加盖骑缝章。合同正本每页应进行小签。

盖章生效的合同，由项目管理部保管正本，并向项目经理部、财务管理部、费用控制部分送合同副本或复印件一份，且应做分送登记。

建设合同和施工合同必须在工程开工前完成签订。未签订施工合同，严禁承包人进入施工现场进行施工。如遇特殊情况，确需先行施工的，须征得公司书面同意。凡未签订施工合同的，财务管理部不得支付任何款项，安全质量管理部有权责令停工，技术管理部有权不进行工程技术交底和验收，费用控制部有权不进行价款预结算。

二、合同交底

合同签订后15天内（开工前），项目经理应及时组织合同交底，合同工程师协助项目经理完成交底工作，项目管理部负责合同交底的监督和指导。项目经理、现场专业工程师、造价主管、技术经理、财务经理、采购主管合同工程师等相关人员参加，并就自身负责和了解的合同信息，向其他人员进行交底，交底人员由项目经理决定。

合同交底坚持“一份合同，一交底”的原则，未经合同交底，施工单位不得入场施工。合同交底可通过组织交底会议（包括视频会议、电话会议等）、发放交底文件等方式完成。合同交底应编制交底记录，并由参加人员签字，交底记录格式见附件。

合同交底内容一般包括以下各项：

（1）合同标的范围，确保相关人员清楚了解；

（2）合同期限；

（3）合同价格组成（各种费用计算依据和原则，以及合同价格的调整方法）；

（4）施工单位核心人员名单，为人事登记、核实承包人进场人员配备情况提供依据；

（5）合同责权划分；

（6）合同技术条款；

（7）合同违约条款；

（8）物资供应条款；

（9）合同支撑资料（招标投文件、图纸、技术指标及相关的基础资料）；

（10）风险及注意事项（包括谈判焦点，一些有利和不利条款、让步条款）；

（11）其他需明确的事项。

三、合同履约

合同生效后，除法律另有规定或合同约定外，承担履行合同职责的部门必须全面、及时、严格履行合同。项目经理部应跟踪、记录合同履约情况，并及时汇报、请示、协调、解决合同履行中出现的情况、问题和争议。

合同履行中，各部门应收集、整理产生的各种往来邮件、书面文件、会议资料、图片资料、音像资料等合同资料。不得删除、损毁、丢弃任何与合同相关的文件资料。并应及时将合同资料递交至项目管理部备案保存、记录。

（一）履约担保

如建设合同约定我公司应向发包人交纳履约保证金或履约保函，项目经理部应在合同签订后，及时向财务管理部提出申请，由财务管理部负责交纳履约保证金或办理履约保函。到达建设合同约定退还履约保证金或履约保函时间后，项目经理部应及时组织向发包人要求退还。

如施工合同约定承包人应当交纳履约保证金或履约保函，项目经理部应在合同签订后，及时通知承包人按合同约定交纳；履约保函收到后应由财务管理部保存，财务管理部收到履约保证金后应及时通知项目经理和合同工程师，并向承包人开具收据。如承包人未及时交纳，项目经理部应及时发函催交。到达施工合同约定退还履约保证金或履约保函时间后，经承包人申请，项目经理部应向财务管理部申请退还，由财务管理部办理退还。

（二）安全担保

项目经理部应当按照施工合同附件安全协议约定的时间和金额，向承包人收取安全保函。项目经理应在合同签订后，及时通知承包人按合同约定提交，安全保函收到后应交财务管理部保存，并通知项目管理部和安全质量管理部。如承包人未及时交纳，项目经理部应及时发函催交，安全质量管理部有权责令停工。到达施工合同约定退还安全保函时间后，项目经理部向财务管理部申请退还，由财务管理部办理退还。

（三）进度保证金

如施工合同约定承包人应当交纳进度保证金，项目经理部应在合同签订后及时通知承包人按合同约定交纳，财务管理部收到进度保证金后应及时通知项目经理和合同工程师，并向承包人开具收据。如承包人未及时交纳，项目经理部应及时发函催交。到达施工合同约定退还进度保证金时间后，项目管理部向财务管理部申请退还，由财务管理部办理退还。

（四）建设合同付款申请

项目经理部应于建设合同约定的付款节点完成之日起 3 个工作日内，通知合同工程师填写请款单，并按照印章管理流程申请加盖公司章，交项目经理部向发包人提出申请。请款单由发包人签收后，回收一份，交合同工程师存档。

合同工程师收到签收回执后，应通知财务经理；在公司收到款项后，财务经理应及时通知项目经理及合同工程师，合同工程师应在合同台账上记录。

（五）施工合同付款

施工合同付款应通过公司 OA 合同付款系统完成，付款应按施工合同约定的时间进行，不得违反合同约定的时间和金额进行付款。

1. 施工合同付款额 30 万元及以下的支付流程

（1）由项目专业工程师在 OA 合同付款系统中新建施工合同付款审批表，填写项目名称、合同名称、合同编号、工程进度完成情况、工程质量情况，上传施工单位付款申请表（盖章扫描件）、农民工工资及分包商工程款情况支付说明（盖章扫描件）（仅进度款）。

（2）安全主管填写现场安全管理情况、现场文明管理情况，上传相关附件。

（3）造价主管填写本次审定金额、抵扣金额、应付金额，上传造价咨询机构意见（盖章扫描件）（如有）、进度款审核意见（签字扫描件）、进度款汇总表（签字扫描件）、结算审定表（如为结算款）及其他相关附件。

（4）合同工程师审核已填写内容及上传资料的完整性、规范性，填写本次申请付款金额、至本次累计支付金额、剩余金额、支付情况说明，上传收据、项目经理部特殊情况付款申请或说明（盖章扫描件）等相关附件。

（5）财务经理填写项目资金盈亏情况、资金计划情况、支付建议。

（6）项目经理审核上述申请内容，并填写审批意见。

（7）分管财务领导审批。

（8）合同工程师将收据原件交给出纳，出纳办理付款并通知项目经理。

2. 施工合同付款额 30 万元至 100 万元的支付流程

（1）由项目专业工程师在 OA 合同付款系统中新建施工合同付款审批表，填写项目名称、合同名称、合同编号、工程进度完成情况、工程质量情况，上传施工单位付款申请表（盖章扫描件）、农民工工资及分包商工程款情况支付说明（盖章扫描件）（仅进度款）。

（2）安全主管填写现场安全管理情况、现场文明管理情况，上传相关附件。

（3）造价主管填写本次审定金额、抵扣金额、应付金额，上传造价咨询机构意见（盖章扫描件）（如有）、进度款审核意见（签字扫描件）、进度款汇总表（签字扫描件）、结算审定表（如为结算款）及其他相关附件。

（4）合同工程师审核已填写内容及上传资料的完整性、规范性，填写本次申请付款金额、至本次累计支付金额、剩余金额、支付情况说明，上传收据、项目经理部特殊情况付款申请或说明（盖章扫描件）等相关附件。

（5）财务经理填写项目资金盈亏情况、资金计划情况、支付建议。

（6）项目经理审核上述申请内容，并填写审批意见。

（7）分管项目领导、分管财务领导审批。

（8）合同工程师将收据原件交给出纳，出纳办理付款并通知项目经理。

3. 施工合同付款额 100 万元及以上、预算外付款、工程尾款支付流程

（1）由项目专业工程师在 OA 合同付款系统中新建施工合同付款审批表，填写项目名称、合同名称、合同编号、工程进度完成情况、工程质量情况，上传施工单位付款申请表（盖章扫描件）、农民工工资及分包商工程款情况支付说明（盖章扫描件）（仅进度款）等相关附件。

（2）安全主管填写现场安全管理情况、现场文明管理情况，上传相关附件。

（3）造价主管填写本次审定金额、抵扣金额、应付金额，上传造价咨询机构意见（盖章扫描件）（如有）、进度款审核意见（签字扫描件）、进度款汇总表（签字扫描件）、结算审定表（如为结算款）及其他相关附件。

（4）合同工程师审核已填写内容及上传资料的完整性、规范性，填写本次申请付款金额、至本次累计支付金额、剩余金额、支付情况说明，上传收据、项目经理部特殊情况付款申请或说明（盖章扫描件）等相关附件。

（5）财务经理填写项目资金盈亏情况、资金计划情况、支付建议。

（6）项目经理审核上述申请内容，并填写审批意见。

（7）分管项目领导、分管财务领导审批。

（8）总经理审批。

（9）合同工程师将收据原件交给出纳，出纳办理付款并通知项目经理。

付款流程中上传的所有扫描资料，均应由上传人员各自谨慎保存，最终随项目资料一并交公司存档。

公司每月 10、20 日统一支付工程款，项目专业工程师应在每月 3、15 日前在 OA 合同付款系统中新建施工合同付款审批表，发起付款审批流程；合同工程师应于每月 9、19 日按照经批准的付款审批表，制作次日资金计划表，提交至财务管理部。

项目经理部应每月按财务管理部要求上报资金预算，申请支付的工程进度款金额不能超过资金预算金额。

（六）施工合同违约金

施工合同违约金应按照施工合同约定收取，主要包括质量、进度、安全、质保期及其他违约金。

发生承包人应交纳违约金的情况后，项目专业工程师应及时填写违约处罚通知，违约处罚通知应经监理单位签字确认（质保期处罚除外），违约处罚通知应经项目经理批准，项目经理部应建立违约处罚通知承包人签收记录。

质量、进度、质保期、安全及其他违约处罚通知生效并到达承包人后 3 日内，项目专业工程师应在公司 OA 系统中新建违约金收取审批表，填写项目名称、合同名称、合同编号、违约金收取金额、收取情况说明，上传违约处罚通知（扫描件），经项目经理批准后，通知财务经理和合同工程师，由项目经理部联系承包人收取违约金。如承包人拒不交纳违约金，则财务管理部有权不支付工程款。如承包人拒不交纳安全违约金，安全质量管理部有权责令停工。

财务经理收到承包人交纳的违约金后，应通知项目经理和合同工程师。合同工程师应在合同台账中登记施工合同违约金收取情况。

对于承包人执行施工合同中出现的不合格设备/人员，项目经理部应及时发函要求承包人限时更换。施工合同质量保修期内，如出现需承包人提供保修的情况，项目经理部应及时发函要求承包人限时履行保修义务。如承包人拖延履行，则应雇佣第三方维修或更换，并发出违约处罚通知，要求承包人承担相应的费用，如承包人不予回应或拒绝承担，则应暂不支付质保金，如质保金不足以支付第三方费用，则应按合同约定提出索赔。

建设合同和施工合同结算按照公司结算制度执行。项目经理部应按照建设合同和施工合同约定，组织履行其他合同权利及义务。

四、合同变更

合同变更分为合同内容变更和合同主体变更。合同变更不得违反法律法规规定及合同约定。

（一）合同内容变更

建设合同和施工合同在履行过程中不得变更承包方式、计价原则及依据等主要条款。

建设合同和施工合同发生标的范围、合同期限、合同价格、付款条款、验收标准、质量要求、人员要求或成果要求变更等主要条款变更情况时，应签订书面补充协议，签约方必须与原合同一致。

（二）合同主体变更

建设合同在履约过程中，发包人发生合并、分立、权利义务转移等情况，项目经理部应报项目管理部，组织各部门审核变更后的发包人是否具备继续履行其合同义务的能力，就是否同意变更提出意见，报项目主管领导审批；同意变更的编写补充协议，补充协议应明确主体变更后权利义务，按建设合同评审流程签订；不同意变更的及时与发包人协商，采用其他方式解决。

施工合同在履约过程中，承包人发生合并、分立、权利义务转移等情况，项目经理部应报项目管理部，组织各部门审核变更后的承包人资质和能力，就是否同意变更提出意见，报项目主管领导审批；同意变更的编写补充协议，补充协议应明确主体变更后权利义务，按施工合同评审流程签订；不同意变更的及时与承包人协商，采用解除合同另行委托承包人等其他方式解决。

施工合同变更后承包人必须为合法有效法人，具备原承包人同等资质，具备继续履行合同义务的能力。资质能力合格的，应当同意变更主体；资质能力不合格的，或主体变更对合同履约有重大不利影响的，应当不同意变更主体。

五、合同索赔

合同索赔管理分为索赔和反索赔。

索赔是指在合同履行过程中，合同一方因另一方主体未按合同约定履行义务，或者其他不可归责于自身的原因，造成工期延误或遭受经济损失，向对方提出顺延工期、赔偿损失的行为。项目经理部或其他管理部门认为有应当提出索赔的情况发生时，应报项目管理部组织所有相关部门进行讨论，提出索赔方案，搜集并整理索赔资料，经项目主管领导批准后，以书面形式向合同另一方发出索赔通知。索赔资料包括文字、图片、视听影像、证言和物证等。

反索赔是指一方对另一方合同主体的索赔要求进行否定、反对和驳斥的行为。收到索赔通知后，项目经理部应立即组织审查核实索赔通知所述内容，并形成调查报告及反索赔方案，经项目主管领导批准后执行。如双方不能就索赔达成一致，则按合同纠纷管理程序处理。

如合同另一方提出延长工期/供货期限、延长质保期、赔偿损失等索赔要求，应要求对方以书面形式提出并加盖公章。

（一）反索赔审查

审查依据：包括合同文件、合同履行过程的来往函件、经批准的进度计划、现场记录、会议记录、现场图片及影像资料、发包人或监理人的各种指令、合同款支付凭证、检查和验收记录等。

审查内容：是否有合同依据、是否按照合同要求提出索赔、是否超出索赔时效、合同是否已免除了相应责任、事实依据是否充足、双方责任的划分是否合理、损失赔偿费用计算是否合理和正确等。

审查损失赔偿费用的计算是否合理和正确：是否存在重复计费情况；停工损失中人工费用，不应以人工工日单价计算，闲置人员不计取在停工期间的奖金、福利等，要考虑折算系数；机械闲置费，应按设备折旧费或租赁费计算，不计取机械台班费用；临时改变作业方法或工作内容的，不应计算停工损失，可适当考虑施工降效费。

（二）主要索赔情况

工程质量索赔：当承包人施工质量不符合合同约定的技术要求时，应当要求承包人对存在质量问题的工程，在规定的时间内返工或进行修复。

工期延误索赔：因承包人原因导致延期竣工时，应要求承包人赔偿延期竣工引起的损失。

工程保修索赔：在质量保修期内，当承包人拖延或拒绝履行保修义务时，发包人有权雇佣他人来完成工作，如质保金不足以支付发生的费用，则应当向承包人提出索赔，索赔金额应为实际修补工程产生的费用减去质保金后的金额。

解除合同索赔：如因合同另一方原因解除合同，则应当向其提出索赔；如为建设合同，索赔金额应覆盖已采购或生产的设备、材料损失，为工程配置的机械、人员损失；如为施工合同，索赔金额应覆盖另行委托新的施工单位完成剩余全部工程所需的工程款，以及因此造成延期竣工而造成的损失。

安全索赔。因合同另一方原因造成安全事故而导致损失，应当提出索赔，索赔金额应覆盖处理安全事故支出的费用，以及因此导致延期竣工而造成的损失。

其他索赔。根据合同约定，其他由于承包方的行为使公司受到损失时，均可以提出索赔。

六、合同纠纷

纠纷处理方式，可采用以下方式处理合同纠纷。

（1）协商。双方协商解决的，应签订书面协议，双方代表签字并加盖公章或合同专用章。

（2）调解。纠纷一方或双方可邀请监理单位、上级管理单位或第三方进行调解，调解应召开调解会议，调解会议应形成书面文件，并经双方代表签字确认，加盖公章或合同专用章，按调解结果执行。

（3）仲裁。不能协商解决，合同有仲裁条款或事后达成仲裁协议的，可向仲裁机构申请仲裁。

（4）诉讼。不能协商解决，且合同中无仲裁条款，事后又未达成仲裁协议的，可向人民法院起诉。

发生合同纠纷，项目经理部应当立刻与合同另一方沟通，以保证不受纠纷影响的合同内容的正常履行，纠纷解决应尽可能减小对工程的影响，应选择最有利于工程建设的方式，及时、妥善处理。

项目经理部应组织项目管理部、费用控制部、采购管理部、安全质量管理部等相关部门成立纠纷解决组，项目经理任组长，负责纠纷解决的全过程工作。解决组成立后，应根据纠纷实际情况，提出解决方案，解决方案应首先采取协商方式，如协商未能解决纠纷，则可选择调解方式，或者直接选择仲裁或诉讼。解决方案应经公司总经理办公会批准。

经协商或调解解决纠纷的，双方应当签订书面协议，书面协议按原合同签订程序执行。协商或调解未能解决纠纷的，纠纷解决组应向公司总经理办公会汇报，并与法律顾问沟通，各部门协同配合，收集资料，做好仲裁或诉讼前的准备工作。

双方已签订的解决合同纠纷的协议书、调解书、仲裁机关的仲裁书，以及人民法院发生法律效力的调解书、判决书，由项目管理部妥善保管并存档。

对方当事人逾期不履行已发生法律效力的仲裁裁决书、调解书、判决书的，在经公司总经理办公会同意后，依法向人民法院申请强制执行。

合同纠纷处理完毕后，纠纷解决组应及时将有关材料汇总，交项目管理部存档。

七、合同终止

合同终止主要为以下几种情况：合同已按约定履行完毕、因法院判决或仲裁裁决而终止，双方协商一致终止。

双方协商一致终止的，必须签订书面合同解除协议。终止协议应按原合同的签订程序执行。合同终止协议中应约定以下事项。

（一）原合同已履行部分的处理

对于建设合同，已合格履行部分，应要求发包人全部结算付款；对于施工合同，如承包人已合格履行部分，且其对后续工程无影响，一般可予以结算；如已履行部分不合格，或中途解除后对后续工程有影响，则一般可不予结算或仅部分结算，但保留追偿权利。

（二）原合同未履行部分的处理

对于建设合同，已经生产或订货但尚未交付的材料、设备，已经为施工进行的准备或投入，根据实际情况应与发包人协商由其接收或者补偿；对于施工合同，未履行部分不予结算，公司有权另行选择承包商，原承包人需承担提供资料、交接及协助的义务；对于承包人已经订货的材料、设备，可根据实际情况，选择接收或不接收。此外，应按照工程实际情况，协商补偿与赔偿。

合同终止后，全部合同资料应按档案管理规定归档，同时应继续遵循诚实信用的原则，履行通知、协助和保密等义务。

八、合同台账

项目管理部门应建立建设和施工合同台账。合同台账的内容应包括序号、合同类型、合同编号、合同名称、签订时间、签约单位、合同标的、付款情况、主管部门、负责人和备注等。

在合同签订后，合同工程师应及时在合同台账中对合同进行登记。项目经理部及其他执行部门应及时将各类合同履行信息通知项目管理部门，合同工程师应及时更新合同履行信息。

九、合同资料

合同主要资料包括：合同文本原件、合同索赔文件、合同纠纷文件、谈判记录、合同评审文件及过程批复文件、合同执行文件、结算文件等所有与合同相关的资料。

合同资料作为公司对外经济活动的重要依据，应当妥善保管。合同签订和履行过程中，项目经理部及其他执行部门应负责及时收集、整理合同资料，并交项目管理部保存。

合同终止后，项目管理部应按照档案管理规定，及时、完整地将合同资料交综合管理部门归档。合同付款资料由财务部门单独归档。

采购合同管理和施工分包商管理

一、物资/服务采购合同管理

采购管理部作为物资和服务采购合同的管理部门，负责制订、完善本公司的物资和服务采购合同管理办法和合同审查流程，并组织各职能部门及项目经理部实施。在这个过程中，项目采购主管需要做很多工作。

（一）项目采购主管职责

（1）组织项目物资和服务采购格式合同文本的编制，按照合同管理编号规则对物资和服务采购合同进行编号，经律师进行审核后，报公司领导审批，综合管理部备案。

（2）组织物资和服务采购合同的谈判、签订与审批，签订完成后进行登记、存档，对已完成的物资和服务采购合同办理付款审批手续等。物资和服务采购合同管理工作中出现的有关情况，由项目采购主管及时向主管领导汇报

（3）建立物资和服务采购合同管理台账及统计报表，对合同签订、履行、变更、解除、纠纷处理等情况进行登记。采购合同档案应对标的类别、标的名称、双方当事人全称、标的金额和数量、交付期限、谈判记录、执行记录和欠交数量等情况进行详细登记。

（4）对所签订物资和服务采购合同负有监督管理的责任，应及时掌握和检查合同履行情况，及时协调解决履行过程中发生的问题。

（5）根据项目进展情况，每月编制付款资金计划表，报项目经理、财务管理部进行审核。

（6）组织对到场设备进行验收，每月将到场验收记录及性能验收记录等相关文件提供给采购管理部。

（7）配合采购管理部做好合同归档工作，每月与采购管理部做好合同的核对工作。

此外，项目技术主管负责采购合同技术协议的编制、审查工作；财务管理部配合采购管理部、项目经理部对月度资金计划表进行复核；质量安全管理部对物资和服务采购合同中涉及安全方面的内容进行审核，或签订安全协议，并定期检查协议履行情况。

（二）采购合同的审核和签订

采购合同的承办人为各项目采购主管；合同谈判结束并落实全部合同条款后，项目采购主管编制《合同签订审批单》，连同定稿合同文本、合同谈判纪要及相关材料提交审核。《合同签订审批单》中填写内容及要求如下：

（1）项目名称；

（2）合同名称及合同编号；

（3）采购方式；

（4）合同对方，指与发包方签署该份合同的相对方，如为三方合同，则需注明合同的另外两个相对方；

（5）合同金额，指合同涉及的总金额；

（6）合同摘要，应含合同标的、数量、履行时间、付款方式及质量保证期等；

（7）编制人员及时间。

项目经理部审核以下事项：

（1）项目技术主管审核该合同招标标的是否符合所提出的技术规范要求，合同技术条款是否能够满足；

（2）项目造价主管审核该合同是否符合项目预算计划；

（3）项目财务主管审核合同价格条款及付款方式是否符合财务制度；

（4）项目技术主管、造价主管和财务主管出具审核意见后，项目采购主管报项目经理审核。

采购管理部就合同的经济、商务部分进行审核，主要审查以下内容：

（1）合同条款、内容是否符合本办法的规定；

（2）采购主管是否按法律程序组织谈判；

（3）审查合同用语是否规范、文字表达是否准确；

（4）审核后若合同符合上述内容，部门负责人应在“采购管理部主任”一栏填写审核意见，并在该栏签名、注明日期。

如合同涉及安全方面的内容需经质量安全管理部进行审核。

每份物资和服务采购合同正式签订前，由项目管理部初审后送交律师，审查合同内容是否合法合规，条款是否完备和齐全，权利义务是否明确，违约责任是否清楚，争议处理条款是否具备等内容。项目经理、分管物资和服务采购领导、总经理按分级授权对合同文件进行审定。

合同盖章时必须提供合同正本（至少一式二份）、《合同签订审批单》和《用印单》。

（三）合同终止管理

合同终止可分为合同正常履行结束、因法院判决或仲裁裁决而终止或解除合同，以及因情势发生变化，在不损害国家利益或社会公共利益的条件下，双方达成协议终止合同几种情形。

合同终止后，项目经理部应继续遵循诚实信用的原则，根据交易习惯履行通知、协助和保密等义务。除财务管理部作为付款凭证附件的合同副本及其他合同文件按照财务档案的规定处理外，其他合同承办部门和履行部门所持合同副本及其附件，应在合同终止后一月内归档，或按规定作废或销毁。合同正本档案资料不得随意销毁，须由综合管理部门按规定保存期保存。保存期满后，须报公司分管领导批准后再予以销毁。

二、施工分包商管理

项目管理部负责施工分包商的归口管理工作，定期组织开展工程分包管理检查，严格控制工程分包范围，组织对工程项目参建单位的考核评价。

项目经理部依据合同要求，对工程项目分包情况进行全过程监督和管理，审查分包商资质、业绩并进行入场验证。通过文件审查、检查签证、旁站和巡视等手段，实施分包工作的监督管理。

项目经理部须核查进场施工分包商的人员配备、施工机具配备、技术管理等施工能力，发现问题及时提出整改要求并实施闭环管理；对其分包工程的施工全过程进行有效控制，确保分包安全、质量、进度和造价处于受控状态。

项目经理部负责收集分包商资料，审核资质，并汇总填写评价表。项目管理部组织技术管理部、质量安全管理部对其技术质量、服务能力、施工能力与安全管理等进行评价。对于管理混乱，或上年度发生过负主要责任的人身死亡或质量事故的分包商，应停止合作。分包商资质必须在有效期内，且符合建设部颁发的《建筑业企业资质管理规定》的有关要求。

施工分包商的安全管理体系必须健全，近三年内未发生重大人身伤亡事故，近一年内未发生负主要责任的人身死亡事故。质量管理体系健全，具有一定的质量过程控制能力，所分包的工程在近三年内未发生重大质量事故，施工质量管理规范。

（一）分包商资质审查内容

（1）具有法人资格的营业执照和施工资质证书。

（2）法定代表人证明或法定代表人授权委托书。

（3）政府主管部门颁发的安全生产许可证。

（4）分包商施工业绩，近三年安全、质量记录。

（5）确保安全、质量的施工技术素质（包括项目负责人、技术负责人、质量管理人员、安全管理人员等）及特种作业人员取证情况。

（6）施工管理机构、安全质量管理体系及其人员配备。

（7）保证施工安全和质量的机械、工器具、计量器具、防护设施、用具的配备。

（8）安全文明施工和质量管理制度。

（二）施工过程中分包商管理

（1）项目经理部对专业分包商的施工安全、质量行为要加强监督。

（2）对进度、造价进行有效监控。

（3）对于安全风险较高的（如有可能引发火灾、爆炸、触电、高处坠落和电网事故等）施工作业，以及对施工质量影响较大的（如隐蔽工程施工）施工作业，应严格审查分包商的施工组织措施、技术措施、安全保证措施和质量保证措施并备案，并监督其严格实施。

（三）项目经理部对施工分包商的施工安全、质量行为等负指导和管理责任

（1）施工分包商的项目负责人、总工程师、主管副经理等关键岗位人员，必须由施工分包商指派人员担任。

（2）施工分包商编制施工方案（措施）等技术文件，并严格执行施工方案（措施）编制、审核、批准和交底的程序。

（3）施工前要对全体施工人员进行安全技术交底，并履行签字手续。

（四）项目经理部要求施工分包商必须加强对自备的施工机械、工器具和安全用具的管理

（1）进场前对其进行检查，防止不合格机械、设备、用具等进入施工现场。

（2）分包商须为施工人员配备合格有效的安全防护用品、用具。

（五）施工分包商对劳务分包人员开展必要的安全教育和技术培训，对劳务分包商的教育和培训工作进行监督

（1）确保每位从业人员均具有保障作业安全和工程质量的基本素质和技能。

（2）工程开工前，项目安全主管监督施工分包商必须组织全体人员分工种进行安全教育和考试，名单和考试成绩必须报项目经理部备案，并经抽考合格后，方可进入现场施工。

（3）凡增补或更换人员、更换工种，在上岗前必须进行安全教育和考试，并报项目经理部备案。

（六）施工分包商职业健康安全管理要求

（1）必须依据国家有关规定，为其从事危险作业的所有人员办理意外伤害保险，或在分包合同中约定分包商办理。

（2）施工分包商每年组织（或监督分包单位组织）各类人员进行身体健康检查，体检不合格或有职业禁忌证者，以及其他不适合基建工程施工作业的人员须及时更换。同时建立各类人员登记制度，避免人员的随意流动和频繁更换。

（3）施工分包商应建立包括分包商自己在内的完善的现场应急管理体系，编制各项应急处置方案。分包作业现场发生安全事故或突发事件，要立即按预定的应急处置方案有效处置，并按规定及时进行报告。施工分包商将劳务分包商施工人员的安全管理纳入本单位员工安全管理范畴，统一教育培训、统一配备安全防护用品。

（七）项目经理部对分包商的施工进度、工程造价进行动态管理

（1）要求分包商做好施工计划，确保分包商的人力、物力投入能满足工程进度目标的实现。

（2）工程造价在可控范围内。

（3）严格审核分包商所报送的分包工程的各类报审文件，定期或不定期核查分包商人员、机械、工器具等资源配备是否与入场验证相符。

（4）每月将分包管理情况随月报上报公司项目管理部。

项目经理部对施工分包商根据工程进展情况进行考核与评价，项目管理部及时掌握在建工程的分包情况，对违反本规定的施工分包商，责令其改进或停工整顿，违反承包合同约定及由此造成的经济损失由违规单位负责。

项目管理部于每年终或工程竣工后，从安全文明施工、施工工艺质量、施工组织、进度控制、造价控制、服从管理和履行分包合同等方面，对施工分包商进行全面的考核与评价。

在分包合同中明确对分包商的奖惩条款，鼓励分包商严格履行合同、加强安全管理。对违反相关分包管理规定的分包商，视情节轻重给予责令改正、经济处罚、终止合同或一定期限内暂停合作等处罚。

对终止合同或一定期限内暂停合作的施工分包商，工程公司应及时上报发包方工程技术中心。对于严重违规且不服从管理，以及在事故中负有主要责任的分包商，项目经理部在查实后进行通报，停止与该施工分包商合作。

相关表单：

（1）合同台账

（2）合同签订审批单（见表 5-1）

（3）合同交底记录
（4）谈判纪要
（5）合同付款审批表
（6）违约金收取审批表

相关流程：

（1）建设合同审批及签订流程
（2）施工合同审批及签订流程（20 万元以下）
（3）施工合同审批及签订流程（20 万元及以上）（见图 5–1）
（4）工程款审批流程（金额≤30 万元）
（5）工程款审批流程（30 万元＜金额＜100 万元）
（6）工程款审批流程（金额≥100 万元，预算外付款、质保金）（见图 5–2）
（7）工程违约金收取流程

表 5–1　　工程公司合同审批单

××××工程公司合同签订审批单			表格编号
工程项目名称			
合同名称			
合同编号			
采购方式			
对方单位			
合同金额			
合同摘要			
编制人员		编制时间	
会签			
律师		年　月　日	
技术经理		年　月　日	
费控工程师		年　月　日	
财务经理		年　月　日	
项目经理		年　月　日	
安全质量管理部		年　月　日	
采购管理部		年　月　日	
公司领导			
分管采购领导审核		年　月　日	
总经理审批		年　月　日	

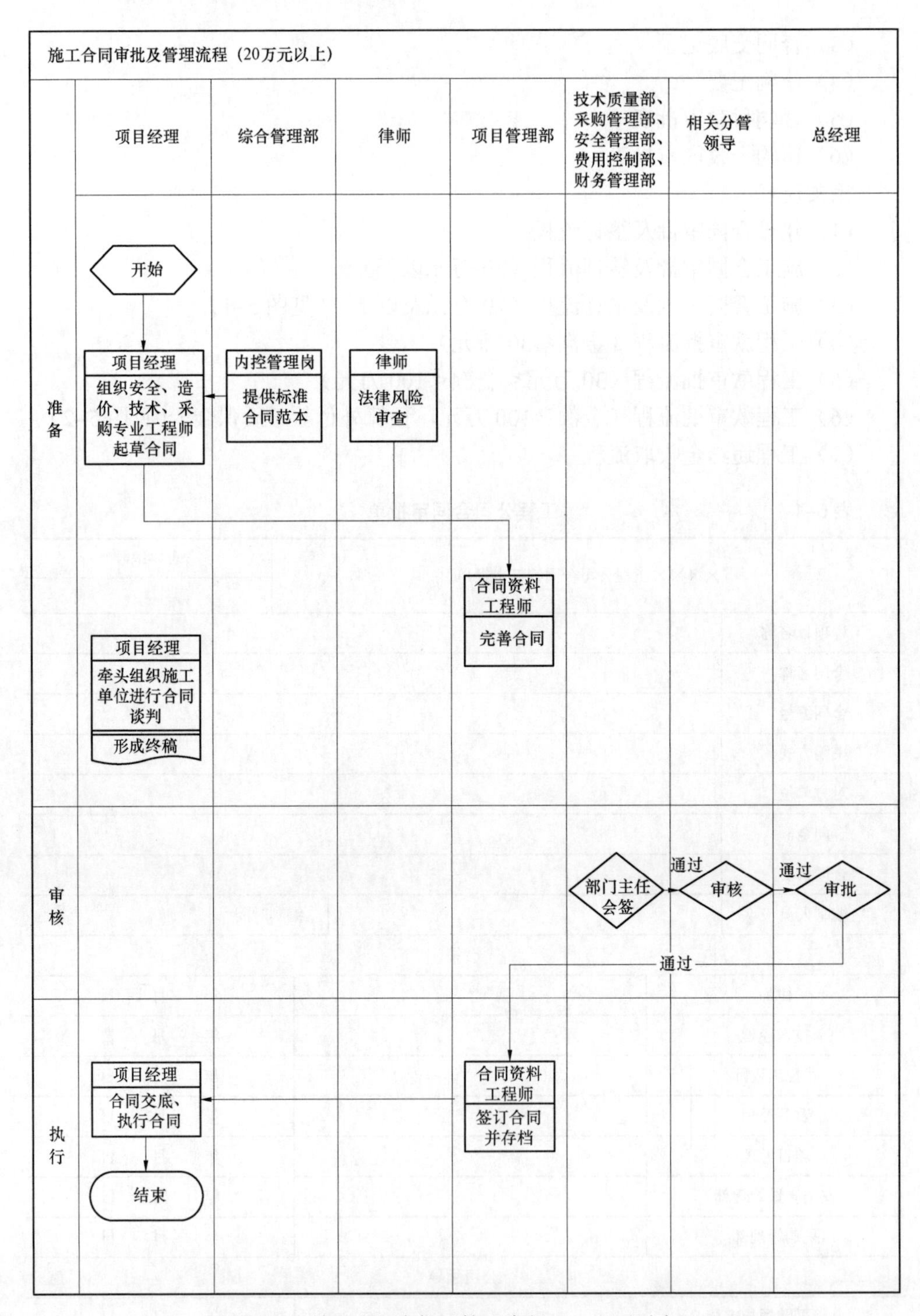

图 5–1 施工合同审批及管理流程（20 万元以上）

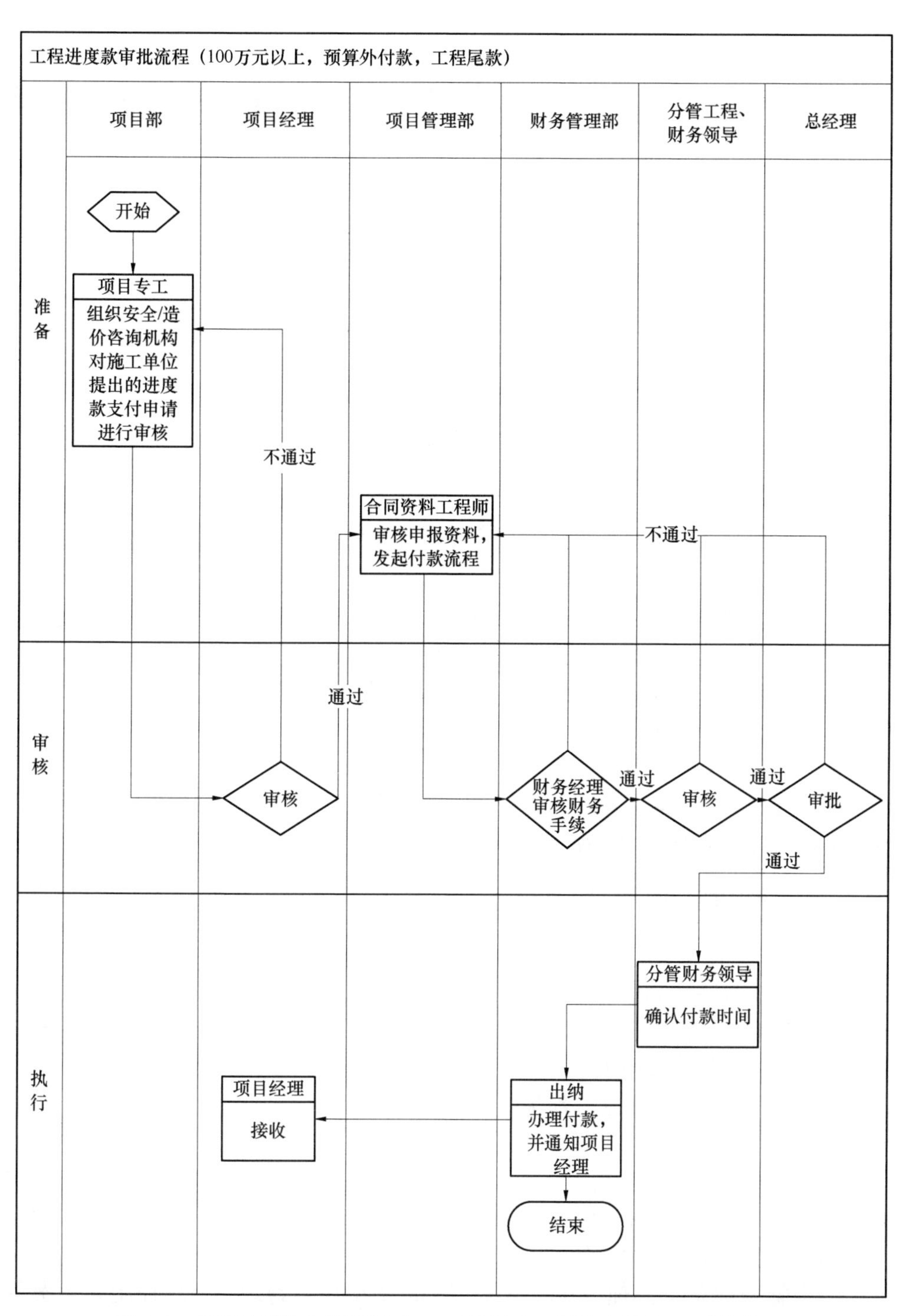

图 5–2　工程进度款审批流程（100 万元以上，预算外付款，工程尾款）

第六章　项目资金管理

项目资金管理包括资金计划制订管理、资金计划执行管理、总承包合同工程款管理、货币资金收入管理、支付管理和现金管理。

资金管理职能与分工

一、财务管理部职责

财务管理部是单位货币资金集中管理和对外收付的部门，应按照相关制度的规定，做好货币资金的日常收支管理工作。

财务管理部根据发包方各职能部门、项目经理部提供的货币资金收支计划，结合发包方资金情况，编制详细的资金收支计划，经领导批准后按计划执行。在年、季、月度末编制货币资金收支计划执行情况表，检查计划执行情况，找出偏离计划的原因，分析资金使用状况，强化资金管理。

财务管理部有权拒绝支付计划外资金（经批准的应急采购支付除外），拒绝手续不全的支付要求，签字人因无法直接签字而通过其他有效替代方式（如手机短信回复）确认并事后补签的，视为签字手续齐全。

二、其他职能部门管理职责

项目管理部、费用控制部负责总、分包合同的招投标及合同签约，并负责资金回笼和控制应收账款的资金占用水平。

采购管理部、装备管理部负责设备和服务等的采购，并办理采购款支付和有效控制预付账款的资金占用水平。

项目管理部负责管理工程施工款支付，并有效控制预付账款的资金占用水平。

项目经理部负责项目建设成本过程控制及竣工结算，费用控制部对其进行审核，办理结算款收支，有效控制应收账款的资金占用水平，负责对分包单位和设备供应商的质保金支付及扣减等。

综合管理部负责办理公司日常费用、员工待遇等管理，合理控制各项费用指标。

装备管理部、技术管理部负责公司技术研发支出控制。

财务管理部负责监督各项收支的程序合规性。

资金计划管理

一、资金计划编制及审批

资金计划包括《资金收入计划》和《资金支出计划》,《资金收入计划》与《资金支出计划》应分开填写并分项列示。

《资金支出计划》根据年度预算分月进行控制，以保证经营管理正常运行的最低标准为原则。原则上不允许当月资金支出计划超过当月预算额度。

项目经理部通过合理预测，根据项目管理业务开展需要和项目用款紧急程度，编制《资金支出计划表》，由项目经理、项目管理部门负责人审核后，经公司主管领导签字提交给财务管理部。

项目经理部提交的《资金收入计划表》由项目管理部审批后，提交给财务管理部。

资金计划必须遵守量入为出、综合平衡，目标控制、分级实施和权责明确、严格管理的原则。资金计划经公司资金会议审核并上报各级领导后，不允许进行调整，资金支出计划也不得在各项目间随意调整。

二、资金计划管理

项目经理部组织编制本项目资金计划，经批准后执行。项目经理部每月 12 日前，向财务管理部提交下一月《资金计划表》；每年 11 月 20 日前，向财务管理部提交下一年《资金计划表》。

资金计划应建立在对项目管理工作合理预测的基础上，必须按照合同及其他文件，结合下期业务开展情况，编制《资金计划表》，在规定的期限内报送财务管理部，以确保资金计划的完整和准确。

项目经理部应积极组织、合理安排，确保资金收入和支出计划的完成。

相关表单：

（1）年度资金计划表

（2）月度资金计划表

（3）资金支出计划表

（4）资金收入计划表

相关流程：

资金计划管理流程

资金计划的执行

资金计划经董事会资金会议审议确定后，即成为财务管理部收付款及资金计划完成率的考核依据，原则上不得进行调整，形成《资金使用计划报审表》。

资金支出计划原则上不予追加，如遇突发事件需追加当期资金计划的，需由使用部门提出追加申请，经公司领导审批后，财务管理部在保证原资金计划付款项目的前提下予以支付。

各部门应积极开展相关工作，确保资金收入计划的完成。

相关表单：

资金使用计划报审表

总承包合同工程款管理

在工程投标前及工程实施过程中，项目经理部负责测算工程收款及付款情况，编制《工程收付款计划》，并根据项目实施的实际进度情况，按月度进行动态管理。

项目经理部按合同约定方式，向业主方报告期间完成工程量，提出收款申请，并及时催促业主方审定工程量。项目经理负责核对应付款项，会同公司财务管理部办理收款手续，收取的工程款进入公司指定账户。

项目经理部按公司核定的项目收支平衡预算，细化支付计划。按采购合同、分包商合同等分别办理材料款、设备款、分包商工程款和租赁费等方面的申请支付手续。

公司审核项目经理部的有关付款手续，确认可支付的科目及具体额度，发包方财务管理部按程序办理付款确认手续及支付手续。

相关表单：

（1）工程付款计划表

（2）工程收款计划表

（3）总价项目进度款支付分解表

（4）项目农民工工资支付及分包商工程款支付情况说明

货币资金收入管理

项目经理部零星业务需收取的现金，由财务人员负责，向付款人开具销售发票或收款收据，根据审核无误的原始凭证，填制收款凭证，登记入账。

项目现金流管理注意事项。

（1）在工程开工前，项目经理部依据《项目管理策划书》、项目《管理任务书》、项目收入合同、成本合同等条件，预测项目实施期间现金流量，分析资金需求，编制《项目现金流量估算表》。

（2）在项目实施过程中，项目经理部按月度分析资金流入、流出、项目进度、项目成本，对《项目现金流量估算表》进行动态管理，并建立资金预警机制。

（3）公司财务管理部按“资金集中，以收定支，有偿使用”的原则，对项目经理部的现金管理进行控制和考核。

相关表单：

项目现金流量估算表

货币资金支付业务

一、支付款申请

项目经理部、设备采购或个人用款时，应提前向财务管理部提交资金支付申请，编写《预付款支付申请表》《进度款支付申请表》《采购款支付申请表》《工程款支付申请表》《支付款申请单》《费用报销单》或《差旅费报销单》，注明款项的用途、金额、计划和支付方式等内容，并附有效经济合同或相关证明，项目管理部对项目经理部工程施工款支付申请进行审核，资料齐全后按公司有关签字权限完成签批程序。

二、支付复核

由财务管理部对签批后的货币资金支付申请进行复核，复核申请的范围、程序是否正确，手续及相关单证是否齐备，金额计算是否准确，支付方式、支付单位是否妥当，是否符合当月资金计划，公司是否有足够资金等。

三、办理支付

财务管理部出纳根据复核无误的支付申请，按申请所列金额，办理资金支付，并在相应单据首页加盖“现金付讫”或“银行付讫”章。对于不符合规定的申请，财务人员可拒不受理或责成经办人员补办手续。

四、支付方式

对于网银支付，严格执行分级授权管理办法。公司当前分级授权额度为 2000 元，即小于限额的对外支付，由财务出纳发起、经授权的主办会计进行审核即完成网银支付；大于等于限额的对外支付，须经财务出纳发起、授权的主办会计进行审核、财务管理负责人最终复审全部结束，方完成此笔网银支付。

五、编制凭证

财务人员根据审核合规的原始凭证，填制付款凭证，登记入账。

六、结算与支付

项目经理部、费用控制部负责项目建设成本过程控制及竣工决算，并负责办理结算款收支和有效控制应收账款的资金占用水平，负责对分包单位和设备供应商的质保金支付及扣减等。

相关表单：

（1）资金使用计划报审表

（2）支付款申请单
（3）预付款支付申请单
（4）进度款支付申请单
（5）工程款支付审批单（见表 6–2）
（6）采购款支付申请单（设备采购合同付款审批单见表 6–1）
（7）费用报销单
（8）差旅费报销单

相关流程：

（1）采购合同付款流程（金额≤10 万元）
（2）采购合同付款流程（10 万元＜金额＜50 万元）
（3）采购合同付款流程（金额≥50 万元，预算外付款，质保金）（见图 6–1）
（4）工程款审批流程（建安费≤30 万元）
（5）工程款审批流程（30 万元＜建安费＜100 万元）
（6）工程款审批流程（建安费≥100 万元，预算外付款，工程尾款）
（7）总承包合同工程款管理流程
（8）项目报销流程

表 6–1　　工程公司工程款支付审批单

××××工程公司工程款支付审批表		表格编号
工程项目名称		
致：（工程公司）： 根据施工单位申请年月的××项目工程的审核，审查意见如下： 安全管理人员意见： 1. 工程现场安全管理情况： 2. 工程现场文明管理情况： 安全员： 日期： 专业工程师意见： 1. 工程进度完成情况： 实际完成工程量： 本月计划完成工程造价： 实际完成与计划完成工程量对比：未完成/完成/超出计划，是否符合工程整体进度要求； 未完成原因为（如无未完成情况，此行删除）： 2. 工程质量情况： 专业工程师会签： 日期： 造价工程师意见： 1. 本月造价审定额： 2. 本月抵扣额： 3. 本月应付额： 造价工程师： 日期： 项目经理意见： 项目经理： 日期：		

表 6–2　　工程公司设备（材料/服务）采购合同付款审批单

<table>
<tr><td colspan="9" rowspan="2">××××工程公司设备（材料/服务）采购合同付款审批单</td><td colspan="3">表格编号</td></tr>
<tr><td colspan="3"></td></tr>
<tr><td colspan="2">工程项目名称</td><td colspan="10"></td></tr>
<tr><td colspan="2">合同名称</td><td colspan="6"></td><td>合同编号</td><td colspan="3"></td></tr>
<tr><td colspan="2">收款单位</td><td colspan="10"></td></tr>
<tr><td colspan="2">开户行及账号</td><td colspan="6"></td><td>付款方式</td><td colspan="3"></td></tr>
<tr><td colspan="2">支付情况说明</td><td colspan="10"></td></tr>
<tr><td colspan="2">合同总金额</td><td colspan="10"></td></tr>
<tr><td colspan="2" rowspan="4">本次支付金额</td><td colspan="10">人民币（大写）</td></tr>
<tr><td colspan="10">金额</td></tr>
<tr><td>仟</td><td>佰</td><td>拾</td><td>万</td><td>仟</td><td>佰</td><td>拾</td><td>元</td><td>角</td><td>分</td></tr>
<tr><td></td><td></td><td></td><td></td><td></td><td></td><td></td><td></td><td></td><td></td></tr>
<tr><td colspan="2">至本次止累计支付金额</td><td colspan="4"></td><td colspan="3">剩余未支付金额</td><td colspan="3"></td></tr>
<tr><td colspan="2">本次支付原因</td><td colspan="10"></td></tr>
<tr><td colspan="2">申请人</td><td colspan="10"></td></tr>
<tr><td rowspan="4">项目部审核</td><td>技术经理</td><td colspan="10"></td></tr>
<tr><td>费控工程师</td><td colspan="10"></td></tr>
<tr><td>财务经理</td><td colspan="10"></td></tr>
<tr><td>项目经理</td><td colspan="10"></td></tr>
<tr><td rowspan="4">公司领导审批</td><td>采购管理部</td><td colspan="10"></td></tr>
<tr><td>分管采购管理部领导</td><td colspan="10"></td></tr>
<tr><td>分管财务管理部领导</td><td colspan="10"></td></tr>
<tr><td>总经理</td><td colspan="10"></td></tr>
<tr><td>承办部门</td><td colspan="2"></td><td colspan="9">年　　月　　日　　　　附：单据　　张</td></tr>
</table>

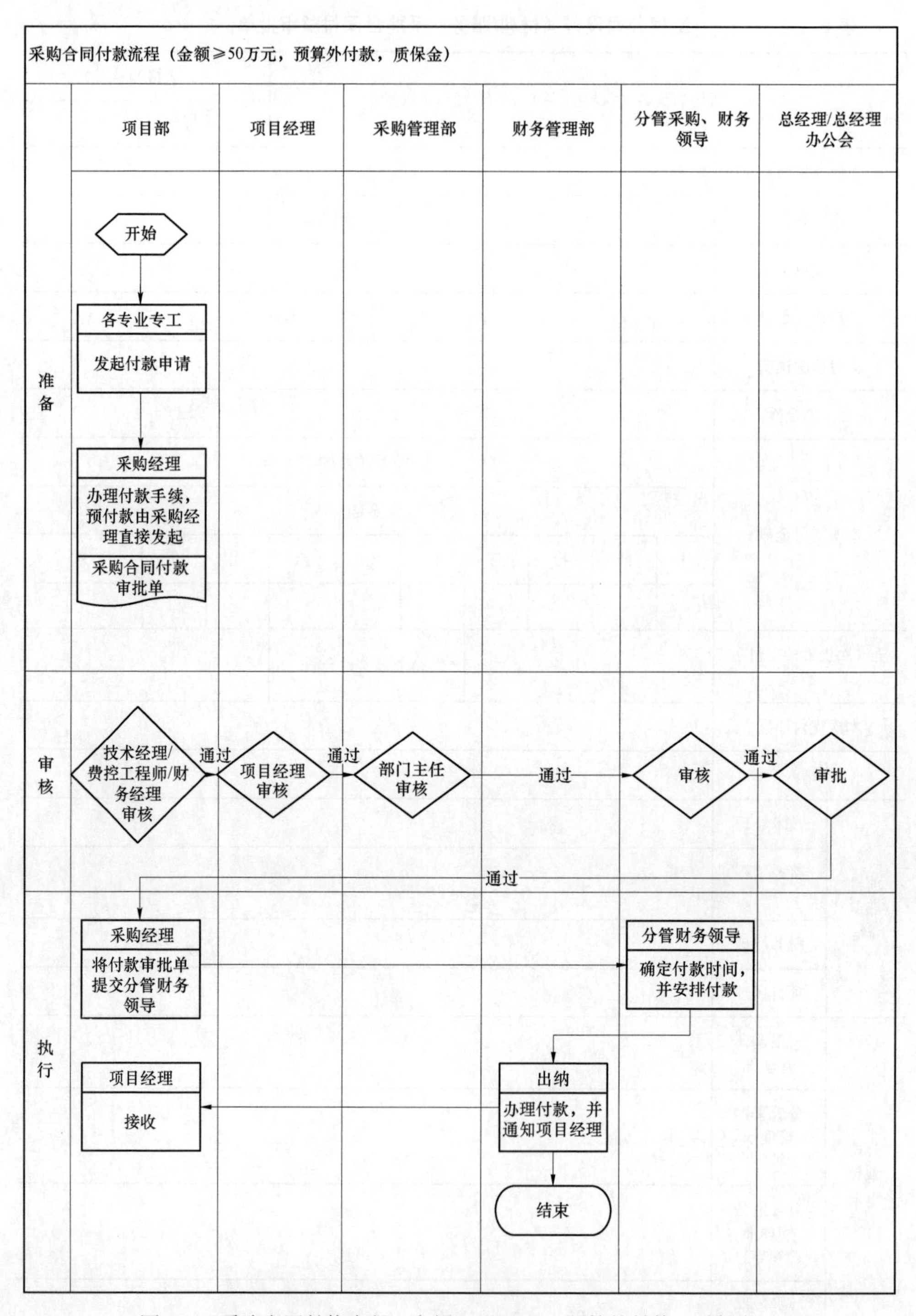

图 6-1 采购合同付款流程（金额≥50 万元，预算外付款，质保金）

项目经理部现金管理

一、借款支出业务

项目经理部借款按公司有关规章制度办理。暂借出差用款和其他借款，填写《借款申请单》，预计使用时间在10个工作日以下且不跨月度或年度的，在报账时借款与报账合并处理，即借条不再单独入账；预计使用时间在10个工作日以上的，借款与报账分项处理，即借条需做账务处理，待经办人办理完业务报账时冲减欠款。

二、备用金支出

备用金按公司有关规章制度办理。为加强备用金管理，借用部门应设专人、专户管理，并设立《备用金管理台账》，准确、及时地反映备用金的使用和结存情况。公司财务管理部和相关部门联合不定期地检查项目经理部对备用金的使用和管理情况，如发现违规使用应立即收回。

三、现金的开支范围

（1）出差人员必须携带的差旅费。

（2）结算起点（1000元）以下的零星支出。

四、现金保管业务的内部会计控制

（1）货币资金收付和保管只能由出纳员负责，其他任何人员非经单位领导集体特别授权，不得接触现金。

（2）严格执行库存现金限额，每日业务终了保留不超过一万元备用金，超限额部分应在下班前送存银行。

（3）加强对现金的管理，除工作时间需要的小量备用金可放在出纳员的抽屉内，其余则应放入出纳专用的保险柜内，不得随意存放。

（4）为保证库存现金的账实相符，要对库存现金进行清查，包括出纳人员的每日清点核对和清查小组的定期和不定期清查，并形成书面记录备查。如有不符，应及时查找原因，并按有关规定处理。限额内的库存现金当日核对清楚后，一律放在保险柜内，不得放在办公桌内过夜。

（5）单位的库存现金不准以个人名义存入银行，如有应立即转入单位银行账户。

（6）大额现金的存取应配备专门车辆和专门的保卫人员。

（7）现金收入及时存入银行，不得用于直接支付单位自身的支出，严格执行“收支两条线”原则。

（8）取得的货币资金收入必须及时入账，不得私设“小金库”，不得账外设账，严禁收款不入账。按照集团资金集中管理办法要求，发包方所有收入必须直接汇入指定的收入账户，并及时上交至财务开设的专户内；同时，公司主要支付业务也需要经由财务专户办理，对于财务专户外的银行账户，须按要求控制日常资金存量，确保资金集中度。

（9）不准违反规定开立和使用银行账户。

（10）不准签发没有资金保证的票据，与货币资金相关的票据的管理，应当明确各种票据的保管、领用、注销等环节的职责权限和程序，防止空白票据的遗失和被盗用。

（11）任何有文字或数字更改的票据均应作废。

（12）对监督检查过程中发现的货币资金内部控制中的薄弱环节，应及时采取措施，加以纠正和完善。

相关表单：

（1）总价项目进度款支付分解表

（2）借款申请单

（3）备用金管理台账

第七章　项目设计管理

项目设计管理的目的，是保证项目工程方案的合理性和可靠性，有效控制项目投资和运营成本，执行《建设项目工程总承包管理规范》（GB/T 50358—2017）的有关项目工程设计管理的规定，保证设计质量和进度，保障项目达标运营。

设计管理职责分工

工程公司技术管理部是项目设计管理的归口管理部门，负责对项目设计过程进行有效管理。项目经理部负责落实相应的设计管理职责，确保项目设计工作满足工程的要求。项目设计管理由技术主管负责，在项目实施过程中，技术主管应接受项目经理和技术管理部负责人的双重领导。

根据公司内部规定和招投标结果选定的项目设计单位，负责厂区红线外一米内工程设计；部分小型 EPC 项目或者专业性强的设备及工程设计，可由设备厂家完成，但设计单位负责归口设计管理，并协调相关各方之间关系。

工程公司将采购纳入设计控制程序，设计单位应负责采购清单的编制、供货厂商图纸资料的审查和确认、配合报价技术评审和技术谈判等工作。

初步设计管理

一、初步设计管理的定义

初步设计管理是指对工程公司作为管理方的项目，在工程项目初步设计阶段对工程初步设计方面的管理，包括确定初步设计原则性指导意见，组织并主持初步设计原则评审、初步设计文件评审、审查初步设计及初步设计收口文件，参加初步设计和初步设计收口的审查，落实内部评审意见，负责项目需要的技术支持工作。

二、初步设计启动条件

（1）取得项目相应的建设程序文本。

（2）签订主设备合同并取得满足初步设计深度的资料。

（3）组织召开初步设计启动会，正式启动初步设计。

三、初步设计范围

BOT 协议签订范围内所有的生产设施、公用设施、辅助设施、建构筑物、道路等设计。

分两期建设的项目，初步设计须一次设计完成，并明确一期与二期工程的接口，一、二期设备、材料及概算书须分别成册；并出具总概算的汇总表。

四、初步设计的文件内容

（1）设计说明书（含设计单位资质证书及主要设计人员、概算编制人员的执业资格证书、建构筑物设计、工艺设计、建筑节能专项设计、强制性条文设计说明、可研评审专家意见落实说明、四新技术应用说明、初步设计与 BOT 协议对照表、进度计划等）。

（2）设计图纸（含主要设备的技术参数）。

（3）主要设备材料清单。

（4）初步设计概算书：包括总概算表、建筑工程专业汇总表、设备及安装专业汇总表、建筑工程概算表、安装工程概算表、其他费用概算表（详见造价管理附表）；各专业系统/工程，分为单项工程、单位工程、分部工程三级。

（5）工程量清单。

（6）全厂效果图（含全厂鸟瞰图、主厂房效果图及门卫效果图）。

（7）编制勘察要求，确定地基处理方案等。

五、初步设计评审

（一）内部评审

1. 评审前准备

工程技术中心在初步设计评审会前 10 个工作日，将初步设计文件资料送评审专家、造价咨询机构及所有参会单位，同时向集团公司上报《初步设计文件报批审查表》。

设计单位准备必要数量的初步设计说明书和图纸，供与会人员评审；项目总设及各专业负责人参会，准备汇报材料。

2. 组织

工程技术中心负责组织初步设计内审会，参会方应包括基建、运维、投资、设计单位、造价咨询机构等相关部门和单位。会议时间、地点由工程技术中心确定。

3. 评审要点

（1）是否符合国家工程建设强制性标准。

（2）是否符合可研批复中有关环保、节能、安全的标准。

（3）设计依据是否充分、内容是否完整。

（4）可研遗留问题是否已落实。

（5）设计深度是否满足施工图设计和工程招标的要求。

（6）审核工程概算费用构成的完整性和准确性，避免概算编制有漏项、虚报及工程建设其他费用取费不合理等情况发生。

（7）当初步设计的建设规模、投资规模超可研批复，或者需要对主要方案作出调整时，应重新编制技术、经济分析报告，并报原可研批复单位审批。

4. 意见收集与落实

工程技术中心负责汇总评审意见，形成《设计文件评审会专家意见表》，由各评审专家签字确认。设计单位根据《设计文件评审会专家意见表》对初设文件进行修订完善，并在规定的时间内向专家评审委员会作出回复，将修订后的初设文件按时提交给工程技术中心。

（二）外部评审

1. 申请

初步设计内部评审完成后，项目公司负责向当地行政主管部门申请初步设计外部评审。

2. 组织

当地行政主管部门负责组织初步设计外部评审会，应有发改委、财政、国土、规划、住建、环保、环卫、电力等有关职能部门人员及专家参加，专家应由当地行政主管部门负责邀请。会议时间、地点由当地行政主管部门确定。

3. 意见收集与落实

设计单位根据评审会形成的《设计文件评审会专家意见表》对初设文件进行修订完善，并在规定的时间内，向专家评审委员会作出回复，将修订后的初设文件按时提交给项目公司。

六、报批

初步设计内部评审完成后，由工程技术中心负责按照相关流程报批上级单位领导，经领导班子会审批后上报投资方。

初步设计外部评审完成后，由项目公司按照当地行政主管部门要求负责初步设计报批。

相关表单：

（1）初步设计报审单

（2）初步设计专家审查意见回复表

相关流程：

（1）组织初步设计评审流程（见图 7–1）

（2）初设概算审核及批准流程

（3）初步设计编制流程

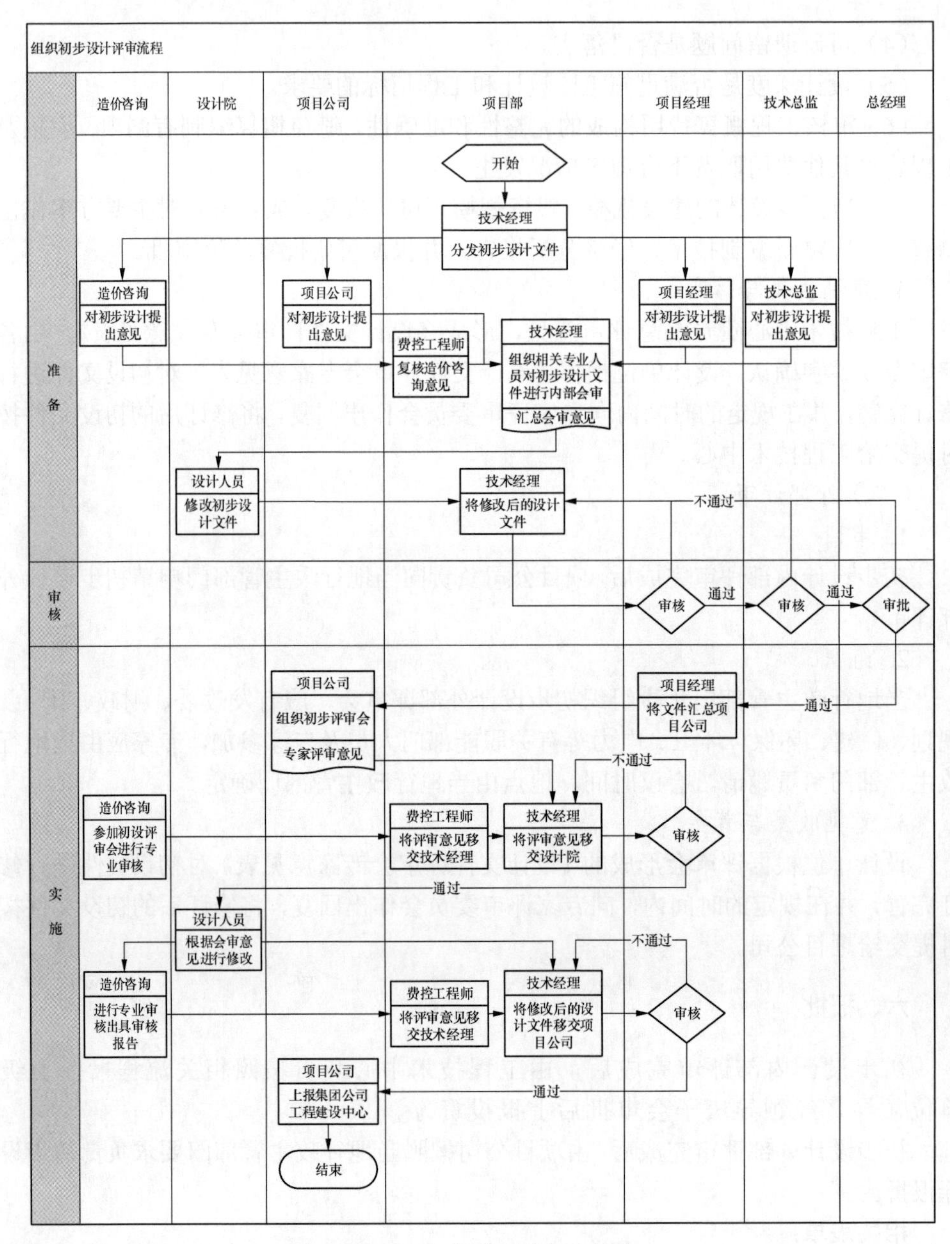

图 7–1 组织初步设计评审流程

设计管理要求

设计实施前，项目经理部在《项目管理策划书》中明确项目设计管理要求。设计管理要求可依据合同文件、有关项目设计资料与批文、 法律法规和设计标准规范等。

一、设计管理要求

贯彻国家的基本建设方针，认真落实“安全可靠、经济适用、符合国情”的政策，执行国家及行业现行有效的标准、规程、规范、技术条例进行勘察和设计。

积极推广技术先进、成熟可靠的设计技术，严格掌握设计标准，控制工程造价。一方面，注重节水、节电、节地和控制非生产性设施的规模和标准，保证焚烧厂技术先进，实现安全、经济、满发、稳发和满足环保要求。另一方面，充分借鉴国内外的先进设计思想，采用先进的设计手段和方法，对工程设计进行创新和优化，努力打造一个高质量、低造价、低运行成本的设计，实现高质量达标投产，总体质量达到优质水平。

工程设计须按照建设节约型社会要求，降低能源消耗和满足环保要求，以经济、适用、安全、可靠、高效和环保为原则。一是总平规划布置要做到用地少，土方平衡，运行维护方便；平面布置和系统设计要增强环保意识，体现在对环境影响小，对资源消耗少，实现可持续发展。二是必须遵守有关环保法律法规，设计方案能有效地控制排出的废气、废水、灰渣和噪声对环境的影响，各项有害物的排放必须符合环境保护以及劳动安全与工业卫生的有关规定。三是设计思路应充分体现集团公司打造绿色环保能源电厂的建设理念。

充分考虑对系统设计优化，提高设备可靠性、降低备用余量、降低工程总投资等需求。全厂热效率、厂用电率、水耗、污染物排放、占地面积、电厂定员、成本等各项技术经济指标，应在国内同类机组水平上处于领先地位。结合同类型工程总平面布置、生产工艺系统的拟定，设备布置、建筑结构和运行管理经验等方面的特点，在设计中全面考虑、统一协调、取长补短、提高本期工程整体设计水平。

在设计中需进行多方案的技术经济比较、论证择优推荐方案，在施工图设计中需进一步优化设计，注重克服细节通病，切实满足现场施工需要。设计方应尽最大努力采取优化措施、降低工程造价、缩短工期、提高工程整体经济性，做到较常规设计有重大突破，并对合同范围内的勘察、设计的完整性、准确性负责。

设计文件的内容、深度应符合行业规定要求。抗震设计必须贯彻预防为主的方针，工艺和土建设计必须按照有关抗震设计规范的要求，采取有效的抗震和减少震害的措施。

设计过程以及进度安排、主要控制点、设计质量保证措施应符合设备材料采购、施工及试运行的接口要求。

二、限额设计管理（设计管理指标控制）

（1）项目工程单位造价不能突破指标。

（2）设计变更、变更设计和造价控制在限额以内。

（3）设计限定选择使用国外进口或国内产品的设备、材料，需做专项比较论证与分析。

（4）施工图预算不能突破初步设计概算。

（5）实际工程总量与初步设计工程量差额限制。

三、工程总平面设计管理

设计单位按照工程相关设计规范及公司相关标准，进行工程总平面布置的规划设计，编制工程总平面设计说明书和总平面图绘制。

工程总平面图报审文件包括：审查申请文件、工程总平面设计说明书和工程总平面图（全套图纸中含效果图）。

项目经理部参与对《工程项目总平面设计说明书》《工程总平面图》审查，形成预审查意见，经项目经理审查签发发送设计单位修编。

相关表单：

（1）工程项目总平面设计说明书

（2）工程项目总平面报审表

相关流程：

（1）工程总平面设计管理流程

（2）设计进度计划管理流程

施工图设计管理

一、施工图设计管理目的

施工图管理着重于考察设计单位是否依据初步设计中的方案和内容进行施工图的设计，保证施工图设计的质量和进度满足施工连续性、组织合理性要求。

根据限额设计对各单项工程和分部工程的方案进行优化和审定，对主厂房及综合楼的规模等进行把控，严格控制技术设计和施工图设计的不合理变更，合理、有效地控制工程投资和运营成本。

二、施工图管理

施工图管理是对施工图设计阶段的相关工作及对设计单位的工作质量和进度的管理。施工图管理着重于考察设计单位是否依据初步设计中的方案和内容，进行施工图的设计，保证施工图设计的质量和进度满足现场施工要求，合理、有效地控制工程投资和运营成本。

三、管理职责

（一）技术管理部职责

（1）承担施工图阶段的设计管理工作。

（2）督促、配合设计单位按进度计划完成施工图设计。

（3）按时提供设计所需设备资料，保证设计进度。

（4）参与施工图阶段的技术检查。

（5）协调解决在建项目的技术难题。

（6）组织设计联络会。

（7）参与设计缺陷的发现与整改。

（8）审核设计变更与变更设计。

（9）落实初步设计审查意见的执行。

（二）项目经理部职责

（1）负责接收、整理、保管、发放施工图纸。

（2）负责施工图纸的催交。

（3）负责组织施工图内部会审并督促会审意见的落实。

（4）负责设计缺陷的发现与整改。

（5）负责设计变更和变更设计的落实。

（6）负责设计变更和变更设计相关资料、图纸的保管及备案。

（7）在项目整套启动试运行结束后，及时组织施工单位提交编制竣工图所需的资料。

（三）采购管理部、装备部职责

负责督促设备成套供货商及时向技术管理部提交设计所需资料。

（四）费用控制部职责

（1）负责督促施工图预算的及时提交。

（2）负责审核施工图预算是否符合限额设计。

（3）负责设计变更与变更设计的费用控制。

（五）项目公司职责

（1）负责启动施工图设计。

（2）负责提供满足施工图设计进度要求的支持性文件。

（3）负责施工图的外部报审。

（4）负责存档审核后的施工图文件。

四、施工图设计启动条件

在项目初步设计完成内部评审后，由项目公司正式启动施工图设计。

五、施工图设计内容

（一）施工图设计文件

（1）图纸（含图纸总封面、图纸目录以及各专业全套图纸）。

（2）设备及材料清册。

（3）施工图计算书。

（4）施工图预算书。

（5）说明书，应包含图纸设计说明、建筑节能专项设计、强制性条文设计说明、初步设计评审专家意见落实说明和四新技术应用说明。

（6）技术规范书。

（7）详细勘察任务书、场平要求、地基处理方案以及场地护坡设计。

（8）厂用电气继电保护、热控设备报警及保护整定值表。

（二）BIM 设计

1. 设计范围

新建城市垃圾焚烧发电项目的施工图设计阶段全部应用 BIM 设计。BIM 设计范围包含但不限于建筑、结构、水暖电、工艺安装等专业。

2. 设计内容

提供满足现场施工要求的工程安装三维图纸（三维 ISO 图）。在满足常规二维施工图纸的基础上，应包含可指导施工的三维设计图。具体要求如下。

（1）建筑：整体透视图，局部三维剖视图，三维大样图。

（2）结构：重要施工工序的模拟施工的三维工序图，钢结构节点的节点爆炸图。

（3）给排水：真实比例的三维轴测图、三维整体布置图；管道、设备布置三维剖视图。

（4）电控：三维整体布置图；电缆桥架、电器设备三维布置剖视图。

（5）暖通：真实比例的三维轴测图、三维整体布置图；风管、空调设备三维布置剖视图；根据建筑模型划分（根据各种假想使用情况）负荷计算空间，提供相应负荷计算报表。

（6）工艺：含真实比例的三维设备布置图、三维管道轴测图、三维管道 ISO 单管图。

3. 设计深度

BIM 设计须在设计阶段进行冲突检测，施工阶段避免空间冲突，指导施工组织设计，实时提供造价管理需要的工程量信息，并可直接从信息模型中提取计算工程量，为项目管理提供真实的数据支撑。

提供全厂三维模型，深度不低于《建筑工程设计信息模型交付标准》（征求意见稿）中 LOD300 的深度要求。

六、施工图设计管理

（一）配合施工图图审

1. 内部会审

（1）组织。图纸内部会审由项目公司组织，监理单位主持，设计单位、造价咨询机构、施工单位等各相关方参加；内审之前，各参审单位应组织相关专业工程师对施工图进行初审，提出审查意见。

（2）时间及地点。会审应在工程正式开工前完成，根据工程进度和图纸交付的实际情况，会审工作应分阶段、分步骤进行。会审地点在项目现场。

（3）会审内容：

① 是否符合国家标准、规范；

② 是否符合地方规划、审图机构、环保、消防、职业健康卫生等要求；

③ 是否按照批复的初步设计文件编制；

④ 是否落实初步设计遗留问题；

⑤ 工艺系统、各单项和单位工程是否完善齐全，有无子项的缺漏；

⑥ 是否满足实施施工的条件；

⑦ 施工图预算是否合理；

⑧ 是否满足施工招标、工程量计量的要求；

⑨ 设备选型是否满足标准和功能要求；

⑩ 是否满足非标设备和结构件的加工制作。

（4）会审意见及落实。会审意见由监理单位汇总形成《施工图会审审查表》，与会代表签字确认；设计单位根据审查表要求按时完善施工图，并回复意见；造价咨询单位完成施工图预算审核后出具《施工图预算审计报告》。如果施工图预算分阶段出具的情况，则审计报告分阶段应出具。

2. 外部审查

（1）组织。项目公司委托当地图审中心负责施工图外部审查；项目公司负责施工图报审工作；

（2）时间。外部审查应在工程正式开工前完成。根据工程进度和图纸交付的实际情况，图纸报审可分批报送，分批审查。

（3）审查内容依据图审中心审图要求。

（4）审查意见及落实。对于审查不合格的施工图文件，图审中心将退回项目公司并出具审查意见告知书；设计院应依照审查意见按时修改完善，并回复意见。

（5）施工图设计文件审查合格后，图审中心向项目公司出具审查合格书，并在全套施工图上加盖审查专用章。

（二）配合工程设计交底

按照工程建设程序配合设计单位进行施工图设计交底，设计交底前监理单位负责组织施工单位、项目经理部及项目公司专业技术人员仔细阅读施工图，并针对施工设计图提出相关的问题（含错、漏项等）；设计单位对图纸中出现的问题进行解答，技术经理督促设计院进行落实。

所交付的施工图文件须成卷、成册且为纸质版，电子文件不能应用于施工。

施工图外部审查通过后，由项目公司（总包单位）负责签发，并将施工图纸文件交付施工单位使用。

项目公司（总包单位）负责存档审核后的施工图文件。

（三）工程变更管理

1. 设计变更

（1）由设计单位提出的设计变更管理流程（单项 5 万元以下，累计不超过

50万元）。当设计单位对施工图存在的缺陷提出设计变更，项目专工应根据现场实际情况对其变更提出意见并交由技术经理对设计变更进行审核后，交造价咨询部进行费用核算，再交项目部费控工程师进行复核，经项目经理审批后，项目专工即可执行设计变更中的新方案。

（2）由设计单位提出的设计变更管理流程（5万元至50万元）。设计单位对施工图存在的缺陷提出设计变更的费用在5万元至50万元之间时，首先经造价咨询部进行费用核算，再经项目部费用控制工程师复核，提交项目经理，项目经理将设计变更方案提交技术管理部审核，通过后由费用控制部审核，通过后交技术总监及分管费控的领导审核，通过后交总经理或经总经理办公会审批，通过后交项目经理执行新的设计方案。

（3）由设计单位提出的设计变更管理流程（50万元以上）。设计单位对施工图存在的缺陷提出设计变更的费用在50万元以上时，首先经造价咨询部进行费用核算，再经项目部费用控制工程师复核后，提交项目经理，项目经理将设计变更方案提交技术质量主任，技术管理部主任负责组织专业工程师顾问小组对设计提出的变更方案进行论证，并提出优化方案，通过后交费用控制部主任，费用控制部主任负责组织专业工程师顾问小组进行费用评审，通过后交技术总监及分管费控的领导审核，通过后交总经理或经总经理办公会审批，通过后交项目经理上报中环工程建设中心。

2. 变更设计

由建设单位提出的设计变更管理流程（单项5万元以下，累计不超过50万元）。当建设单位对施工图提出变更方案时，组织项目部技术经理及专业人员对变更进行评审，将评审的设计方案交造价咨询进行费用核算，费控工程师对费用进行复核并出具意见，通过后经项目经理审批，交项目专工执行新方案，资料及图纸交合同资料工程师备案。

3. 变更文件内容

变更文件应单独以纸质文件的形式编制，包含以下内容：

（1）《设计变更通知单》或《变更设计工程联系单》；

（2）技术方案的分析（高于5万元的变更，须对工程量、工程安全、环境保护、工程进度等进行分析）；

（3）控制造价的分析（变更费用高于5万元的须附预算，高于30万的须附专家论证意见）；

（4）变更后图纸及原设计图纸。

（四）组织设计联络会

根据设计进展及设备提资情况，及时召开设计联络会解决设计过程中出现的问题，保证设计进度及设计质量，联络会原则上不少于五次。

第一次：设计启动时。

第二次：工艺设计开始前。

第三次：桩基图完成后。

第四次：全部土建图完成后。

第五次：电仪设计开始前。

在工程建设期间，如遇重大技术问题或施工方案项目建设管理单位组织需通过联络会进行交流和沟通。方案评审按下述规定执行。

1. 重大技术方案的评审

项目经理将在施工图及现场施工中遇到的难题汇报给技术总监，由技术总监负责组织工程、技术、造价、安全专业技术工程师等进行问题分析，提出解决方案，提交总经理或总经理办公会审批，通过后由技术经理将解决方案交项目经理，由项目经理报相关方审批并依据方案组织实施。

2. 一般技术方案评审流程

项目经理将在项目建设中遇到的难题进行汇总，技术管理部提供技术支持并配合项目经理组织设计、施工相关专业工程师、费控工程师等，对问题进行分析，提出解决方案并报技术总监审批，技术经理将审批通过的解决方案交项目经理，由项目经理报相关方审批并依据方案组织实施。

（五）组织工程设计总结

项目经理部组织编写工程设计总结报告，对项目中的设计进行客观、全面的分析和评价。

（六）配合编制竣工图文件

项目建设管理单位组织编制工程竣工图，并反映到工程设计图上，保证竣工图的准确性。

（1）工程项目在竣工后（或合同约定的时间内）应编制竣工图，项目公司（总包单位）负责竣工图编制工作的组织与协调，应及时组织施工单位提交编制竣工图所需的有关施工等变更资料，汇总建设过程中的相关记录后，连同《工程竣工图绘制通知单》发至设计单位进行竣工图的编制。

（2）竣工图编制以设计单位施工图为基础，并包括由设计、施工、监理、调试、项目公司审核签认的《设计变更通知单》《变更设计工程联系单》、设计更改等有关文件内容，复合现场施工验收记录和调试记录等资料。

（3）竣工图的编制内容包括竣工图的编制要求、编制范围、交付时间、份数、费用等事宜。

（4）若施工图在建设过程中已发生修改，则要重新出新图（即对原施工图底图修改后重新出蓝图）作为竣工图。

（七）配合项目设计文件归档、移交

项目经理部组织对项目全部过程的设计文件保管和存档工作，涵盖工程初步设计、施工图设计、设计审查批复、设计评审记录、设计交底记录、设计变更、设计联络会会议纪要、竣工图、设计联系函等资料。

相关表单：

（1）工程项目总平面设计说明书

（2）工程项目总平面报审表

（3）施工图会审审查表（见表 7–1）

（4）施工图供图计划清单（设计图纸月供清单）

（5）工程洽商单（技术核定单）

（6）工程洽商审批单

（7）分包项目工程洽商单

（8）设计变更通知单（见表 7–2）

（9）变更设计工程联系单

（10）竣工图编制计划

相关流程：

（1）工程总平面设计管理流程

（2）设计进度计划管理流程

（3）施工图设计编制流程

（4）在建项目设计变更管理流程（见图 7–2）

（5）施工图设计编制流程

表 7–1　　　　　　　　　工程公司施工图会审审查表

<table>
<tr><td colspan="6" rowspan="2">××××工程公司施工图会审审查表</td><td colspan="2">表格编号</td></tr>
<tr><td colspan="2"></td></tr>
<tr><td colspan="2">单位工程名称</td><td colspan="2"></td><td colspan="2">工程项目名称</td><td colspan="2"></td></tr>
<tr><td colspan="2">图纸卷册名称</td><td colspan="2"></td><td colspan="2">图纸卷册编号</td><td colspan="2"></td></tr>
<tr><td colspan="2">会议地点</td><td colspan="2"></td><td colspan="2">会议时间</td><td colspan="2"></td></tr>
<tr><td colspan="2">主持人</td><td colspan="6"></td></tr>
<tr><td colspan="4">提出的问题：</td><td colspan="4">审定结果：</td></tr>
<tr><td colspan="8">会 签 单 位</td></tr>
<tr><td>建设单位</td><td colspan="2"></td><td colspan="2">设计单位</td><td colspan="3"></td></tr>
<tr><td>项目监理单位</td><td colspan="2"></td><td colspan="2">施工总承包单位</td><td></td><td>施工单位</td><td></td></tr>
</table>

表 7–2　　工程公司设计变更通知单

<table>
<tr><td colspan="2">××××工程公司设计变更通知单</td><td>表格编号</td></tr>
<tr><td colspan="3">致：（业主单位）
详细内容：

设计单位：（签字盖章）
日　　期：　　年　　月　　日</td></tr>
<tr><td colspan="3">监理单位意见：

监理人代表：（签字盖章）
日　　期：　　年　　月　　日</td></tr>
<tr><td colspan="3">建设单位意见：

建设单位代表：（签字盖章）
日　　期：　　年　　月　　日</td></tr>
<tr><td colspan="3">项目部意见：

专业工程师：（签字盖章）
日　　期：　　年　　月　　日</td></tr>
<tr><td colspan="3">承包商意见：

承包商代表：（签字盖章）
日　　期：　　年　　月　　日</td></tr>
</table>

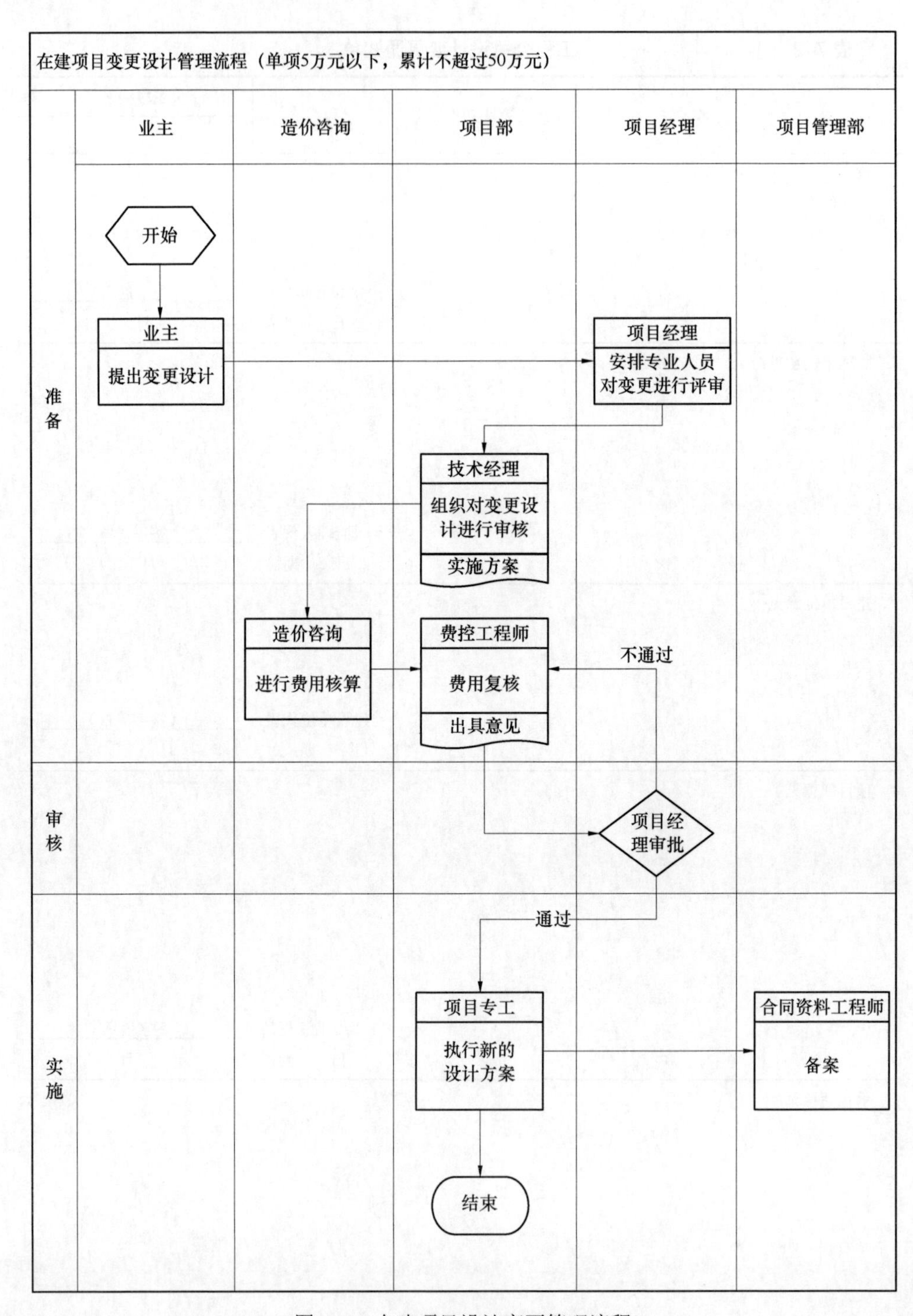

图 7–2　在建项目设计变更管理流程

设计现场服务

设计现场服务包括驻场设计代表管理、日常设计协调和设计代表考核。设计现场管理内容见表 7–3。

表 7–3　设计现场管理内容

设计代表管理	项目经理部根据设计合同的约定及工程的进度和设计服务的实际需要，要求设计单位提交现场设计服务人员需求计划。项目经理部或委托监理单位检查派驻现场的设计单位员资质，以及现场设计服务经验，必要时根据实际情况要求设计单位调整设计服务人员配备及进场时间
日常设计协调	（1）参加项目管理单位或政府部门的审查会。 （2）参加施工招标答疑。 （3）工程技术交底。 （4）工程检验及验收。 （5）施工现场与设计相关的服务。 （6）参加工程工艺设备调试。 （7）关键工序现场指导。 （8）设计变更处理。 （9）参加工程例会、专项例会等
设计代表考核	项目经理部或委托监理单位每日统计现场设计服务人员考勤记录，每月项目管理单位和监理就现场各专业设计服务人员的服务质量进行考核，并向设计单位发送服务质量考核单

第八章　项目采购与物资管理

项目采购与物资管理包括采购计划、采购实施、订货、监造、运输与配送、检验、保管和发放以及供应商管理工作等事项，全面实行招标采购方式，严格采购以及物资过程管理，满足工程建设的需要。

采购管理职责与分工

成立招标采购领导小组，作为工程项目采购工作的决策机构，总经理为招标采购领导小组组长，副组长为采购工作的分管领导，成员由公司领导班子成员组成。

采购管理部是项目物资采购工作职能管理部门，负责采购过程组织管理，完成定标后的合同谈判及合同签订工作、合同履行过程中的相关工作。

项目经理部负责采购计划的编制，参与质量监造，组织到货物资的检验、移交，监督代保管方的保管和发放等工作。

采购品类划分与采购方式

一、采购分包计划表

表 8–1　　采购分包计划表

序　号	分　包　名　称	备注
1	第一批　主机	
（1）	焚烧炉	
（2）	余热锅炉	
（3）	汽轮发电机组	
（4）	垃圾抓斗起重机	
2	第二批　影响结构布置的辅机	
（1）	烟气处理系统	
（2）	灰渣吊	
（3）	汽机吊	

续表

序　号	分　包　名　称	备注
（4）	垃圾卸料门	
（5）	压力容器	
（6）	减温减压器	
（7）	活性炭除臭装置+消防排烟风机	
（8）	燃烧器	
（9）	燃气脉冲清灰系统	
（10）	蒸汽吹灰系统	
3	第三批　影响基础的辅机	
（1）	锅炉风机	
（2）	锅炉给水泵	
（3）	化学水制备系统	
（4）	汽车衡	
（5）	循环水泵及其他水泵	
（6）	炉水加药装置	
（7）	汽水取样装置	
（8）	渗滤液处理系统	
（9）	机力通风冷却塔	
（10）	压缩空气制备系统	
（11）	消防加压供水设备	
（12）	一体化净水器和无阀过滤器	
（13）	电梯设备	
4	第四批　其他辅机	
（1）	消防水炮	
（2）	电动、手动葫芦	
（3）	供油系统	
（4）	循环水加药装置	
（5）	换热机组	
（6）	暖通风机	

续表

序　号	分　包　名　称	备注
（7）	中央空调（风冷热泵机组）	
（8）	空调设备	
（9）	锅炉主给水、主蒸汽管道	
5	第五批　电气	
（1）	主变压器/厂用变压器	
（2）	10kV 开关柜	
（3）	高压变频器	
（4）	微机综合保护及自动装置	
（5）	直流系统及事故照明切换屏、交流不停电电源装置 UPS	
（6）	低压开关柜成套设备	
（7）	0.4kV 低压动力箱	
（8）	电缆桥架	
（9）	电缆	
（10）	66kV 气体绝缘金属封闭开关设备 GIS	
6	第六批　仪控	
（1）	仪表成套设备（含电动阀门）	
（2）	DCS 系统	
（3）	手动阀门	
7	第七批　材料及其他	
（1）	烟气在线监测系统	
（2）	全厂监控系统	
（3）	筑炉及耐火材料	
（4）	屋顶钢网架	
（5）	照明系统	
（6）	接入系统通信及调度数据网设备	
8	第五批　电气	
（1）	主变压器/厂用变压器	
（2）	10kV 开关柜	
（3）	高压变频器	

续表

序　号	分　包　名　称	备注
（4）	微机综合保护及自动装置	
（5）	直流系统及事故照明切换屏、交流不停电电源装置 UPS	
（6）	低压开关柜成套设备	
（7）	0.4kV 低压动力箱	
（8）	电缆桥架	
（9）	66kV 气体绝缘金属封闭开关设备 GIS	
9	第六批　仪控	
（1）	仪表成套设备（含电动阀门）	
（2）	DCS 系统	
（3）	手动阀门	
10	第七批　材料及其他	
（1）	烟气在线监测系统	
（2）	全厂监控系统	
（3）	筑炉及耐火材料	
（4）	屋顶钢网架	
（5）	照明系统	
（6）	接入系统通讯及调度数据网设备	

二、采购组织方式

依据单项合同估算值范围，招标采购的采购组织方式如表 8–2 所示。

表 8–2　　采购组织方式

招标采购组织形式划分	单项合同估算值范围及分类
公司招标采购中心组织实施的采购（集中采购类）	（1）服务类采购：单项标的估算价在 50 万元人民币及以上的； （2）设备、材料等货物类采购：单项标的估算价在 100 万元人民币及以上的； （3）工程类采购：单项标的估算价在 200 万元人民币及以上的
公司组织实施邀请招标采购（自主采购类），公司招标采购中心指导监督并派员监标	（1）单项标的估算价在 100 万元人民币以下、30 万元人民币以上的设备、材料采购； （2）单项标的估算价在 50 万元人民币以下、30 万元人民币以上的服务采购； （3）单项标的估算价在 200 万元人民币以下、30 万元人民币以上的工程采购

续表

招标采购组织形式划分	单项合同估算值范围及分类
公司询价比选采购	（1）单项标的估算价在30万元及以下的； （2）工程项目现场的应急物资采购； （3）零星物资采购
直接采购（特殊情况下）	（1）工程项目现场的应急物资采购； （2）零星物资采购； （3）单一来源物资采购

项目采购计划编制及更新

一、项目采购计划的编制

项目采购计划分为计划内采购和计划外采购。计划内采购指列入工程项目《招标采购计划》并每月滚动更新的采购；计划外采购指工程项目现场的应急物资采购、零星物资采购。

在项目前期，根据公司批准的《项目管理任务书》，项目经理组织项目部采购主管、技术主管和费控主管编制本项目的《招标采购计划》。《招标采购计划》内容应包括采购批次、各包范围、预估价格、采购方式及采购进度安排等。

《项目管理任务书》批准后十日内，应编制完成《招标采购计划》。项目技术主管编制提资时间，费控主管提供预估价格，采购主管在充分考虑设备制造周期、运输时间、提资时间、招标时间（包括招标文件编制审核时间、给予投标人编制投标文件时间）、开评标时间以及合同签订时间的前提下，编制设备到货/服务完成时间，满足项目管理任务书要求。

编制完成的《招标采购计划》，经审核批准后，形成定稿的项目招标采购计划（附《招标采购计划审批表》），由项目采购主管提交采购管理部组织落实，由采购管理部上报公司工程技术中心，项目经理监督执行情况。

二、采购计划的更新

应根据项目具体进度情况，对《招标采购计划》进行动态调整。每月5日前项目经理组织项目部采购主管、技术主管和各专业工程师对计划进行评审。

采购主管根据技术主管提供的调整后的提资时间，调整招标采购进度，更新《招标采购计划》。更新后的《招标采购计划》，经审核批准（附《招标采购计划审批表》）后，由项目采购主管提交采购管理部，项目经理监督执行情况。每月10日前，采购主管将批准后的更新计划提交采购管理部上报公司工程技术中心。

施工承包商根据《施工组织设计》和《专项施工方案》等要求，编制《项目物资需求总计划》，并根据《施工进度计划》编制《月度物资需用计划》，经项目经理批准，作为项目实施采购与《招标采购计划》更新的依据。

相关表单：

（1）招标采购计划

（2）招标采购计划审批表

（3）采购申报单

（4）现场应急采购申请表（见表 8–3）

（5）项目物资需求总计划

（6）月度物资需用计划

（7）零星物资采购计划

（8）分包商物资进场计划（见表 8–4）

表 8–3　　现场应急采购申请表

<table>
<tr><td colspan="2" rowspan="2">××××工程公司现场应急采购申请表</td><td>表格编号</td></tr>
<tr><td></td></tr>
<tr><td>工程项目名称</td><td colspan="2"></td></tr>
<tr><td>标的名称</td><td colspan="2"></td></tr>
<tr><td>工期要求</td><td colspan="2"></td></tr>
<tr><td>现场情况说明</td><td colspan="2"></td></tr>
<tr><td>项目经理</td><td colspan="2">签字：　　　　年　　月　　日</td></tr>
<tr><td>分管项目领导</td><td colspan="2">签字：　　　　年　　月　　日</td></tr>
<tr><td>总经理</td><td colspan="2">签字：　　　　年　　月　　日</td></tr>
</table>

表 8–4　　　　　　　　　　分包商物资进场计划

×××工程公司分包商物资进场计划								表格编号	
工程项目名称及编码									
项目基本情况									
序号	物资（设备）名称	规格型号	验收依据	验收要求			代表批量	复试方法	负责人
				核对资料	外观检查	现场复试			

编制		审核		批准	
时间		时间		时间	

物资的采购管理

一、招标采购管理

项目物资设备招标采购工作由采购管理部统一组织和管理，根据所采购物资的性质、价格和数量等不同特点，可分为不同的采购方式：包括招标采购（集采中心招标、自主招标）、询价比价采购、直接采购等，以招标采购为主。

在施工承包商负责采购供应的物资中，按规定必须进行招标采购。在订货前，其选择的供货商所供材料必须经过项目经理部审核。

施工承包商应按照所承担的工作范围和工程进度要求，根据施工图编制《项目物资需求总计划》，属于工程公司供应的材料或设备，提交项目经理部汇总；属于施工单位供应的材料或设备，由施工单位按施工合同自行组织采购。

因设计变更引起的采购计划变更，由项目采购主管负责调整采购计划；因市场资源的变化，在品种、规格上需出现代用情况时，必须经设计单位批准，由项目经理部认可后实施。

二、招标采购中心集中采购

（一）招标文件的编制

（1）按照项目招标采购计划的时间要求，项目经理部技术主管编制并提交将最终版的技术规范书至公司采购管理部招标采购岗。

（2）采购管理部负责编制招标文件商务部分，并统稿形成招标文件。

（3）经审核（附《招标/询价文件审核表》）后，在计划发标 7 个工作日前上报公司工程技术中心。

（二）招标组织

招标采购中心负责将审定的招标文件发送给审定的邀请投标人，并组织开标、评标工作。评标结束后，招标采购中心通过 OA 向工程公司发出招标结果通知单。采购管理部招标采购岗按照招标结果通知单通知项目经理，项目经理负责组织与中标单位进行技术协议谈判，并将谈判确认情况通知招标采购岗，由招标采购岗反馈给招标采购中心。招标采购中心接到反馈报告后，向中标人发出中标通知书。

（三）资料存档

招标结束后，招标采购中心将下列招标相关文件（纸质文件）移交给采购管理部进行存档，并妥善保管，以备查阅。

（1）招标文件（两套）。

（2）投标文件（正本一套、副本一套）。

（3）评标报告。

（4）审批文件。

（5）中标通知书。

（6）相关会议纪要或答疑、说明。

（四）合同签订

招标采购中心发出中标通知书后，采购管理部负责通知项目经理，由项目经理安排项目部采购主管与中标单位进行合同谈判和合同签订工作。招标采购中心参与主要设备和重要辅机设备的合同谈判。

三、公司自主招标采购

（一）招标文件的编制与发布

（1）按照项目招标采购计划的时间要求，项目技术主管编制并提交最终版的技术规范书，采购管理部负责编制招标文件商务部分，并统稿形成招标文件。

（2）采购管理部负责组织对招标文件进行审核（附《招标/询价文件审核表》）并报公司采购领导小组审批。

（3）采购管理部对经审批后招标文件在公司规定的渠道进行发放。

（二）开评标与《中标通知书》发放

（1）采购管理部负责按计划组织开标与评标工作，确定中标候选人。

（2）在评标结束后两个工作日内，招标采购岗依据评标结果，填报《中标人确定审批表》，经公司采购领导小组审批后，向中标人发出中标通知书。

（3）在评标结束后10个工作日内，将评审结果上报招标采购中心备案。

（三）资料存档

招标结束后，采购管理部将下列招标相关文件（纸质文件）存档，并妥善保管，以备查阅。

（1）招标文件（两套）。

（2）投标文件（正本一套、副本一套）。

（3）评标记录、评标报告。

（4）审批文件。

（5）中标通知书。

（6）相关会议纪要或答疑、说明。

（四）采购合同管理

采购管理部在发出中标通知书后，由项目经理安排项目采购主管、技术主管与中标单位进行合同谈判。采购合同谈判完成后，项目采购主管按有关规定，编制采购合同审批单，办理合同签订手续，并负责施工过程中物资采购合同的监督执行和落实管理。

四、询价比选采购

（一）询价文件的编制

按照项目招标采购计划的时间要求，项目采购主管根据最终版的技术规范书编制询价文件，并组织进行审核（附《招标/询价文件审核表》）。

（二）邀请单位的选择

项目采购主管依据采购要求、预估价格，结合项目具体情况，征求项目经理意见，在公司合格供应商库中选取邀请单位。经审核（附《邀请供货商审批表》）项目经理审批后，作为本次询价的邀请单位。

（三）询价比选

项目采购主管向三家及以上邀请单位发出询价文件，及时收集报价文件，并汇总进行比选，经项目经理审批《采购比选表》后进行采购，具体合同签订过程按采购合同管理条款执行。

（四）资料存档

合同签订后，项目采购主管应将下列相关文件（纸质文件）与合同文件一同移交给采购管理部进行存档，妥善保管，以备查阅。

（1）询价文件（一套）。

（2）报价文件（正式一套、需加盖邀请单位公章）。

（3）询价比选文件。

（4）相关会议纪要或答疑、说明。

五、零星物资采购

对项目采购计划外的零星物资，按公司《零星材料采购管理办法》，由项目采购主管通过询价比选方式，在项目当地进行采购。

（一）零星物资采购范围

针对招标采购计划之外或项目 A、B、C 类材料之外的，施工图中没有或欠缺的、设计图纸增补的零星物资进行采购。

（二）零星物资采购的限额

项目批量采购总金额不超过 30 万元人民币的零星物资采购，执行《公司零星采购管理办法》；上述估算价以上的依照公司《公司招标管理办法（试行）》执行。

（三）合格供应商的选择

零星材料采购原则，采取集中、就近和专人管理的办法。

（1）集中采购。将所需的小型设备及配件进行统计、分类、集中到一个或几个供货商处采购。

（2）就近采购。在项目所在地的区域购买，然后再考虑周边省、市、地区。

（3）专人管理。设置专人负责联系、采购，在保证价格的前提下，保质、保量、保时。

（四）零星物资采购

项目前期，项目各专业工程师提出零星采购计划，经项目经理审批后交项目采购主管；项目采购主管依据零星采购计划，组织项目当地供应商进行询价比选采购，各专业工程师、费控主管配合完成。

（五）供应商要求

（1）供货商必须是国家工商部门注册企业。

（2）货物产品必须是国家合格、认证的产品。

（3）必须明确产品的交货时间、地点，以及易损、易耗零部件的供给。

（4）供应商须提供增值税专用发票。

（5）对重要的物件，一般需将总价款的5%～10%作为质量保证金。

（6）必要时供货商应有到场安装、调试能力。

（六）零星物资的采购程序

项目经理部专业工程师负责填写《采购申报单》，并经技术主管和费控主管会签、项目经理审批通过后，交由项目采购主管。

项目采购主管根据《采购申报单》，在项目合格供应商库中选取三家及以上邀请厂家进行询价，收集报价文件，并汇总填写采购询价比选表，经项目经理审核后，与选定供应商签订采购合同，并向采购管理部备案。

合同签订后，项目采购主管还要负责合同的执行管理。

六、工程项目现场应急物资采购

对于项目现场急需的物资（设备、材料）采购，可由项目经理提出申请，经批准（附《现场应急采购申请表》）后，由项目采购主管通过询价比选，或直接采购方式，在项目当地进行采购，填写《应急采购执行表》。

相关表单：

（1）招标采购计划审批表

（2）招标/询价文件审核表

（3）邀请投标人推荐表

（4）邀请供货商审批表

（5）中标通知书

（6）中标人确定审批表

（7）采购合同审批单

（8）采购比选表

（9）采购申报单–零星采购申请表

（10）现场应急采购申请表

（11）应急采购执行表

相关流程：

（1）通过招采中心组织的集中采购流程

（2）自主招标采购流程（见图8–1）

（3）询价比价采购流程

（4）零星物资采购管理流程

（5）应急物资采购管理流程

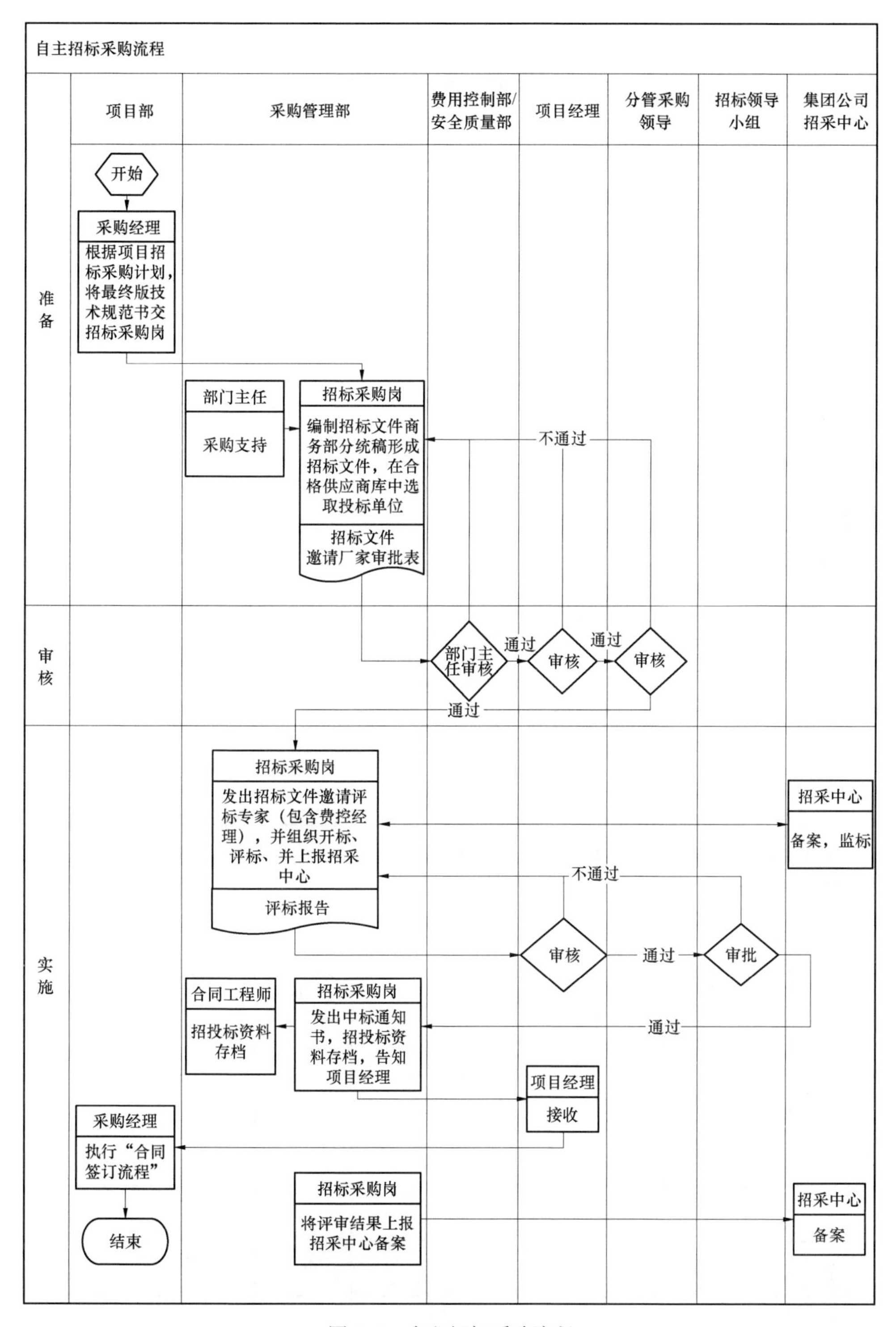

图 8–1　自主招标采购流程

供应商管理

采购管理部根据工程实际要求选择供应商，对首次接触的供应商进行登记和资格审查，形成《供应商准入申请表》《供应商评审表》和《合格供应商名录》。

采购管理部按年度对已选定的物资与服务（不含施工）类合格供商组织进行评价，分别建立《供应商评价表》，根据评价结果更新《合格供应商名录》。

采购管理部对项目实施过程中所使用物资的供应商建立数据库，以满足物资管理及工程保修的要求。

相关表单：

（1）供应商准入申请表

（2）供应商评审表

（3）合格供应商名录

（4）供应商评价表（见表 8–5）

相关流程：

（1）合格供应商入选流程

（2）合格供应商评价流程（设备材料）（见图 8–2）

表 8–5　　　　设备催交周报

设备催交周报						表格编号
编制单位：		201__年第__期（201______年____月____日–201______年______月______日）				
工程项目名称						
序号	设备名称	配套设备名称	生产厂商	要求到货时间	计划到货时间	备注
1						
2						
3						
4						
5						
6						

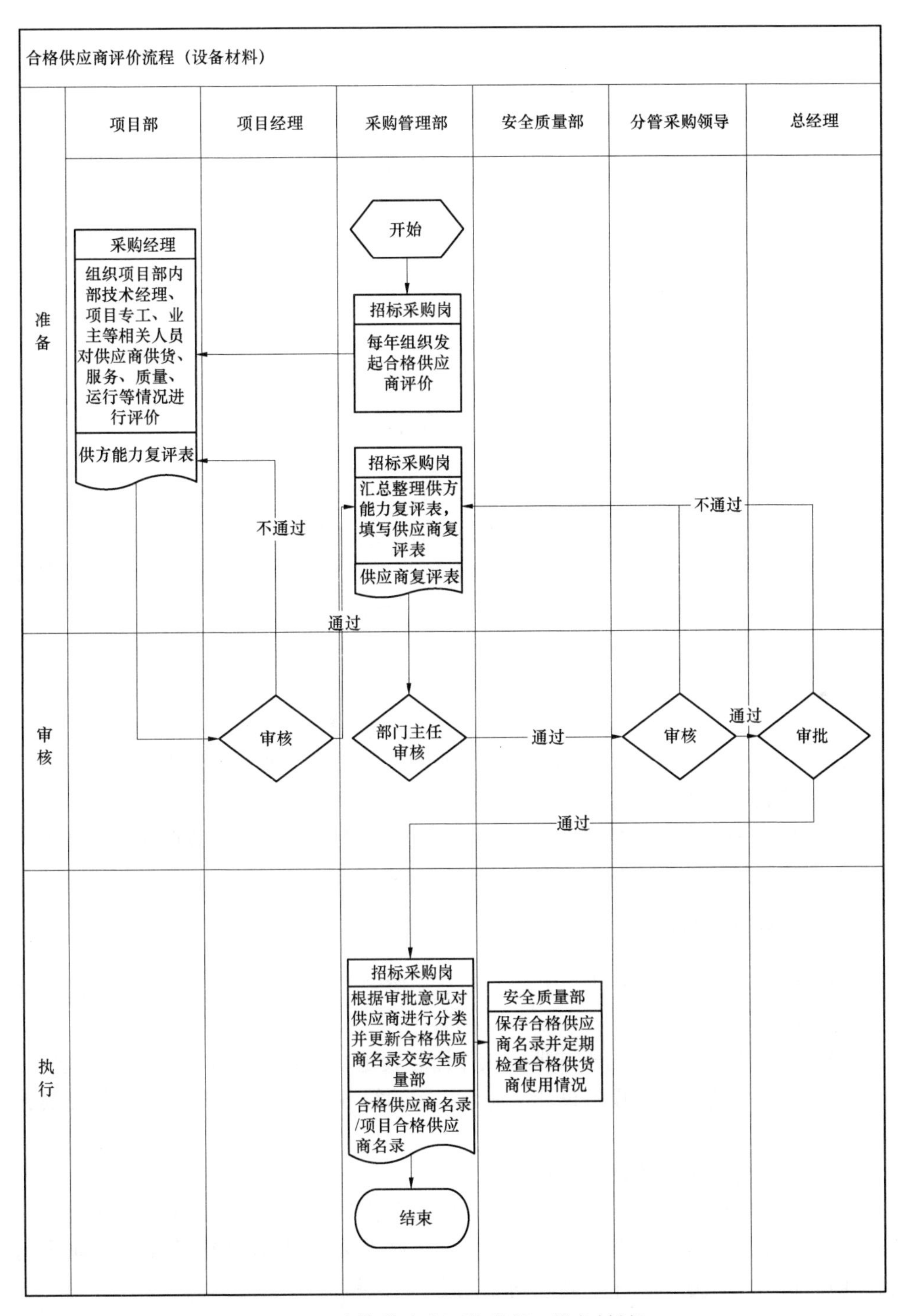

图 8–2　合格供应商评价流程（设备材料）

设　备　监　造

按照公司要求，公司采购管理部负责委托专业监造单位承担设备监造职责。专业监造单位负责报告监造过程，编制监造记录，监造工作结束后出具设备监造报告。

专业监造单位负责按要求向采购管理部上报监造信息及监造文件。采购管理部应及时将监造信息及监造文件转交项目经理。

相关流程：

设备监造管理流程

采购设备催交

为保障设备交货进度，满足项目现场工程进度需要，项目采购主管负责督促供应商切实履行合同义务，按时提交供货商文件、图纸资料和最终产品。采购主管应根据设备材料的重要性和一旦延期交付对项目总进度产生影响的程度划分催交等级，确定催交方式和频度，制订催交计划，交由采购管理部监督。

一、催交工作的要点

项目采购主管应及时发现供货进度已出现的或潜在的问题，并报告项目经理及采购管理部。同时立即督促供货商采取必要的补救措施，或采取有效的财务控制和其他控制措施，努力防止进度拖延和费用超支。

订单出现供货进度拖延，采购主管应通过必要的协调手段和控制措施，将由此引起的对项目进度的影响控制在最小的范围内。

二、催交计划管理

（1）如果项目的采购量大，采购过程不易控制，项目经理部可设置专门的催交工程师负责催交工作。

（2）对于设备采购，由于其催交工作比较紧迫，需要制订详细的催交计划。

（3）通过与供货商在设备设计、制造和运输等各环节保持紧密联络，从而实施监督检查。

（4）催交计划应定期滚动修改。

（5）项目经理部负责催交计划管理，采购主管对于材料采购，主要工作集中在每次材料启运前，向供货商确认所运材料是否属于按计划本次应运的材料，防止运至现场的材料与计划所需不一致，对工期造成延误。

三、催交实施

（1）设备催交分为三个等级，即重点设备驻厂催交、一般设备到厂催交和常规设备通信跟踪催交。

（2）驻厂催交和到厂催交属于现场催交检查，现场催交人员应协调落实供货商生产计划，监管供货商的生产状态。

（3）催交人员发现供应商在合同执行过程中出现任何影响合同进度的问题或事件，应在尽快将情况反馈给采购管理部。

（4）项目经理部通信跟踪催交可以分为电话催交、邮件催交和传真催交。

（5）催交人员每周编制《设备催交周报》，报送项目经理部、采购管理部门和其他相关部门，特殊情况下应编制《设备催交日报》。

（6）催交人员应按规定编制催交报告，并报送公司主管领导。

相关表单：

（1）设备催交周报（见表 8–6）

（2）设备催交日报

相关流程：

采购催交管理流程

表 8–6　　供应商评价表

××××工程公司供应商评价表			表格编号
供应商名称		法人代表	
主要供货产品		合同总额	
主观性评估			
1. 产品质量情况：　□好　□一般　□差 2. 按时供货情况：　□好　□一般　□差 3. 产品包装：　□好　□一般　□差 4. 合作性：　□好　□一般　□差 5. 售后服务：　□好　□一般　□差 6. 对纠正措施的执行：　□好　□一般　□差 7. 与其他供应商比价格：　□好　□一般　□差 8. 与其他供应商比供货周期：　□好　□一般　□差 9. 报价配合程度：　□好　□一般　□差 10. 财务配合情况：　□好　□一般　□差			

续表

客观性评价

序号	评价内容	标准分	评估标准	得分
1	产品质量	30	A. 产品质量优良，完全满足使用要求	25～30
			B. 产品质量合格，能够满足使用要求	18～24
			C. 产品质量较差，不能或难以满足使用要求	0～17
2	供货能力	20	A. 建立了健全的供货体系，完全能满足供货要求	17～20
			B. 由专人负责供货，能较好满足供货要求	14～16
			C. 供货能力较差，不能或难以满足供货要求	0～13
3	售后服务	20	A. 建立了健全的售后服务体系，售后服务及时有效	17～20
			B. 由专人负责售后服务，能够较好满足售后服务要求	14～16
			C. 售后服务之后，不能或难以满足售后服务要求	0～13
4	技术水平	15	A. 生产工艺和技术水平先进，管理科学完善	13～15
			B. 生产工艺和技术水平较为先进	9～12
			C. 生产工艺和技术水平落后	0～8
5	公司信誉	10	A. 公司信誉等级高，重合同守信誉	9～10
			B. 公司信誉良好，能够较好地履行合同有关条款	6～8
			C. 公司信誉较差，合同履约情况较差	0～5
6	认证情况	5	A. 已通过质量标准或环境标准认证	5
			B. 未进行质量标准或环境标准	0

评估内容	1	2	3	4	5	6
实际得分						
总得分	总得分=1+2+3+4+5+6					

是否建议留用？ □是 □否

相关说明：

项目经理： 日期：

续表

评价结论（公司采购部门填写）	
考核结论	□考核合格，建议列入《合格供应商名录》 □考核不合格，建议从《合格供应商名录》中剔除 □其他：____________________ 采购经理：　　　　　　日期：
审批意见	□同意 □不同意：原因是____________________ 分管领导：　　　　　　日期：

采购物资的接收、开箱、验收

一、物资的接收

项目经理部负责本项目设备和材料的催交催运、验收、保管、维护和发放等管理职能，根据施工合同，设备和材料到货验收后，由设备代保管方负责接收管理。

项目经理部收到物资到货信息后，及时通知设备代保管方作好接货准备，如准备起重设备、检验工具和装卸人员等，负责接货。

物资运输到现场后，由项目经理部通知设备代保管方组织卸货至指定位置存放，由施工承包商负责卸车、保管及可能产生的场内二次运搬工作。

设备代保管方根据到货情况，及时做好到货记录、出入库清单。

二、设备物资的开箱、验收

项目经理部物资主管应及时要求设备代保管方组织进行物资的接收检验，一般包括如下内容。

（1）根据物资采购合同，对到货物资进行入库检验，检查物资的外观质量，物资的品种、规格、型号、批次、等级和数量是否与采购合同、装箱单、送货单、说明书、合格证、质量证明等内容相符，填写《物资接收记录》和《到货验收移交单》。

（2）核查进场的主要工程物资，是否按国家和地方有关规定提供生产许可证、准用证、出厂合格证、质量证明书和材质化验单及试验报告。

（3）核查质量证明书内容，是否包括生产厂家名称、产品名称、规格与型号、订货单位、发货日期、数量、合同编号和质量证明书编号，以及在质量证明书中的检验项目是否与现行有关规定要求相符合等，必要时应进行机械性能和化学成分的检验。

（4）如直接从生产厂进货，核查是否提供盖有红章的质量证明书、生产许可证和准用证的复印件。

（5）如从中间商进货，要核查中间商是否提供了准用证、资质证书复印件，并在生产厂资质证书复印件上，用文字说明原件的存放处并签字盖章。

（6）用于重要结构、水工结构等项目的材料，如混凝土、设备安装的二次灌浆材料、防水材料、防腐蚀材料、绝缘材料或保温材料等，试验合格后才能使用。

项目经理部要求施工承包商进行物资的接收复验，一般包括如下内容。

（7）物资主管应督促施工承包商对进入现场的主要建设工程材料进行复验。

（8）承担建设工程材料复检的检测机构应由施工承包商报项目经理部审批，并报项目公司会同监理单位确认，并有权对其进行不定期抽查，如发现检测数据失准或因弄虚作假而有损公正性，必要时可停止其承担本项目材料复检的资格。

（9）项目经理派有相应资质的见证取样员和施工承包商一起进行见证取样和送样，复验的检验项目、方法和材料的抽样应符合有关规程规定的要求。

（10）项目经理部对时效性较强的材料或材料因保管不善，质量可能发生较大变化时，按有关规定或视具体情况增加抽样复检频率。

（11）复检报告的检测项目必须符合现行国家、行业标准和规程的要求，并与供货商提供的材料试验分析报告的检测项目相同，如果对复验结果意见有分歧，由监理单位组织进行再次检测。

三、物资的出入库

开箱验收合格后的物资，由物资主管开具物资《入库单》和《出库单》，办理入库和出库手续，并按照管理标准的要求，将《入库单》《出库单》中的相关账联提交采购主管。

相关表单：

（1）物资接收记录

（2）到货验收移交单

（3）入库单

（4）出库单

相关流程：

（1）采购物资开箱验收管理流程

（2）物资移交管理流程

物资的储存管理要求

项目经理部对设备代保管方/施工承包商提出如下管理要求。

（1）物资验收合格后，应做好物资标识及检验状态标识，分区域分类储存，不合格的材料和设备应单独存放。

（2）各标段施工承包商应建设或租用足够面积的库房，并按物资的不同类别分类储存。如表 8–7 所示。

表 8–7　　物资储存管理要求

物资分类	存放地点要求	存放物资种类
A 类	恒温恒湿库	电焊条、精密仪器、仪表等
B 类	室内库	电气、热控设备及开箱后的零配件、有色金属、非标加工件、电料、五金、油漆、水泥、耐火浇注材料、保温材料等
C 类	堆场或棚库	大宗材料、黑色金属、电缆、黄沙、石子、砖、瓦等
D 类	暖库	内部有水的设备
危险品类	单独立库、耐火等级不低于三级、分区储存，标识清楚，严禁易燃、易爆等危险物品混放，库内配备必要的防护条件和消防设施	

（3）对焊接材料、高压炉管及以上等级金属材料、防腐材料、防火涂料或水泥等需要追溯的材料，应做好唯一性标识，按批次分别储存。

（4）各类物资储存应整齐有序，库房整洁，留有充足的装卸和消防通道，并保持畅通。

（5）库区应配备必要的消防设施，设置明显的警告标志。

项目经理部制订物资储存、防护的检查计划，按计划会同监理单位检查物资的储存、防护情况。重点检查库房环境的符合性、保养维护的符合性、账卡物的符合性，以及消防安全设施等，及时发现存在问题并责令设备代管服务商立即整改，消除安全与质量隐患。

物资的防护

项目经理部对设备代管服务商/施工承包商物资管理部门提出管理要求，如表 8–8 所示。

表 8–8 物资储存防护管理要求

管理内容	管 理 要 求
物资维护保养	应做到：严格验收、货位规划、清洁卫生、日常维护、检查盘点、防盗防灾
库场物资的维护	必须达到“四无”要求，即：无盈亏、无腐蚀、无霉烂变质、无损坏事故，以防为主，采取防雨、防潮、防碰、防火、防盗、防洪、防破坏、防爆、防有害气体、防冻等技术措施
库房条件的管理	根据不同的产品特点和规定，对产品进行维护保养，以满足入库设备材料对维护和保养的要求 1）A 类仓库应加强温湿度控制； 2）B 类仓库加强防潮、防腐蚀措施； 3）C 类仓库加强防风雨、防积水、防腐蚀措施； 4）D 类仓库，冬季应加强温度测控； 5）对危险品库应加强通风、易燃和助燃气体不混合存放、做好防高温措施、防爆措施。 6）对金属材料及配件，应加强防腐措施，并进行定期仓库养护。 7）保温恒湿库应配备空调设备、除湿器、室内温湿自动记录仪等必需的仪器设备
有储存期限的物资	应有明显的标志，分批存放，做到先到先发，即将超过有效期限的应及时反映，及时处理，避免浪费
大宗材料露天棚区堆放	必须做好防护盖垫，定期检查垛位是否积水、锈蚀、冻裂、变质、散失等现象，发现问题及时采取有效措施处理
设备搬运	防止机械性损坏等
发现不合格项	应及时标识、隔离和记录
已领出物资	施工承包商负责对领出物资的维护保养和防盗、防水、防损坏等防护
其他事项	合同规定或项目经理部规定的其他事项

项目经理部将根据工程实际情况，制订物资防护检查计划，按计划会同监理单位不定期检查物资的防护情况，发现问题时按有关程序进行处理。

物资的发货

对于直接在施工组装场或施工现场卸货的大型设备或大件物资，可就地组织检查，交相应的施工承包商保管，即视为领用出库，设备代保管方应立即办理出库相关手续。

所有由公司采购的物资，设备代保管方或施工承包商必须定期向项目经理部提供完整的《物资发放领用清单》，所有领用单必须保存完好，以便于监理单位和项目公司的跟踪检查。

随机备品备件在 72+24h 试运通过以前，原则上不办理出库，其管理由项目公司与公司协商确定相应的责任单位及领用程序。原则上 72+24h 试运通过后直接移交项目公司。

施工承包商或调试承包商需借用专用工具时，须办理相应的借用手续，工程结束后（72+24h 通过后 1 个月内）应立即归还，因保管不善或使用不当造成损坏的，均应由相关人员进行鉴定，责任人/单位应按修复价/重置价承担损坏赔偿责任。

现场物资设备运输要求

承运单位必须编写装车、运输方案。对于主要运输方式、运输通道等要事先进行总体规划。该方案的编写，必须遵循施工组织总设计中有关施工机械、运输以及道路布置等方面的规定。

项目经理部组织相关单位对设备承运单位的运输准备工作进行检查，主要检查内容如下。

（1）检查运输作业人员是否具备与从事工作相对应的技术等级，并具备在有效期内的技术等级证书。

（2）检查现场所使用的各种运输车辆、起重机械是否具备相应的检验合格证，且在检验的有效期内，是否具备安全使用的条件。

（3）检查运输线路是否符合要求，如路面承压情况如果运输道路下有管道、电缆，应编制保护措施。

（4）如涉及道路封闭，检查其联系、准备工作是否完成。

（5）超级超限设备、特种设备或特大件运输，应具备下列条件：

① 气象条件符合运输要求；

② 待吊运设备在吊运作业前相关组合、试验和检查等作业已实施完毕，具备吊运条件；

③ 待吊运设备临时加固工作已实施、验收完毕；

④ 吊运作业通道场地已清场、处理完毕，设备拟就位处具备就位条件；

⑤ 吊运作业所须隔离及安全防护措施已实施、验收完毕；

⑥ 所有作业人员已经完成技术交底，明确各自职责，通信畅通。

当设备运输必须封闭道路时，承运单位必须提前十天通知项目经理部，经项目经理同意后，承运单位必须在起运前一周，以书面形式通知有关施工承包商。

对于超级超限设备、特种设备或特大件运输，必须编写特殊作业指导书，经过项目经理审批同意后方可实施。

承运单位在运输过程中，需派专人对整个运输过程进行引导、监护，做到分工明确、责任到位。

物资的紧急放行

物资未经检验而必须马上使用，由施工单位提出申请，监理单位、项目公司审批后方可放行。紧急放行的条件如下。

（1）一旦发现不合格能追回、更换或可能返修处理的物资。

（2）纠正不合格产品后不会影响相邻产品或相邻设备的安全与质量。

（3）经授权人批准。

（4）做出明确的标识和记录。

物资的移交

当机组 72+24h 联合试运验收合格后一个月内，设备代保管方/各施工承包商应编制该机组的已安装设备清册、未安装设备清册、未到设备清册和拟移交清册，编写《移交单》。上述清册在规定时间内，由项目经理部确认后移交项目公司。

设备代保管方/各施工承包商在规定时间内，将物资管理资料（包括到货记录、装箱清单、联合验收单、入库单、出库单、材质单、复检记录与报告等）整理 5 套资料，其中一套为电子版，经项目经理部确认后移交项目公司。

设备代管服务商须将所剩余物资、备品备件和专用工具，集中按类整理并登记，按与项目经理部、项目公司三方共同确认的移交清册，向项目公司清点移交，移交后三方签字确认并各执一份归档。

工程的废旧物资按相关规定程序处理，并由施工单位编制清单。

第九章　项目施工现场管理

项目施工现场管理应贯彻工程公司工程建设项目管理总体要求，实现项目管理专业化，优质、高效、文明地开展工作，实现公司安全管理、质量控制、进度控制和造价控制等管理目标。

施工现场管理职责与分工

工程公司项目管理部是工程施工现场管理的归口部门，通过公司标准化建设，采取有效的管理手段和良好的组织协调，确保实现承建项目的安全、稳定投产和运行的目的。

项目经理部是工程施工现场管理的实施机构，负责对项目现场各参建方的现场管理情况进行监督检查与考核。

施工现场前期管理

一、工程手续办理

工程前期，项目经理部配合项目公司工程手续办理，办理内容如表 9–1 所示。

表 9–1　　工程手续办理一览表

序号	流程步骤	工作要点	审批单位
1	建设用地审批	—	国土局
2	建设用地规划许可证审批	建设用地规划许可证须在项目获得核准后在当地规划局办理审批	规划局
3	土地使用证审批	在前置手续及土地款缴付完成后，在当地国土局办理建设用地批准书及土地使用证	国土局
4	电力接入审批	电力接入系统接入方案须由当地供电部门进行审批	供电公司
5	施工图设计及审批	施工图设计由设计单位负责，审批主要包括当地住建局审图中心	住建局
6	规划许可证审批	工程完成土地规划、土地审批、图纸设计等基本条件	住建局
7	相关部门作工程备案	包括质量监督、安全监督、审图中心、防雷、抗震、人防、消防、河道占用、招标中心等相关部门备案及费用缴付	规划局
8	施工许可证审批	完成建设工程所有前置审批和备案手续，报当地住建局审批	相关部门

续表

序号	流程步骤	工作要点	审批单位
9	工程开工建设	获得省建设厅颁发的《建设工程施工许可证》后可开工建设	省建设厅
10	工程建设	根据电力系统监检大纲，完成工程首检（含土建）\锅炉水压/汽轮机扣盖/倒送电/启动前/启动后等质量监督检查	省电力质监站
11	工程移交生产	完成启委会，项目移交生产	省电力公司质监站
12	工程各单项验收	安全/环保/消防/职业卫生/规划/建设/档案竣工验收	省建设厅
13	工程竣工验收	由项目审批单位组织进行工程的竣工验收	相关部门

二、现场工程管理的策划

《项目管理策划书》是对项目建设管理的总体策划，目的在于明确项目建设的目标、组织和资源等，包括目标策划、组织策划、资源策划、进度策划和采购策划等，是现场工程管理的总目标和管理大纲。

确定设计、监理和施工承包单位后，项目专业工程师负责将经过公司和项目公司审批通过的《项目管理策划书》发放给上述单位，并要求其按照策划文件编制实施细则。

工程开工前，项目经理负责审核施工承包单位编制的《施工组织设计》《项目管理实施规划》以及《建设标准强制性条文执行计划》，并送工程公司项目管理部与项目公司审批。

工程施工阶段，专业工程师每月监督检查策划文件的执行情况，并在工程月度例会上予以通报。

三、施工现场管理与工期管理计划

项目经理部专业工程师根据《项目管理策划书》《施工组织总设计》等，编制现场工程与工期管理计划，作为项目经理部实施计划的主要内容。同时负责现场作业总调度与控制，负责现场的全面调度与控制，明确各阶段的时间进度要求。此外，专业工程师还要对施工现场管理实行每日检查，并建立检查记录，编制周、月检查考核表。

项目经理组织合理划分现场作业面或工区，明确规定专业工程师负责作业面或工区的管理。要求施工承包单位建立现场平面、立体作业及平面和空间运输的协调管理机制。

相关表单：

现场工程与进度管理计划编制表

施　工　准　备

项目经理部根据《项目管理策划书》及建设方移交的施工场地，研究制订施工准备计划，确定施工准备方案。

项目经理部按现场工程与工期管理计划，组织现场施工准备工作。当现场道路、临电、供水、临时办公、临时现场生活服务设施（宿舍、卫生设施）、仓库、围墙和保安设施等方面达到施工开工条件要求时，向施工方项目部提出开工要求。

施工开工前需要准备和审查的工作如下：

（1）现场管理组织及人员；

（2）现场工作及生活条件；

（3）施工所需的文件、资料以及管理程序、规章、制度；

（4）设备、材料、物资供应及施工设施、工器具准备；

（5）落实工程施工费用；

（6）检查施工人员进入现场并按计划开展工作的条件；

（7）需要社会资源支持条件的落实情况。

项目开工管理

根据集团公司规定，开工管理包括建设方开工管理和施工方开工管理。

一、项目开工管理

在开工前，项目经理部配合项目公司，向工程所在地的县级以上地方人民政府住房与城乡建设主管部门申请领取施工许可证。

项目公司保证施工场地达到“五通一平”条件，在开工前负责组织召集设计单位、施工承包单位、监理单位等参建方进行设计交底和施工图会审。

二、施工方开工管理

施工方开工管理包括施工方案审查、人员资质管理、周转材料管理和施工设备管理。

（一）施工开工前施工方案审查

施工承包单位在开工前，完成工程施工组织设计。工程实行总包和分包时，由总包单位负责编制施工组织设计或分阶段施工组织设计；分包单位在总包单位的总体部署下，负责编制分包工程的施工组织设计。施工组织设计编制主要内容如下：

（1）工程任务简介；

（2）施工总方案、主要施工方法、工程施工进度计划、主要单位工程综合进度计划和施工力量、机具及部署；

（3）施工组织技术措施，包括工程质量、安全防护以及环境污染防护等各种措施；

（4）施工总平面管理及施工总平面布置图；

（5）总包和分包的分工范围及交叉施工部署等。

施工组织设计需要变更调整时，监理单位按原程序重新进行审查。

（二）施工开工前开工条件审查

项目经理部专业工程师负责开工条件审查考核，具备开工条件（见表 9–2）后，经项目经理批准，组织施工承包单位办理开工手续。

表 9–2　开工条件考核项目

序号	开工条件考核项目	序号	开工条件考核项目
1	图纸交底及会审已完成	8	人员配备到位
2	施工作业指导书或施工方案编制已完成审批	9	现场安全设施准备已完成
3	施工场地布置已完成	10	安全保证措施已完成审批
4	材料、设备进场并检验	11	现场力能供应已完成布置
5	工程外部接口已具备条件	12	加工件配制已完成委托
6	工序交接并验收已完成	13	质量检验计划和保证措施已完成审批
7	机械、工器具配备到位		

（三）施工承包单位资质审查

工程开工前，项目部专业工程师负责审查施工承包单位现场的组织机构、管理制度及专职管理人员和特种作业人员的资格，审查结果报监理单位。

施工管理人员（项目经理、副经理、技术负责人、造价师、施工员、材料员、质检员、安全员和资料员等）需提供岗位资质证书及联系方式。

垂直运输机械作业人员、安装拆卸工、爆破作业人员、起重信号工、登高架设作业人员等特种作业人员，必须经过专门的安全作业培训，并取得特种作业资格证书后，方可上岗作业。

（四）周转材料管理

专业工程师负责审查施工承包单位制订的周转材料管理办法，包括职责划分、周转材料的摊销、周转材料配置方案及报批制度、周转材料的报废及变卖、检查与考核等，并报监理单位审批。

（五）施工设备管理

专业工程师负责审查以下内容：施工承包单位制订的施工机械管理制度，包括管理职责、设备使用、操作安全和设备维护等，提高机械设备的利用率、完好率和机械效率；施工承包单位采购、租赁的安全防护用具、机械设备、施工机具及配件，需具有生产（制造）许可证和产品合格证，并在进入施工现场前进行查验；出租单位对出租的机械设备和施工机具及配件的安全性能进行检测，在签订租赁协议时，应当出具检测合格证明；施工现场的安全防护用具、机械设备、施工机具及配件是否由专人管理，定期进行检查、维修和保养，建立相应的资料档案；是否按照安全施工的要求，配备齐全有效的保险、限位等安全设施和装置。

监理单位审查承包商已进场的设备及进场计划，并登记各类设备的数量，型号和规格，生产能力和完好率；大型设备要有安装验收合格证，并符合以下要求：

（1）符合投标书中的要求；

（2）符合施工技术方案的要求；

（3）进场计划必须符合进度计划的要求，后续施工的主要设备来源必须有保证，要说明来源，是自有或租用的，还是准备采购的，对设备不能落实的技术方案不应批准；

（4）初期进场设备应能满足初期开工工程要求；

（5）类型，数量不足的设备，应限期补足，不合格的设备应限期撤离；

（6）承包商替代、更换设备应事先得到监理同意。

（六）开工报告的审批管理

（1）施工承包单位开工准备完成后，按规定格式编制开工报告，填写《工程开工报审表》，由施工承包单位项目负责人上报工程公司项目经理部审核。

（2）专业工程师接到开工报审表，审查开工应具备的条件，经项目经理审批后，上报公司项目管理部。

（3）项目管理部对项目经理部开工准备工作进行评估，当确认已具备开工条件时，经公司分管领导批准后，正式向监理及业主方申请开工，办理开工报告审批手续。

（4）总监理工程师组织专业监理工程师审查报送的开工报审表及开工报告、施工组织设计等资料，由总监理工程师签署审查意见，报建设方批准后，总监理工程师签发工程开工令，项目工程工期开始计时。

三、停工管理

因各种特殊原因工程施工不能继续进行时，施工承包单位应做好防护措施，工程公司项目经理组织编制停工报告，办理《工程停工申请表》审批手续。

工程停工后，经采取各种措施恢复施工应具备的条件，并能保证连续施工时，项目经理组织编制复工报告，办理《工程复工申请表》审批手续。

相关表单：

（1）工程开工报审表（见表 9–3）

（2）工程停工报审表

（3）工程复工报审表

（4）单位工程开工条件考核表

（5）单位（或分部）工程开工报审表

（6）单位工程开工报告

表 9–3 工程开工报审表

<table>
<tr><td colspan="2">××××工程公司工程开工报审表</td><td>表格编号</td></tr>
<tr><td>文档编号：</td><td colspan="2">项目名称：</td></tr>
<tr><td>申请单位：</td><td colspan="2">申请日期：</td></tr>
<tr><td>开工的物项/活动：</td><td colspan="2">申请开工时间：</td></tr>
<tr><td colspan="3">申请开工原因：

申请单位经办人：
日　期：
申请单位负责人：
日　期：</td></tr>
<tr><td colspan="3">监理审核意见：

总监理工程师：
日　期：</td></tr>
<tr><td colspan="3">建设单位审批意见：

项目管理部：
日　期：</td></tr>
<tr><td colspan="3">注：本表一式三份，由施工单位填报，建设单位、项目监理单位、施工单位各存一份。</td></tr>
</table>

施工进度控制

项目经理部专业工程师按照《项目管理策划书》的要求，细化控制进度计划，组织编制总进度计划、节点控制计划（开工前 10 天）、季进度计划（季末 25 号前）、月进度计划（每月 25 号前），报经项目管理部、监理单位和建设方批准。

施工承包单位按控制进度计划，组织编制作业性计划，包括周进度计划、重要节点进度计划，并将计划落实到各工区或作业面。

各分包商要向项目经理部提交相应的总进度计划、节点控制计划、季进度计划和月进度计划，报经项目经理部批准后执行。专业工程师严格监督各分包商落实各自的计划，并有效利用索赔等手段，完成分包进度控制。

专业工程师以日生产调度会方式，检查进度计划落实情况，明确控制要求及措施，以及各单位的协作要求，督促现场施工组织及作业活动按计划有序实施。

各施工承包单位每天将进度实施情况及管理情况填写《施工日志》，并整理形成《项目每日情况报告》，报项目经理部专业工程师。

专业工程师汇总整个现场的管理及作业情况，向项目经理及公司项目管理部报告每日施工情况，并按周、月汇总完成《项目工程量报表》，负责施工承包单位上报的《工程量签证单》审核并报项目。项目经理部对进度进行形象（照片或图示）管理，并以周例会或月例会的方式对进度管理进行检查协调。

相关表单：

（1）施工日志

（2）项目每日情况报告

（3）工程量签证单（见表9–4）

（4）工程量报表

（5）工程联系单

表9–4　　　　　　　　　　工 程 量 签 证 单

<table>
<tr><td colspan="3" rowspan="2">××××工程公司工程量签证单</td><td>表格编号</td></tr>
<tr><td></td></tr>
<tr><td>单项工程名称</td><td></td><td>日期</td><td></td></tr>
<tr><td>主　题</td><td colspan="3"></td></tr>
<tr><td>主　送</td><td colspan="3"></td></tr>
<tr><td>抄　送</td><td colspan="3"></td></tr>
<tr><td colspan="4">内容：

单位（章）______________
经办人/部门：____________
项目经理________________
日　期：</td></tr>
<tr><td colspan="4">监理审核意见：

单位（章）________________
专业监理工程师____________
总监理师_________________
日　期：</td></tr>
<tr><td colspan="4">建设单位审批意见：

单位（章）_______________
经办人/部门：____________
主管领导________________
日　期：</td></tr>
<tr><td colspan="4">注：本表一式三份，由填报单位，主送单位、抄送单位各存一份。</td></tr>
</table>

施工（工区）作业面的施工管理

施工承包单位项目部按现场施工及技术管理规律，划分工区或作业面，明确负责的工程师，相应配置技术、安全、质量管理工程师，建立现场施工生产管理体系。

各工区或作业面由专业工程师按施工进度计划监督管理，检查施工承包单位向施工作业人员进行安全、质量及技术交底情况，监督、控制和指导施工过程。

施工承包单位对每天的施工情况进行检查总结，编写《施工日志》，并填写本工区或作业面的《每日情况报告》，报工程公司项目经理部专业工程师。

专业工程师对现场各工区或作业面的施工生产活动进行监督检查，并汇总《每天情况报告》提交给项目经理（报告期间为当日上班至次日上班，提交报告的时间不迟于次日上午 12 点），作为考核的基本依据。

施工进度检查与考核

项目经理部对施工进度进行日检查报告，周、月汇总进度管理，并根据现场综合情况进行控制调整。

一、施工进度延误分类

项目经理部施工进度延误程度标准分类定性如表 9–5 所示。

表 9–5　　施 工 进 度 延 误 分 类

序号	计划类型	正常延误	一般延误	严重延误
1	总进度计划	3 天以下	4～7 天	8 天以上
2	季度/阶段进度计划	3 天以下	4～7 天	8 天以上
3	月度进度计划	3 天	4～7 天	7 天以上
4	重要节点计划	1 天	2～4 天	5 天以上

二、进度监控预警与进度调整

项目经理部要监控施工项目部施工进度管理情况，发生月进度延误时，发出进度管理预警信号。施工项目部根据进度延误及工程内容变化情况，及时编制调整计划，按施工进度管理的规定予以落实。

三、进度管理检查与考核

项目管理部每月或季度、半年通过专项检查与管理考评，对项目经理部的进度计划管理情况进行检查与考核。项目经理部专业工程师每半月组织一次进度计划实施情况全面检查并报告项目经理。

工程建设协调管理

一、专业工程师在工程建设协调管理中的职责

专业工程师负责整理和收集有关信息，动态掌握项目范围内的各种情况，为项目推进、调度、协调提供支持，内容如表 9–6 所示。

表 9–6 项目建设信息

项目范围	动态掌握信息内容
设备方面	采购、监造、到场、领用等情况
设计方面	技术规范书、提资、施工图、变更单等情况
施工方面	施工进度、质量、安全等情况
调试方面	分系统、整套启动等情况

专业工程师负责建设协调的内容：

（1）协助项目公司协调工程项目与地方政府管理部门关系；

（2）协调项目经理部与相关承包商的工作；

（3）协调工程各参建单位之间的工作配合；

（4）协调各施工承包单位之间的工作配合；

（5）协调监理与其他参建单位的管理配合；

（6）组织协调合同纠纷处理；

（7）组织项目经理部周例会；

（8）每日组织召开工程调度会，并负责完成会议纪要编制，经项目经理审批后下发相关单位执行，工程调度会由项目经理主持；

（9）按协调内容分别组织工程协调会，完成会议纪要编制，经项目经理审批后下发相关单位执行，工程协调会由项目经理主持；

（10）审核与施工承包单位的《工程联系单》，审核施工承包单位的工程进度款的工程量；

（11）对工程建设中发生的重大问题及时向项目经理汇报；

（12）做好设计工代、厂家代表的管理；

（13）配合项目经理做好电力质检、锅炉特检等工作。

工程建设协调采用《工程联系单》形式，并按流程规定完成编制与签证。《工程联系单》应采取闭环管理，编制《工程联系单月度台账》，落实的结果应上报项目经理。

二、项目经理在工程建设协调管理中的职责

（1）负责协调监理单位、造价咨询单位、设计单位、建筑施工承包单位、设备

供货商、安装施工承包单位及调试单位，在保证质量、保证安全、施工成本可控的前提下，按照工程进度计划实施。

（2）负责督促、检查项目现场的安全保卫工作。

（3）负责开工、整套启动等重大的节点的活动安排及组织，并配合项目公司接待政府领导和中节能、中环保领导的调研和检查工作。

（4）负责设备单体调试、系统联调、整组启动试验组织管理工作。

相关表单：

（1）工程联系单

（2）工程联系单月度台账

项目经理部工程会议管理

一、各种工程会议的组织安排

工程调度会：工程正式开工后每日一次，由专业工程师组织，项目经理主持，各参建单位有关领导或部门负责人和专业人员参加。

工程协调会：凡涉及协调设计、监理、施工、设备材料供应以及工程其他外部条件的工程协调会由建设方主持；凡是协调现场各施工承包单位之间关系的协调会由项目经理主持，但应通知监理派人参加。

项目经理部周例会：每周召开，项目经理/副经理负责组织，各专业工程师汇报上周工作进展情况和本周工作安排，明确工作重点和难点，进行内部协调与考核。

专题性工作会议：应施工承包单位要求，或建设方、监理单位认为有必要，可召开技术或管理专题会议，由监理主持，有关单位专业人员参加。

工程会议组织分工，如表 9–7 所示。

表 9–7　工程会议组织分工

工程会议	组织/参加	主持
设计交底会	技术经理组织	技术管理部
图纸会审会	技术经理组织	技术管理部
施工组织设计及施工方案会审会	专业工程师	项目经理
安全例会	安全经理	项目经理
质量分析会	专业工程师	项目经理
安委会会议	安全经理	项目经理
调试措施调试方案审查会	专业工程师	项目经理
工程调度会	专业工程师	项目经理
工程协调会	专业工程师	项目经理

二、会议管理要求

建立施工协调管理制度，强化工程调度。及时有效的现场施工协调管理，是实现施工进度计划的保障，也是掌握工程信息、解决施工中存在问题的重要手段。

会议的目的是为了协调解决与工程施工有关的施工设计、设备/材料供应、安全、质量、进度计划、交叉施工、场地使用、施工总平面管理和力能供应等问题。

会议必须有参加会议各方人员签到并形成会议纪要，会议纪要由组织者编制，主持人审核并签发，会议纪要分发各参加会议单位，并按规定存档。

施工总平面管理

一、施工总平面管理

施工承包单位进入施工现场前，应根据合同所规定承建的工程范围、工程施工组织设计的要求和施工总平面布置所划定的用地范围，结合工程实际情况和所承担工程项目的要求，编制施工组织设计（或施工方案），绘制其施工总平面，该施工总平面随同施工组织设计（或施工方案）经监理单位、建设方审核。

随着施工阶段的变化和实际需要，项目经理部有权统筹安排，重新调配使用施工场地。

二、危险化学品管理

（1）施工承包单位应加强对施工中危险品、化学品的运输、装卸和储存的管理。

（2）设置独立的危险化学品库房储存，根据危险化学品的种类、特性，分类分区贮存，标识清楚。

（3）设置必要的通风、防晒、调温、防火、灭火、防爆、泄压、防毒、消毒、中和、防潮、防雷、防静电、防腐、防渗漏、防辐射等安全设施、设备，并按照国家标准和有关规定进行维护、保养。

三、废弃物管理

（1）对建筑垃圾、生活垃圾及各种污水排放都要妥善处理，对现场的垃圾箱、废物箱、垃圾临时堆放场进行定置规划。

（2）对混凝土搅拌站的沉淀池、现场污油池、化粪池设置和排放去向要有详细规划设计，并报项目经理部审核后实施。

（3）不得随意乱放、乱排，污染环境，项目经理部建设协调负责人对现场实施情况进行检查。

四、施工场地维护

（1）各施工承包单位均不准擅自断路、断电、断水、断通讯，如因施工需要必须提前三个工作日申报，通过工程协调会进行安排，报项目经理批准方可实施。

（2）施工现场埋地布置的力能和通信管线、电缆及排水管线，应由施工承包单位在地面设置警示标志，如因施工承包单位野蛮施工造成中断及损坏的，由责任单位立即采取有效措施，予以恢复，对工程或其他施工承包单位造成重大损失时，应由责任单位进行赔偿。

（3）设置在施工现场的测量控制网标石，各施工承包单位应予保护，不得破坏或随意移动。

（4）各施工区域的环境卫生实行分片包干管理，划分责任区，并有明显标记便于检查监督。

（5）施工现场应建有排水沟网络以保证现场不积水，保持排水畅通，符合有关的环境卫生标准要求，保证施工人员的身体健康。

（6）施工临建设施完整，布置适当，环境清洁，办公室、工具间等场所内部整洁、布置整齐，有关职责制度规定上墙。

（7）场区道路、组合场、施工作业区要配置足够的照明设施，并按工程需要及时调整，配备维护人员，保证正常使用。

（8）施工承包单位不得在其给定的施工场地之外私建、乱建临时建筑和设施，或堆放设备、材料，更不允许占用施工道路作为施工场地，施工场地不得随便开路口。

（9）施工承包单位要对其所占用的施工场地范围内的安全、保卫、防火、管路和排水系统的畅通以及良好的施工及生活环境负责。

（10）施工承包单位对所承担的工程项目已施工完毕并经验收后，应立即撤离施工现场，其所建的各种临时建筑与设施应在规定时间内拆除，或由项目公司按规定合理调配给其他施工承包单位使用，有关施工承包单位不得借故拖延或私自处理。

五、施工场地及临建

（1）凡进入工程现场承担施工的任何施工承包单位，在开工之前必须向项目经理部递交经批准的施工组织设计。

（2）施工组织设计应对临设布置、主要施工机械布置、场地安排、力能布置及要求、环保及消防措施、卫生设施及污水排放、施工人员数、交通运输等进行详细说明并附图。

（3）施工承包单位的施工用地四角坐标一旦经批准后，应督促检查各方严格按批准的坐标布局，不得超越。

（4）施工临设力求布局合理，外观统一美观。

（5）各施工承包单位在施工过程中，因特殊措施需要增加场地和现场的临时生产设施时，需提出书面申请，报项目经理部审核，项目经理批准后协调解决。

六、油品管理

在工程施工过程中，各施工承包单位在现场不设机动车油库（不包括特殊用油库），如确因工作需要设置时，由项目经理部批准。

七、放射源管理

（1）施工承包单位的射源存放库应设在指定地点，射源库房设计、射源库的安全距离以及射源库的管理，必须符合国家、行业有关条例和标准的要求。

（2）射源库建成后，应取得当地卫生防疫部门的检测许可，库房周围应设围栏及醒目的警示标志。

（3）射源应指定专人管理，存放容器必须加锁，有严格的防盗措施，并定期检查。

八、物料堆放管理

（1）材料、土方、设备器材的堆放必须按项目经理部指定的地点堆放。

（2）一般按施工组织设计的规划布置执行，特殊情况另行申请项目经理部批准。

（3）各种物资必须整齐稳固、标牌清楚醒目，摆放有序，符合保管条件的要求并符合安全防火标准，场地排水与消防设施完备。

（4）项目专业工程师应督促各施工承包单位在工程完工后，做到工完场清，临设在完工后一个月内清退完毕。

九、现场力能供应管理

（1）建设方负责配电接入点维护和施工用水母管的管理、运行和维护。

（2）各施工承包单位使用前，应先提出申请，并与项目经理部办理有关协议和手续，经批准后按指定地点和容量连接，并应按承包合同的规定向项目经理部交纳费用。

（3）主干线检修或停止使用时，应事先（提前两天）通知有关施工承包单位以便进行必要的准备（事故除外）。

（4）施工承包单位使用力能管线，需要和力能主干线连接时，应提出申请，经项目经理部批准后实施。

（5）项目经理部对水、电的供应进行控制，在合同签订后，参加工程建设的各施工承包单位，除在施工组织设计中对力能需求做出描述外，由施工承包单位对供水、供电提出书面申请（附容量、位置、管径及走向布置图）报项目经理部经审查批准后在指定位置接引。

（6）各施工承包单位均从相关箱式变电站的低压回路上引接施工电源。

（7）各施工承包单位受电、受水后，需延伸到其各工作面的工作均由施工承包单位自行负责，为便于日后的管理，各施工承包单位应向项目经理部提交其在临设内的地下管线布置图，注明管径、标高等。

（8）项目经理部负责提供进场道路及电源、水源等施工力能的接入，负责厂内施工总平面布置的策划、组织实施和管理。

（9）执行停水、停电的审批制度，各施工承包单位因施工需要停水、停电作业时，必须在停水、停电的前一天报项目经理部同意后，由水、电管理单位执行。

（10）执行工作票制度，管理单位对线路的切换、停、送、箱式变压器更换拆迁、供水母管检修停水等作业，必须严格办理停送电（水）申请和工作票制度，提前一天通知项目经理部批准后执行。

（11）各施工承包单位如因施工不慎或人为造成停电、停水需立即告知项目经理部，以便及时抢修，避免触电事故和影响工程。

（12）各施工承包单位应本着节约能源的原则，加强内部管理和职工教育，减少能源的浪费，必要时项目监理单位组织检查。

（13）施工用电、用水均按表计费，由项目经理部按有关规定收取。

（14）为保证安全生产、文明施工，各施工承包单位应安全用电、用水，未经项目经理部同意，不得在供电的线路上和主水管上擅自搭接和开口，不得在其内部分支线（管）上向其他单位和个人转接、转供，否则建设指挥部将责令其限期整改，必要时处以罚款。

（15）各施工承包单位因工程转移或工程竣工时，项目经理部应检查水源、电源已及时切断并拆除分支。

（16）各施工承包单位要搞好责任区内环境卫生。污水排放要符合当地环保要求，厕所应配备化粪池。其排水用管道引入允许排放的位置或委托地方环卫部门定期抽排。

十、施工道路管理

（1）各施工承包单位在自己的施工场地内，应合理地设置与主干线相连接的施工道路，施工区域内的施工道路如与已移交生产或已建成的地下管沟交叉时，必须经项目公司主管人员审查同意后，按施工车辆最大的吨位设置过管沟保护措施。

（2）为确保大型机械在施工区内顺利作业，各施工承包单位除对道路已建成的地下沟管做好保护外，还应根据其最大轮压和轮距进行路基压力验算，软土或回填土的路基应进行压实和加固处理。

（3）施工现场需要对大型吊装机械移运时，必须事先对跨越的地下管线进行加固处理和上部架空线抬高能够通行后方可进行。

（4）“四超”件进厂或场内运输，必须由施工承包单位提前三天提出申请，并办妥“四超”件运输相关审批手续，按批准的指定时间、路线运输。

（5）重大、主要设备进厂必须由责任单位提前五个工作日通报，经工程协调会安排，按指定路线进厂。

（6）施工承包单位的所有运输车辆必须自身整洁，有防止运输物料散落的措施，以保证现场道路的整洁畅通，如发生散落，责任单位必须及时负责清理。土方施工阶段土方运输车辆必须按指定的道路行驶，并安排足够的人员进行道路的清扫。

（7）停在主干道上作业的大型起重机械，应保证其他车辆能顺利通行，如需阻路作业，应提出书面申请，经项目监理单位审核、项目经理部同意后方可封路，必要时施工承包单位应负责修筑便道，以保证其他车辆和消防急救车辆通行。

（8）施工承包单位如工程需要，需在主干道路或已移交生产的道路上施工时，施工承包单位应提出断路、占路的书面申请并附施工方案，经项目监理单位审核、项目经理部批准后方可开工，并在相应部位设置临时围栏及警示标志，夜晚应有警示灯，并应在批准的规定时限内完成施工及覆盖恢复。

（9）各类履带式机械、重型压路机械及超重件运输机械进厂路线，施工承包单位必须按批准的指定的路线通行，否则对道路及地下设施造成的破坏由当事施工承包单位负责修复或赔偿损失。

（10）各施工承包单位履带式行走机械在通过已建好的混凝土路面时，均应在地面上铺设木板、输送皮带等保护材料，以保护路面，不得损坏路面、路肩和路沟，如损坏，由责任单位修复并视情况予以罚款。

（11）施工承包单位自行管理、使用的施工道路的清洁和维护工作，由施工承包单位自己负责，公用施工道路由项目经理部划分责任区域，按照区域的划分，由相应的施工承包单位负责清洁和维护。

（12）施工用车辆及交通车不用时，应当停放在指定的停车场地，交通车不得长时间停放在施工现场，手推车在施工现场应停放在不影响他人施工区域及通道处。

（13）进入施工现场的所有机动车辆、机械施工设备的驾驶员和操作人员必须持有驾驶证、操作证，严禁无证驾驶，酒后开车，所有机动车辆应限速行驶，时速不得超过 5km。

（14）自行车、助动车、摩托车等在施工区域内按划定的停车区域停放，主厂房内不准停放自行车及骑车穿行。

十一、土石方管理

（1）施工承包单位在厂区内取土和弃土，自行调配，不得随意堆取土或弃土，更不得以商品转卖其他单位。

（2）施工承包单位在施工前编制土石方平衡表，负责寻找弃土、取土的场所，施工中挖掘的多余土方和石渣，不可堆放在现场，不得乱堆弃土，堵塞道路及排水系统。

（3）当承担土石方工程的承包方随地乱倒和阻塞厂内临时堆土场地时，应责成其限期清理，如不按时清理，项目经理部有权另外组织其他单位清理并对承包方处以罚款，罚款额度为清理费的二至三倍，在其工程款中直接扣除，严格做到文明施工。

（4）各施工承包单位的工程行政负责人是安全文明施工的第一责任人。

（5）各施工承包单位施工点要求每日清扫，工作面要求三天一清扫，建筑垃圾一律倒入指定垃圾场。

（6）现场的各种材料、工器具、脚手架、模板一律要堆放整齐，做到有条不紊，项目经理部组织不定期的检查，以保证现场的整洁。

十二、施工废弃物管理

（1）各施工承包单位自行寻找临时弃土、施工废弃物和生活垃圾临时堆放场地。

（2）各施工承包单位应当及时收集责任施工区域内的施工废弃物及垃圾，及时运至指定区域堆放。

（3）施工过程中的弃土与建筑废弃物及垃圾应当分开堆放，建筑废弃物及垃圾不得用于回填。

（4）施工承包单位如要在主厂房及其他施工责任区内，设立临时施工废弃物堆放点，必须事先征得项目经理部同意，在该项工作完成后，就必须将废弃物清运出场。

（5）主厂房内不准堆放可燃废弃物，可燃废弃物需随时清除。

（6）大宗材料设备运输包装物，空电缆盘应由责任施工承包单位及时清运处理。

（7）施工区域及施工生活区域内的生活垃圾，由该区域责任施工承包单位负责及时清运出场或委托环卫部门定期清运。

（8）有毒、有害废弃物等必须定点存放并按有关规定处理。

（9）焊接场地地面无焊条或焊条头，焊接设备集中管理、布置，完工后，电焊线、氩气、乙炔皮管必须全部收回。

十三、现场消防管理

（1）施工现场按施工组织总设计的要求，根据合同规定建设常规水消防管线及消防栓。各施工承包单位在其施工区的重点消防部位，设置足够数量的专用消防灭火器材及装置，并定期指派专人检查、更新和维护。消防器材应布置在明显的位置，或有消防器材位置的指明标志。

（2）在生活临建、施工临建、库房临建布置时，须充分考虑防火距离和消防通道，须配备足够的防火器材和设施，临时建筑物与易燃材料堆放物的防火间距应符合《建筑设计防火规范》（GB 50016—2014）的规定。

（3）施工承包单位应安排专职消防管理人员，对划定责任区域内的消防工作及消防器材配置定期作巡视检查，并将检查处理结果记录在案，在施工区内任何动火作业必须按动火审批规定办理手续。

（4）各单位专职消防人员必须参与三级动火检查、审批及监护，有权制止违章违纪动火作业。

（5）施工承包单位应当根据各自施工特点，制订出在气候干燥、酷暑、严寒、大风、暴雨等恶劣气象条件下及使用易燃、易爆工作介质施工时的消防安全措施，并落实实施。

（6）施工承包单位应有专门的职能部门负责现场消防的日常管理，参照《电力设备典型消防规程》（DL 5027）条文要求，配置施工现场消防器材及设施。

（7）除规定的禁火区域外，控制室、集控室、电器开关室及重要、精密设备施工区域禁止吸烟并设置禁烟标志，施工现场禁止游动吸烟。

（8）贮存易燃、易爆、有毒、危险品库房，必须布置在比较安全的地方。

（9）特殊场所如油库、木工间或其他易燃、易爆物品仓库应在施工场地总平面布置图上标明，配置必需的消防器材，设置“严禁烟火”的警告标志。

（10）严禁携带火种进入氧气、乙炔库、油库，电气设备及照明应采用防爆灯具，严禁穿锦纶衣服和带钉子的鞋进入氧气、乙炔库、油库。

十四、现场保卫管理

施工承包单位负责工程项目的治安和保卫工作，项目经理部负责监督管理。

（1）各施工承包单位对本单位责任施工区域内保卫负有直接责任，必须制订和认真落实安全保卫制度，配备一定数量的警卫人员。

（2）主厂房主要进出通道口、划定的封闭施工小区出入口、露天及室内库区、已进设备的电气及热工控制室等门口均应设立警卫岗并派人值班，库区等重要场所还须设置充足的照明。

（3）所有进入施工现场的人员，均应通过施工区域大门出入，并接受门卫对“出入许可证”的查验，骑车人员必须下车推行进出，施工车辆及交通车应按规定的进出大门出入，并在通过门口时减速行驶，接受检查。

（4）施工车辆、手推车及施工人员装载或携带施工机具、施工工器具、施工材料或废旧处理物资出施工区，均必须按规定办理“出门许可证”，并经门卫查验核对后放行。

（5）施工承包单位应根据当地公安部门的要求，办理有关临时居住手续并执行当地的治安、保卫的有关规定。

（6）施工承包单位有责任管理约束好本单位所属全部施工人员及其家属，遵守国家、地区及工程有关治安保卫的各项规定、制度，预防杜绝刑事犯罪事件出现。

配合机组调试工作

根据项目工程调试方式的实际情况，并结合行业有关启动调试的规定，在调试工作中，项目经理部参与组建试运行指挥部以及下属的各类分支机构，以便调试工作按步骤、有条理地展开。

在机组整套启动调试期间，由项目公司和项目经理部组织成立整套启动调试工作组，负责监督、协调和指导调试工作，工作组不替代启委会及其下设机构的正常工作。具体职责如下。

（1）负责分部试运阶段的组织协调、统筹安排和指挥领导工作。

（2）组织和办理分部试运后的验收签证及资料的交接等。

（3）负责协调试运计划中试运条件的落实。

（4）负责建立建筑、安装工程施工和调整试运质量验收及评定结果、安装调试记录。

（5）负责图纸资料和技术文件的核查和交接工作。

（6）组织对厂区外的有关工程的验收或核查其验收评定结果。

（7）协调设备材料、备品配件、专用工具的清点移交工作等。

（8）按投产的要求，负责组织落实基建遗留问题的消除。

施工现场管理工作结束条件

（1）项目工程整体 72+24h 调试完成并将主要缺陷处理完毕。

（2）项目竣工资料按规范整理完毕并全部移交项目公司。

（3）项目现场所有临时设施拆除完毕并全部移出场外。

（4）有关项目的工程结算全部完成。

相关表单：

（1）工程签证单

（2）工程委托单

相关流程：

（1）工程签证管理流程（5 万元以下，累计不超过 50 万元）

（2）工程签证管理流程（5 万元至 50 万元）（见图 9–1）

（3）工程签证管理流程（50 万元以上）

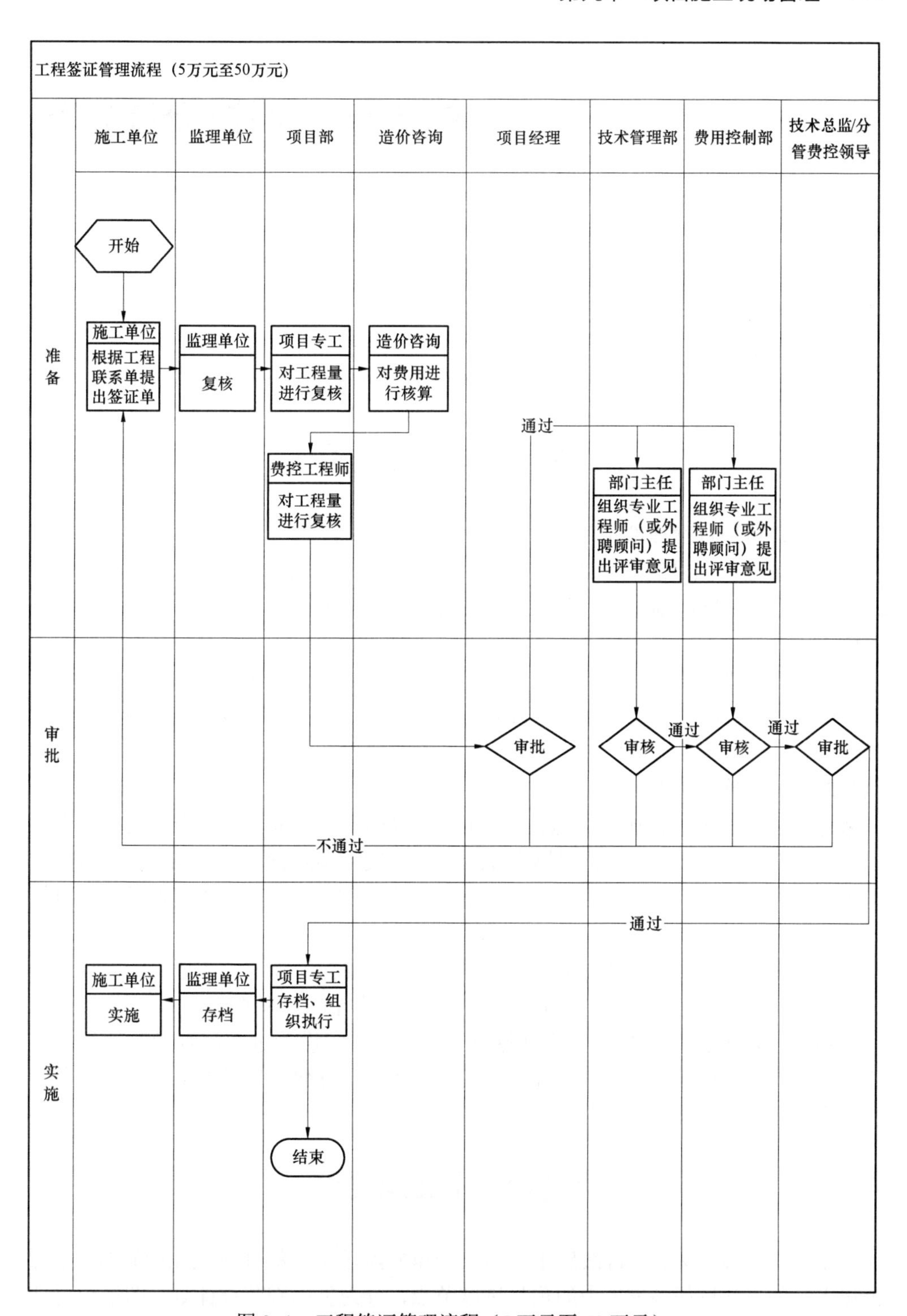

图 9–1　工程签证管理流程（5 万元至 50 万元）

第十章　项目进度管理

项目进度管理主要包括进度计划编制管理、进度计划的控制和实施、进度计划的实施管理以及进度计划的调整、进度考评。

进度计划分为项目总进度计划、年度进度计划、月度/周进度计划，施工进度计划、设计进度计划、采购进度计划、资金收支进度计划等。

工程进度管理职责与分工

工程公司项目管理部是项目进度管理的归口部门。

项目经理部项目经理负责组织一级综合进度计划的编制，审批承包商编制的二、三级施工进度计划，负责现场施工进度的统筹管理工作，负责施工进度计划的考核工作。

项目副经理负责参与一级综合进度计划的编制，参与审核承包商编制的二级施工进度计划、审核承包商编制的三级施工进度计划，负责现场施工进度的实际管理工作，负责组织施工进度协调会，负责组织施工进度计划的盘点工作，负责批准承包商的月、周施工进度计划。

专业工程师负责参加一级综合进度计划的编制，参与审核承包商编制的本专业二、三级施工进度计划，负责现场本专业施工进度的实际管理及协调工作，参加施工进度协调会，负责本专业施工进度计划的盘点工作，负责审核承包商的周、月施工进度计划。

项目采购主管负责组织物资供应协调会，组织实施各级进度计划中的采购进度计划，组织设备厂家到现场技术服务，负责落实设备制造的进展情况。

项目技术主管负责对工程项目各级进度计划中的设计进度计划及时地组织实施，合理地组织设计图纸的各级校审；负责落实设计分包进度是否满足要求；负责督促设计分包单位按时完成设计任务。

进度计划定义及要求

里程碑进度计划：关键线路上表示某一重要阶段工作的开始或完成时刻。工程公司下发的《项目任务书》中的项目进度节点，分为里程碑节点计划、图纸交付计划和采购计划。

一级综合进度计划：以工程合同投产日期为依据，对各专业的主要环节进行综合安排的进度，应从施工准备开始到本期工程竣工为止，包括全部工程项目，并反映出各主要控制工期。由项目经理部组织编制，报工程公司批准。作为设计、供货、制造、参建单位之间协调控制的依据和图纸、设备交付的依据。

二级施工进度计划：以总体工程施工综合进度为依据，对主要单位工程（工程量大，土建、安装关系比较密切的项目，如主厂房、独立构筑物、厂区沟管道、垃圾进料系统、烟气净化系统、渗滤液处理系统等）的土建、安装工作进行综合安排的进度，应明确施工流程以及主要工序衔接、交叉配合等方面的要求。是由承包商根据已经批准的一级网络计划和施工合同编制的施工进度计划，报项目经理部审核、工程公司批准。二级计划应说明施工方法及资源配置。

三级施工进度计划：以总体工程综合进度为依据，分别编制土建、锅炉、汽机、电气、热控等专业的施工综合进度，在满足主要控制工期的前提下，力求使各专业自身均衡施工，工期安排尽量适应季节和自然条件的因素，以期工序合理、经济效果良好。承包商编制，项目经理部审批。计划深度达到设备安装和建筑物土建的分项及分段工程进度，包含主要施工设别安排、主要劳动力需求量、主要材料需求量等信息。

四级施工进度计划：为保证实现施工总进度并做到均衡施工，可根据需要，编制重点专业工种（例如土方工程、中小型预制构件的制作、各种配制加工、吊装工程等）的施工综合进度。承包商编制，项目经理部审批。

工程总体计划控制应为先地下工程、后地上工程，先土建后安装，交叉作业以重要节点工作为主线，土建工程以满足安装调试目标，为安装、调试工程服务。

相关表单：

项目关键节点计划（见表 10–1）

表 10–1　　项目关键节点计划

序号	工程项目	主要节点时间计划	备注
1	主厂房（垃圾仓）浇筑第一罐混凝土		
2	垃圾仓出零米		
3	钢架基础交安		
4	锅炉汽包安装就位		
5	锅炉水压试验合格		
6	汽机房封闭断水		
7	化学水处理间制出合格水		
8	配电室、控制室精装修完成		
9	垃圾仓结构到顶		
10	厂用受电完成		

续表

序号	工程项目	主要节点时间计划	备注
11	汽轮机基座交安		
12	汽轮机扣盖完成		
13	垃圾仓具备进料条件		
14	烟气净化设备具备通烟条件		
15	烟气净化封闭完成		
16	锅炉烘煮炉完成		
17	渗滤液具备进料条件		
18	机组整套启动具备条件		
19	机组 72+24h 试运行完成		
20	项目移交（资料和设施）		
21	竣工结算完成		

进度计划编制管理

在项目初设评审完成后一个月内且在项目开工前，项目经理根据工程公司工程项目里程碑计划，组织编制一级网络工期进度计划（包括施工进度计划、设计进度计划、采购进度计划、资金收支进度计划），以网络图文件、Project、P3E/C（梦龙、翰文等）项目管理软件形成文件上报项目管理部进行审核。

工程公司项目管理部组织技术管理部、采购管理部和费用控制部，对“项目管理策划书”中进度计划进行会审，报公司主管领导审核，总经理办公会审批后执行，项目管理部备案。

项目经理部按照公司审定的一级网络工期进度计划，组织施工单位编制项目二级网络节点计划，项目经理批准执行，以网络图文件、Project、P3E/C（梦龙、翰文等）项目管理软件形成文件报项目管理部进度工程师备案。

施工单位自行组织各专业进行三级进度计划以及月进度计划和每周工作进度计划的制订，形成电子表格文件报项目经理部及监理单位进行审批。

施工单位各专业根据项目经理部及监理审批过的三级进度计划，编制专项施工计划即：四级进度计划。

相关流程：

（1）一级网络节点计划流程（见图 10–1）

（2）一级网络节点计划变更流程（见图 10–2）

（3）二级网络节点计划流程

（4）二级网络节点计划变更流程

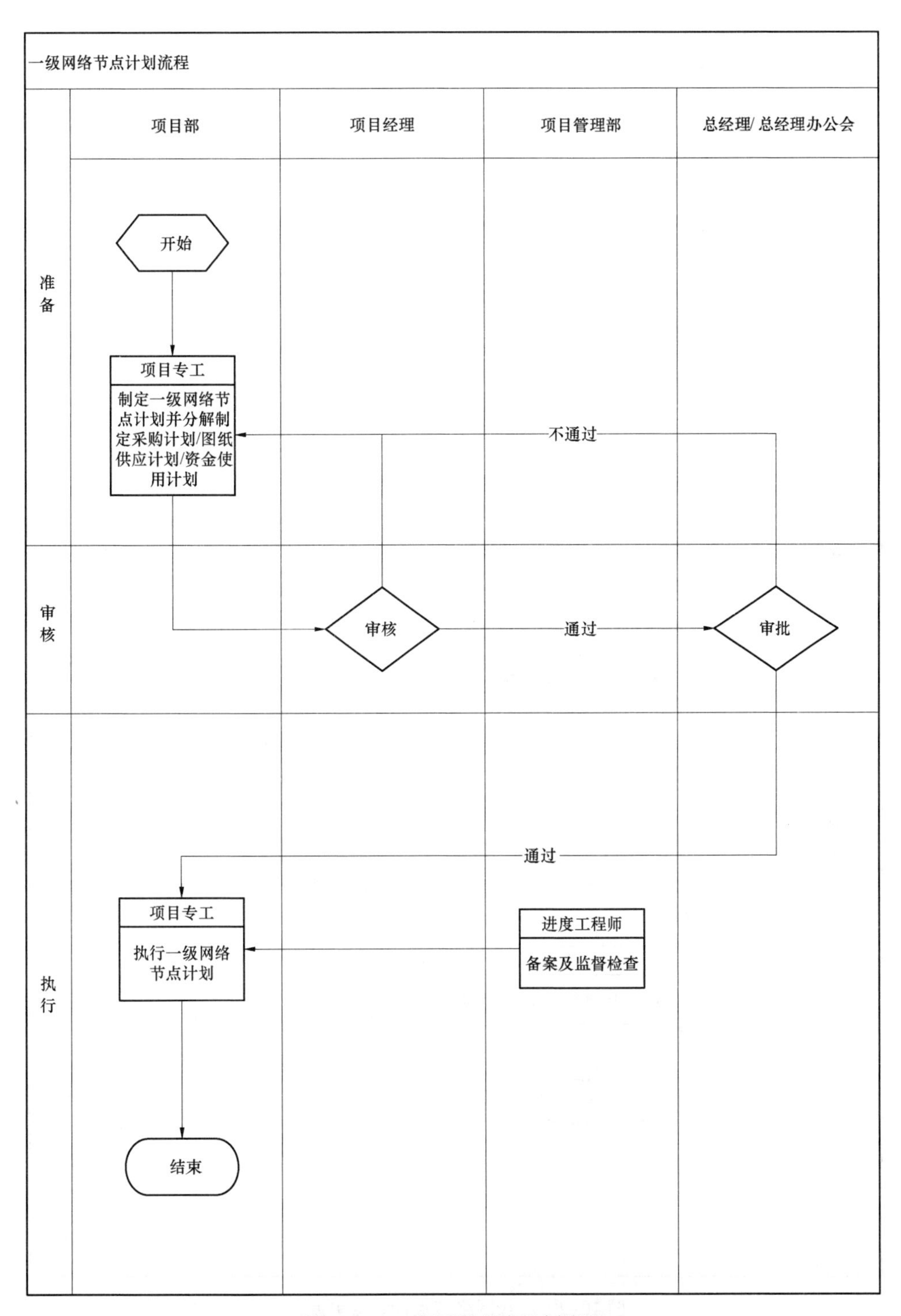

图 10–1　一级网络节点计划流程

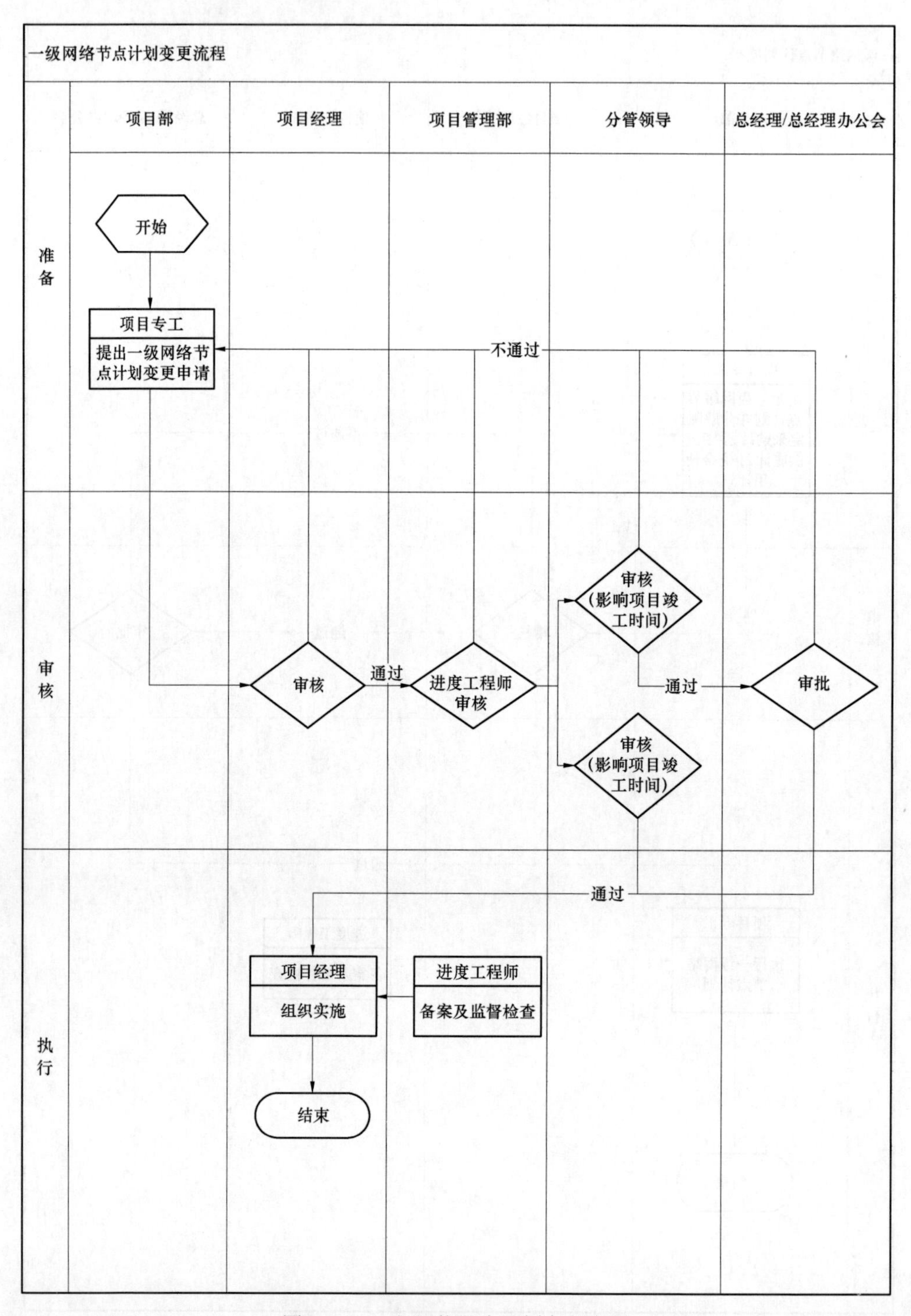

图 10–2　一级网络节点计划变更流程

进度计划实施管理

工程项目进度计划在工程建设的管理中起控制中心作用，在整个建设实施中起主导作用。加强工程进度计划的控制，重点要放在施工阶段的进度管理。为此将采取以下措施来控制工程进度，并通过这些措施，达到对工程进度的有效管理，确保总工期目标的实现。

按总进度要求，项目经理部负责协调设计工作保证施工图的供应，及时认真地组织图纸确认，优化设计方案。

根据工程特点，由项目经理部编制施工进度控制工作细则，具体内容包括：目标分解图，进度控制的方法及具体措施等。相关事项如下：

（1）采用项目管理软件对项目进行四级网络管理；

（2）由项目经理部负责一级网络进度计划的编制，并报工程公司审批，然后分解为施工图出图计划、工程进度计划（包含里程碑节点计划）、采购计划、供货计划及竣工图交付计划；

（3）二级网络计划由承包商编制报项目经理部批准实施；

（4）各施工承包商按照一、二级计划的具体要求，完成相应的三、四级进度计划的编制和实施，项目经理部负责一、二级网络计划的更新、调整。

施工承包商要按总进度计划的要求，完成具体的三、四级网络计划，由项目经理部和项目监理单位重点审核以下内容：

（1）施工划分是否合理；

（2）施工顺序安排是否符合逻辑及施工程序；

（3）物质供应的均衡性是否满足要求；

（4）人力、物力、财力供应计划是否能确保总进度计划的实现。

项目经理部审查各单位工程，分部分项工程施工进度计划的均衡性与协调性、连续性；项目经理部专业工程师及时检查和审核施工承包商提交的工程进度报告，重点审查计划进度和实际进度差异、形象进度实物工程量与工作量指标完成情况的一致性、资源投入情况与计划的一致性，并分析其原因，找出解决问题的办法。

项目经理部建立工程调度协调管理制度，重点管理好整个工程网络进度、施工总平面、力能供应等，分析掌握工程建设施工各阶段基本矛盾及其变化情况，抓住主要矛盾，采取合理的调度、协调手段保证主要目标的实现。

项目经理部会同相关部门，及时制订月度工程计划，并组织督促实施。项目经理部积极支持设计、施工承包商进行技术革新，改进施工方法，加快施工进度。同时组织对施工总平面方案的实施，保证水电供应、道路排水畅通，满足施工进度计划的要求。

项目经理部应加强各单位之间的配合与协作，及时发现进度问题及时解决问题。定期组织工程协调会（每周一次），协调各施工承包商之间的关系问题，检查考核上次调度会工作执行情况，安排下周的工作对施工中出现的问题进行协调和裁决，并及时印发协调会议纪要。

项目经理部每月召开生产会，月度生产会由项目经理主持，施工承包商、设计院、调试承包商等相关人员参加。主要是通报上月计划完成情况，分析原因以及应采取的对策，布置落实本月的工作计划，同时落实需协调解决的问题，并将完成情况在周（月）报表中上报公司项目管理部进度工程师；项目管理部对一级网络工期进度计划的实施进行监督、检查，及时进行对比分析，每月形成进度分析报告，及时报告公司主管副总。

为保证各关键控制点准点实现及总工期按期实现，项目经理部制订施工进度考核办法、项目进度考核办法等措施，对承包商进行进度管理方面的奖惩考核。

项目经理部要处理好与地方的关系，根据现场情况，对有可能影响工程进度的因素进行预控，争取较好的施工环境，把环境的干扰减至最低。将工程款支付和施工进度计划紧密地结合起来，促使施工单位加强管理，采取得力措施，改进施工方法或施工手段等，加快施工进度。

强调工程进度计划的严肃性，对于因为管理不善，采取措施不力，影响工程进度的承包商，项目经理部须要求其定期整改并上报整改措施，经项目经理部、项目监理批准后实施。对于整改无效的施工单位，根据合同金额对施工单位进行罚款，在工期经整改得到有效改观的施工单位，撤销罚款；造成严重后果致使整个工程无法按施工总承包合同完成里程碑计划的承包商，则项目经理部将建议公司终止其分包合同，另招分包队伍。由此产生经济损失由该承包商承担。

相关表单：

（1）项目里程碑节点计划

（2）项目出图计划（见表10–2）

（3）项目到货计划（见表10–3）

相关流程：

进度管理流程

表10–2　　项目出图计划（示例）

××项目出图计划				
序 号	设计阶段成果	计划完成时间	实际完成时间	备 注
1	初步设计			
1.1	项目初步设计（政府版）			
1.2	项目初勘			
1.3	项目初步设计（最终）			
1.4	初步设计评审			

续表

序 号	设计阶段成果	计划完成时间	实际完成时间	备 注
2	施工前图纸准备			
2.1	场平技术要求			
2.2	地基处理方案			
2.3	详勘任务书			
3	施工图			
3.1	建筑及结构专业			
3.1.1	施工图总说明			
3.1.2	厂区综合管网布置图			
3.1.3	厂区总平面布置图			
3.1.4	厂区竖向布置图			
3.1.5	施工图总说明及卷册目录（建筑）			
3.1.6	施工图总说明及卷册目录（结构）			
3.1.7	高架桥施工图			
3.1.8	办公楼、宿舍楼建筑及结构置图			
3.1.9	垃圾坑开挖及基础图			
3.1.10	厂区道路施工图			
3.1.11	垃圾坑及卸料平台施工图			
3.1.12	桩基图（烟囱）			
3.1.13	烟囱基础图			
3.1.14	烟囱筒身图、建筑图			
3.1.15	主厂房基础施工图			
3.1.16	主厂房上部结构施工图			
3.1.17	主厂房地下设施基础施工图			
3.1.18	主厂房屋面结构施工图			
3.1.19	主厂房吊车梁结构施工图			
3.1.20	汽机房基础施工图			
3.1.21	汽轮机地下设施基础施工图			
3.1.22	汽轮机底板基础施工图			
3.1.23	汽轮机基座框架施工图			

续表

序 号	设计阶段成果	计划完成时间	实际完成时间	备 注
3.1.24	汽机房上部结构施工图			
3.1.25	烟气净化间设备基础施工图			
3.1.26	机力冷却塔施工图			
3.1.27	门卫及汽车衡施工图			
3.1.28	油库泵房			
3.1.29	传达室及大门施工图			
3.1.30	综合水泵房施工图			
3.2	热机专业			
3.2.1	锅炉总图及说明书			
3.2.2	锅炉钢架及平台楼梯图纸			
3.2.3	汽机房附属机械设备安装图			
3.2.4	全面热力系统图			
3.2.5	汽机房附属机械设备安装图			
3.3	电气专业			
3.3.1	电气总图，说明书及卷册目录			
3.3.2	全厂电气设备清册			
3.3.3	全厂电气设备安装材料清册			
3.3.4	发变组保护原理图			
3.3.5	电气主接线图			
3.4	热控专业			
3.4.1	集中控制室总的部分			
3.4.2	DCS 接线图			

表 10–3　　项目到货计划（示例）

序号	招标采购内容	到货时间	备 注
	第一批		
1	焚烧炉炉排		
2	余热锅炉（含燃烧器、吹灰系统）		
3	汽轮发电机组（TSI、DEH、ETS）		

续表

序号	招标采购内容	到货时间	备 注
4	垃圾吊		
5	烟气净化系统（含固化）		
6	风机（风门挡板）		
7	化水		
8	渗滤液处理		
第二批：辅机			
9	渣吊/汽机房行车/综合水泵单轨吊/电动葫芦		
10	锅炉给水泵		
11	循环水泵及其他水泵		
12	空气蒸汽预热器		
13	减温减压装置		
14	除氧器、疏水扩容器等		
15	空压系统		
16	除臭系统		
17	机力通风塔		
18	汽车衡		
19	垃圾卸料门		
20	锅炉筑炉		
第三批：电气部分			
21	主变压器		
22	厂用变压器		
23	35kV\110kV 开关柜		
24	10kV 中置开关柜 10kV 母线发电机出线电流互感器及母线		
25	高压变频器、继电保护、直流、蓄电池、UPS 及交直流事故切换屏		
26	消防水系统		
27	消防巡检及消防炮		
第三批：仪控部分			
28	DCS 系统		
29	变送器、测量仪表仪器及分析仪表、调节阀		
30	电动阀门及其执行机构		
31	高中低压手动阀门		

续表

序号	招标采购内容	到货时间	备 注
32	仪控柜、电气三箱		
33	信息系统		
第四批			
34	电力电缆、控制电缆及金具附件		
35	桥架、线槽及附件		
36	热力管道		
37	电梯		
38	主控楼中央空调		
39	油库油泵设备		
40	烟气在线监测仪器（CEMS）		
41	航空障碍灯		
42	化水仪器及燃料检测仪器		
43	照明灯具		
44	仪表用不锈钢管（也可委托施工方采购）		

进度计划调整管理

项目一级网络进度计划经公司批准后，原则上不做调整。因重大因素影响或业主、监理下达指令，对于预计项目工作延误可能导致一级进度计划延期在一个月以上的或里程碑节点提前的，项目经理必须做出书面汇报，并通过“在OA办公系统发起—项目管理——级网络计划书变更审批单”流程进行进度计划调整申请，由项目管理部组织进度计划审核报公司领导审批。

项目经理部对因外部因素或非承包商因素造成二级进度计划滞后需调整的，要按项目进度计划的编制和审批程序进行，因承包商因素造成二级进度计划滞后的不予调整。

技术主管、采购主管、专业工程师根据工程实际情况，向项目副经理汇报经项目副经理批准，可对项目三、四级进度计划进行合理的调整，并通报给相关部门和人员，确保工程项目进度如期的实现。

项目经理可根据所掌握其他各专业的信息，对工程项目二、三、四级进度计划及时地做出调整。组织人员协调并解决进度计划实施中所遇到的问题。

进度计划监督检查及考核

公司项目主管领导、项目管理部根据审核《项目管理任务书》及批准后的一级进度计划对项目各节点进行考核。主要关键节点完成工作标准（详见表 10–4）。关键进度节点完成的，公司给予节点奖励；未完成节点的，对项目经理部考核评价减分，影响绩效工资。

项目管理部对一级网络工期进度计划的实施进行监督、检查，每一至两个月组织进行一次项目进度检查，并适时组织项目专项进度检查。由于管理原因，导致一级网络计划进度拖期及未完成项目专项进度目标等，公司将追究项目相关部门和人员的责任。

各项目的进度考核标准，按照管理任务书签订时的标准执行。项目经理部专业工程师每周末、月末根据周、月计划对进度完成情况进行盘点对施工单位出具考核意见，项目副经理审核，项目经理批准实施。

在进度管理中，由于项目部内部管理组织不力、各项措施不到位，造成进度滞后，虽经组织抢工，仍无法挽回滞后工期的；工程项目管理部将根据进度滞后的严重程度及项目施工实际情况，对进度管理的第一责任人（项目经理）予以直接的经济处罚，同时纳入项目经理的绩效考评体系。

在工程项目施工进度管理中，由于客观外部因素、施工条件变化、设计变更等原因，造成工程项目施工进度滞后，项目经理部应采取积极组织措施，调整施工进度计划，抢回滞后的工期。否则，工程项目管理部将根据进度滞后的严重程度及项目施工实际情况，对进度管理的第一责任人（项目经理）进行考核，同时纳入项目经理的绩效考评体系。

在工程项目进度管理中，对按项目《目标责任书》完成里程碑进度节点的项目部给予节点奖励。对按项目管理任务书未完成节点的项目部考核评价减分，影响项目部整体绩效工资。

项目管理部依据项目年度《目标责任书》确定的里程碑节点及实际完成情况，对项目部进行考核，第一个里程碑节点未完成扣发项目经理部全体人员节点前绩效工资 50%；第二个里程碑节点仍未完成扣发项目经理部全体人员节点前绩效工资 100%；第三个里程碑节点仍未完成，项目经理离岗，公司另行安排，其他项目部成员扣发全年绩效工资。

依据项目年度《目标责任书》确定的里程碑节点及实际完成情况对项目施工单位进行考核，第一个关键节点未完成扣发施工单位当月应付进度款 40%；第二个关键节点仍未完成扣发施工单位 80%，并约谈该施工单位总经理；第三个关键节点仍未完成，暂缓支付工程款；同时纳入中节能（北京）节能环保工程有限公司施工黑名单，不得参与以后项目建设。

表 10–4　主要关键节点完成工作标准

序号	考核指标名称	完成标准	应完成的工作
1	垃圾仓第一罐混凝土浇筑完成	完成《火力发电工程质量监督检查大纲　第 1 部分：首次监督检查》；并以监督检查报告、单位工程开工报告、监理混凝土浇筑令及现场实物照片等支撑性资料为依据	垃圾仓土、石方开挖及桩基处理已结束；垃圾仓基础施工方案已报审并批准下达；施工机械设备已进场具备使用条件、相关试验检测仪器设备及人员，具备浇筑混凝土条件，现场具备夜间施工照明条件；基坑安全围护设施已设置完成并验收合格允许使用，设置明显的安全警示标志，施工通道搭设合格，满足安全施工要求；施工单位的现场及资料已经监理检查，并验收合格；监理工程师签发混凝土浇筑通知单。测量定位基准点验收合格、厂区平面控制网、高程控制网、主要构筑物控制桩复测报告齐全，桩位保护措施符合要求。建筑施工原材料、半成品、成品存放符合要求，材质检验合格，报告齐全。钢筋连接检验方法、抽检数量符合规范，试验合格，报告齐全。抗渗混凝土配合比设计符合要求。商砼技术检验合格，报告齐全。深基坑开挖边坡放坡坡度，符合施工方案要求
2	垃圾仓出零米完成	完成《火力发电工程质量监督检查大纲　第 3 部分：主厂房主体结构施工前监督检查》；并以监督检查报告、验收记录、测量记录及现场实物照片等支撑性资料为依据	垃圾池零米以下结构工程施工完成部分验收签证完，验收发现的不符合项处理完。垃圾池零米以下结构工程隐蔽前签证单办理完成
3	钢架基础交安	锅炉基础验收签证单（锅炉基础纵横中心线、标高、开档、对角验收记录）；锅炉基础混凝土强度试验报告；现场验收照片等支撑性资料	锅炉钢架吊装前土建应完成锅炉房回填土；建筑专业已将锅炉纵横中心线、标高移交安装；锅炉基础已交安。钢架具备安装条件
4	锅炉汽包安装就位完成	按照《电力建设施工质量验收及评价规程　第 2 部分：锅炉机组篇》完成锅炉钢架整体验收签证、汽包安装后验收；并以钢架整体验收、汽包施工记录、签证、测量记录及现场实物照片为支撑性资料	完成汽包加固；锅炉钢架平台扶梯安装完成；锅炉钢架大板梁挠度记录；锅炉钢架垂直度记录，锅炉钢架开档、对角线验收记录；锅炉钢架整体验收完成；锅炉钢架焊接记录及无损检验报告
5	锅炉水压试验合格	完成《火力发电工程质量监督检查大纲　第 5 部分：锅炉水压试验前监督检查》；并以监督检查报告、锅炉水压试验合格签证单、现场实物照片等支撑性资料为依据	锅炉钢结构、承压部件及其附件、水压试验用临时系统安装完成，并验收签证；受监焊口全部检验合格；试验用水满足要求，废水排放符合环保要求；水压试验范围内的楼梯、平台、栏杆、沟道盖板等齐全，通道畅通，照明充足；办理了具备锅炉整体水压试验条件的签证。锅炉钢结构、承压部件、受热面、附属管道及附件、水压试验系统隔离的临时封堵及其上水临时系统安装完成；沉降观测记录完整符合要求；大板梁挠度记录上水前、上水后记录完整。受监焊口全部检验合格；水压试验范围内的楼梯、平台、栏杆、沟道盖板等齐全，通道畅通，照明充足

续表

序号	考核指标名称	完成标准	应完成的工作
6	汽机房封闭断水完成	按照《电力建设施工质量验收及评价规程 第3部分：汽轮机发电机组篇》，完成《桥式起重机负荷试验（质量验收评价表）》。按照GB 50300—2013《建筑工程施工质量验收统一标准》及《电力建设施工质量验收及评价规程 第1部分：建筑篇》GB/T 50375—2006《建筑工程施工质量评价标准》GB 50205—2012《钢结构工程施工质量验收规范》相关签证及验收评价表、现场实物照片为依据	主厂房框排架施工完、屋面封闭完，此区域初步具备安装条件，土建围护施工完成。主厂房内的地下设施、主辅机基础、粗地坪施工完成，楼梯、通道具备使用条件，临时照明安装完成，汽机房行车开始投入使用
7	化学水处理间制出合格水	按照《电力建设施工质量验收及评价规程 第6部分：水处理及制氢设备和系统》完成相关签证，水质化验报告为依据	化学水处理间建筑专业地面、排水沟道、墙体已基本完成；外部水源已接通；综合水泵房已调试完成；设备已调试完成制出合格水
8	配电室、控制室精装修完成	配电室、集控室建筑专业工作已基本结束，设备预留孔洞已按设计预留。建筑专业办理设备交安手续。以设备交安签证及现场实物照片为依据	集控室、配电室地面、墙面、顶部装饰装修已完成；水、电、暖气、消防、空调安装完毕，无建筑痕迹；现场无粉尘飞扬
9	垃圾仓结构到顶	完成《垃圾发电质量监督检查大纲 第4部分：垃圾间结构封顶前监督检查》，并以监督检查报告、垃圾仓主体结构验收签证单、现场标高验收签证、实物照片为依据	按照监测项目计划进行了见证取样和送检，台账完整。原材料、成品、半成品、混凝土的跟踪管理台账清晰，记录完整。垃圾间主体结构验收签证完成，基本封闭完成，验收发现的不符合项已处理完成
10	厂用受电完成	完成《火力发电工程质量监督检查大纲 第7部分：厂用电系统受电前监督检查》，并以监督检查报告；以《电气装置安装工程质量检验及评定规程第1–17部分》GB 50150—2006《电气装置安装工程电气设备交接试验标准》办理完成高低压配电装置母线隐蔽检查签证、室外接地装置隐蔽签证、共箱封闭母线前检查签证、变压器检查隐蔽签证、现场实物照片等支撑性资料为依据	主变压器基础施工完毕、事故油池、沟道施工完毕；主变安装施工完毕，并试验合格，主变压器区域消防施工完毕，具备投用条件；直流系统安装调试完成；DCS装置中与受电有关的电气控制系统安装调试完成；厂用受电相关保护、报警系统安装调试完成；相关动力、控制电缆安装调试完成；受电部分的设备、开关名称、编号已完成标识，安全操作规程、制度已张贴，受电模拟屏已投入使用；相关通信系统完成，受电方案已报审、批准并送达声望调度室、10kV线路已随时能向厂区送电；土建及安装有关施工技术资料及验收、校验、试验记录整理完毕、资料齐全，受电部分已经自检、复检、验收合格，报请上级质监部门安排质监检查；安装参加厂用电受电检查、维修、监护人员已进行安全及技术交底，职责岗位明确。集控室水、暖、电系统应完工，各配电室完工；厂用进线系统设备安装及试验完成、电缆沟道等应竣工移交安装，消防设施完善；厂用受电范围内的建筑工程已全部验收完成；受电范围内的电气一、二次系统及保护调试验收完成。现场的安全、保卫、消防等项目工作已落实，受电后的管理方式已确定

续表

序号	考核指标名称	完成标准	应完成的工作
11	汽轮机基座交安	汽轮机基座达到设计强度，建筑专业已移交汽轮机纵横中心线、标高并验收合格，以混凝土强度试验报告、汽轮机基座交安签证（汽机纵横中心线、标高、预埋件开档、对角线记录、汽轮机预留孔洞定位尺寸记录）、现场实物照片为依据	建筑专业混凝土强度已达到设计要求；建筑交付安装验收记录齐全
12	汽轮机扣盖完成	完成《火力发电工程质量监督检查大纲　第6部分：汽轮机扣盖前监督检查》；并以监督检查报告、以《电力建设施工质量验收评价规程 第3部分：汽轮机发电机组》完成《汽轮机扣盖签证表》、现场实物照片等支撑性资料为依据	建筑专业交付安装记录齐全、基础沉降均匀，沉降观测记录完整；台板与垫铁安装验收签证齐全；汽缸、轴承座及滑销系统安装验收签证齐全；轴承和油档的安装验收签证齐全、汽轮机转子检查安装签证齐全、通流部分安装检查签证齐全、焊接与金属安装检查签证齐全；验收及缺陷处理签证齐全，热控设备安装验收签证齐全。汽轮机本体安装调整工作结束，已经试扣盖检查，并办理扣盖前的检查签证；对汽轮机本体调整工作有影响的热力管道和设备完成连接，热工元件试装完；与扣盖相关的合金钢零部件、管材、焊口全部检验合格；汽机房行车等吊装机械完好，验收合格；扣缸范围内的楼梯、平台、栏杆、沟道盖板等齐全，通道畅通、照明充足
13	垃圾仓具备进料条件	详见《垃圾发电项目垃圾仓进料前检查制度》	
14	烟气净化设备具备通烟条件	详见《垃圾发电项目垃圾仓进料前检查制度》	
15	烟气净化封闭完成	烟气净化设备安装完成。已安装验收签证及现场实物照片为依据	烟气净化设备安装完毕；并具备通烟条件，照明、消防等设施安装完善或布置完毕；烟气净化间的厂房封闭完成
16	锅炉烘煮炉完成	按照《电力建设施工质量验收及评价规程　第2部分：锅炉机组篇》，办理完成《整体烘炉（质量验收评价表）》《锅炉整体烘炉检查签证》《锅炉烘炉后检查（质量验收评价表）》、烘炉后试块的第三方检验报告；按照《电力建设施工质量验收及评价规程　第5部分：管道及系统篇》办理完成《管道系统吹洗（冲洗）签证单》《蒸汽管道吹洗（质量验收评价表）》	炉墙砌筑工作已全部施工完毕；相关质量验收记录符合《电力建设施工质量验收及评价规程》；同时材料出厂合格证、材料复检报告、搅拌用液体合格报告、烘炉温度升降记录、烘炉后检查报告、试样检验报告齐全并符合相关规定及要求。锅炉管路已全部安装完毕，水压试验合格；加药、取样管路及机械已全部安装结束并调试合格。化学水处理及煮炉的药品已全部准备完成。锅炉辅助设备具备投运条件
17	渗滤液具备处理条件	详见《垃圾发电项目垃圾仓进料前检查制度》	
18	整套启动前具备条件	完成《火力发电厂工程质量监督检查大纲　第9部分：机组整套启动前监督检查》《火力发电厂工程质量监督检查大纲　第8部分：建筑工程交付使用前监督检查》；并以监督检查报告、现场单体、分系统调试完成为依据	机组带负荷投运前，厂区道路、照明、门窗、采暖、楼地面、栏杆、消防、生活上下水等土建专业已基本完工；机组整套启动试运应投入的设备和系统及相应的建筑工程已按设计完成施工，并验收合格。机组启动试运接入系统和机组进度空负荷调试阶段前的调试项目已全部完成，且验收合格。烟气净化、渗滤液系统设施具备投运条件。生产准备工作已就绪

续表

序号	考核指标名称	完成标准	应完成的工作
19	机 72+24h 试运行完成	完成《火力发电工程质量监督检查大纲　第 9 部分：机组整套启动前监督检查》；并以监督检查报告、以 DL/T 5437—2009《火力发电建设工程启动试运及验收规程》为依据，办理完成《机组移交生产交接书》、现场实物照片等支撑性资料为依据	所有电气、仪控设备安装完成并完成调试；整套启动监察问题已整改；厂用电切换正常；仪控自动投入率不小于 100%；机组按启规连续运行 72+24h；厂区道路整洁畅通，厂房及厂区大部分场地应经平整清理，一半以上地块已按厂区绿化规划中上树、花、草。72+24h 试运期间各项运行指标符合《火力发电建设工程启动试运及验收规程》DL/T 5295—2013《火力发电建设工程机组调试质量》；按照 DL/T 5437—2009《火力发电建设工程启动试运及验收规程》的相关规定完成单机试运、分系统试运和整套启动试运，并办理相应的质量验收手续
20	项目移交（资料和设施）	在项目完成 72+24h 试运行按照 DL/T 5437—2009《火力发电建设工程启动试运及验收规程》的要求在 45 天内按照 DL/T 241—2012《火电建设项目文件收集及档案整理规范》，完成《火电建设项目档案交接签证表》	按照《火电建设项目文件收集及档案整理规范》或项目档案资料移交的其他要求完成档案的收集整理工作，完成项目《档案交接签证表》。按照 DL/T 5437—2009《火力发电建设工程启动试运及验收规程》为依据，办理完成《机组移交生产交接书》
21	竣工结算完成	在项目完成 72+24h 试运行结束后在 4 个月内完成各项验收且项目决算审定	按批准的设计文件所规定的内容全部建成，在本期工程的最后一台机组考核期结束，完成竣工结算书

第十一章　项目技术管理

项目技术管理是对工程项目建设全方位、全过程的技术活动进行管理和控制，对项目管理提供完善的技术支持和保障；建立技术管理体系，严格技术审查，保证技术资料及时完整，信息及时准确。

技术管理范围主要包括：技术标准体系管理、设计管理和项目技术管理等。

技术管理职责与分工

一、技术管理部职责

技术管理部是技术管理的归口管理部门，负责建立公司技术标准体系，实现项目标准化管理。

二、项目经理部职责

项目技术主管负责所承担项目的技术标准化管理实施，规范管理各类标准文件并定期归档，负责技术标准体系运行效果总结与工作改进，负责项目建设过程中技术规范书及技术协议管理。

三、标准保障体系管理内容

技术管理部负责根据项目建设管理需要，及时搜集现行国家、行业颁发的相关技术标准、技术文件等，规范管理各类标准文件、定期归档并下发。

（1）技术管理部建立并维护公司技术标准体系，制订和推广标准化实施文件，编制公司技术标准化规划方案。

（2）标准化工程师收集并整理各项目技术文件，并根据项目需要编制标准化文件。

（3）标准化工程师将标准化文件落实分解到各项目部并进行跟踪管理。

项目经理部将技术标准体系管理文件应用于项目技术管理中，按照标准体系文件要求，对项目中的技术文档进行整理，并在项目节点归档保存。技术主管在项目技术过程中需按标准规范编制技术文件，若存在与标准化文件不同的内容，需在技术文件审核时说明，经技术管理部主任及技术总监审核后，方能实施。

项目经理部执行现行国家、行业颁发的相关技术标准、技术文件及公司标准化管理文件；技术管理部负责监督检查项目经理部的技术标准体系要求执行情况，评价标准体系运行效果并组织工作改进。

四、技术标准体系文件、技术规范书及技术协议管理

（一）技术标准体系文件管理

项目技术主管负责收集并整理项目技术文件，并结合项目建设情况，贯彻标准标准体系运行要求；组织专业工程师按要求对项目执行过程中的技术文档进行整理修改，并在项目节点归档保存。

（二）技术规范书及技术协议管理

1. 技术规范书管理

（1）项目经理组织，项目技术主管与项目专业工程师一起编写技术规范书。

（2）项目技术主管在技术管理部主任的监督、指导下，完成技术规范书的审核及修订工作，依据《技术规范书/技术协议分级审批表》，送交项目经理及技术总监进行审核/审批。

（3）技术总监审批通过后，项目技术主管将技术规范书最终版交予项目采购经理。

2. 技术协议管理

（1）项目技术主管根据采购部提供的中标厂家名单，与厂家技术人员商定技术协议谈判时间，并将具体时间通知项目经理、项目专业工程师、采购经理。

（2）技术主管在技术协议谈判前完成技术协议初稿。

（3）由项目经理组织技术主管、项目专工、采购经理和设计院共同与厂家代表进行技术协议谈判，技术协议初稿送交技术管理部主任审核，形成技术协议送审版。

（4）技术主管依据技术规范书/技术协议分级审批表，将技术协议送审版送交项目经理及技术总监进行审核/审批。

（5）审批通过后技术主管将技术协议交予采购经理。

相关表单：

技术规范书/技术协议分级审批表

现场设计管理

设计管理详见本书第七章。

一、施工图管理

施工图管理包括施工图文件编制、施工图文件审查和施工图文件交付。

（一）施工图文件编制

（1）项目经理部协调监督设计院根据批准的初步设计文件编制施工图。如因项目条件发生重大变化，需对初步设计重大方案修改时，须呈报原初步设计审批机构批准。施工图预算不能突破初步设计概算。

（2）施工图设计深度要满足：

① 设备、材料的采购要求；

② 施工招标、工程量计量的要求；

③ 非标设备和结构件的加工制作；

④ 施工组织设计的编制要求；

⑤ 建筑安装工程的要求；

⑥ 不低于国家关于施工图编制深度的规定。

（3）设计单位提交的施工图设计文件包括如下内容：

① 设计委托合同要求所涉及的所有专业的设计图纸（含图纸目录、说明和必要的设备、材料表）以及图纸总封面；

② 对于涉及建筑节能设计的专业，其设计说明应有建筑节能设计的专项内容；

③ 设计说明应有消防专项设计的专项内容；

④ 对于方案设计后直接进入施工图设计的项目，如果合同未要求编制工程预算书，施工图设计文件应包括工程概算书；

⑤ 各专业计算书。

（二）施工图文件审查

施工图文件审查包括外部审查和内部审查。

1. 外部审查

（1）建设单位负责向地方审查机构报送施工图，审查合格后方可使用。

（2）建设单位应向审查机构提供下列资料：

① 作为勘察、设计依据的政府有关部门的批准文件及附件；

② 全套施工图；

③ 其他应当提交的材料。

（3）施工图设计文件审查合格后，审查机构向建设单位出具审查合格书，并在全套施工图上加盖审查专用章。审查不合格的施工图设计文件，审查机构将施工图退回建设单位并出具审查意见告知书，说明不合格原因。施工图退回建设单位后，建设单位应要求原勘察设计单位进行修改，并将修改后的施工图送原审查机构复审。建筑工程竣工验收时，有关部门按照审查批准的施工图进行验收。

2. 内部审查

（1）内部审查由建设单位组织，监理单位主持，设计单位、造价咨询机构、项目经理部、施工单位等参加。

（2）施工图会审的内容包括：是否按照批复的初步设计文件编制，工艺系统的完善性，各单项和单位工程是否齐全，有无子项的缺漏，设备选择是否满足标准和功能要求；施工图预算是否超出批复的初步设计概算；是否符合国家标准、规范；施工图是否满足施工条件，深度是否达到施工和安装的要求；对施工方法使用新材料或替代材料节约造价有合理化建议的，予以论证确认；对图纸、施工方法不明确之处予以澄清。

（3）施工图设计会审一般在工程正式开工前完成。根据工程进度和图纸交付的实际情况，会审工作可分阶段、分步骤进行。

（4）评审后由监理单位形成评审会议纪要，与会代表签字确认，报建设单位签证，设计单位根据会议纪要修改设计。

3. 施工图文件交付

（1）初步设计完成后，项目经理部向设计单位提供工程网络进度计划，督促设计单位根据工程网络进度和实际情况，编制施工图卷册目录和施工图交付进度计划。

（2）项目经理部会同监理单位、施工承包单位审查施工图交付进度计划，特别审查是否明确对工程物资（设备、材料）的要求，提出审查意见。

（3）项目经理部根据审定的施工图交付进度计划，调整设备、材料招标计划。施工图设计图纸交付进度需满足工程施工安装进度的要求。施工图设计图纸交付顺序按以下原则进行：

① 先提供总体设计，后提供局部设计；

② 先提供土建设计，后提供安装设计；

③ 先提供地下设计，后提供地上设计；

④ 先提供主体工程设计，后提供辅助、附属工程设计。

（4）设计单位按约定的供图计划，向施工单位提供施工图设计文件，并向施工单位详细说明和解释设计文件，解决施工中出现的设计问题。现场急需的施工图卷册，项目经理部与设计单位协商解决设计图纸供应计划调整，并协助解决设计中的问题。

（5）施工图交付进度计划需动态管理。项目监理单位不定期的检查和督促设计计划的执行。

二、工程变更管理

详见本书第七章。

三、竣工图管理

竣工图管理包括竣工图编制、组织审查、竣工图归档等工作。

（一）竣工图编制

（1）竣工图应真实地记录工程在投产时，各系统、车间布置和地上、地下建（构）筑物等情况的技术文件，是工程投产后运行、维护、改建或扩建的重要资料。

（2）在设计单位分包合同中，应明确竣工图的编制任务、竣工图的编制要求、交付时间、份数、费用等事宜，并督促设计单位在合同约定的时间内，完成相应的竣工图编制工作。

（3）项目经理部督促设计单位制订竣工图编制计划，包括编制原则、工期、组织接口、资料传递和质量保证等内容。

（4）项目经理部督促有关单位向设计单位提交编制竣工图所需的施工、调试等变更资料。

（5）配合监理单位进行竣工图的审查、核对工作。

（6）竣工图应准确、清楚、完整、统一，并附上必要的修改说明，文字说明应简练。

（二）组织审查

竣工图审查由项目建设单位组织，监理单位主持，设计单位、造价咨询机构、项目经理部、施工单位等参加。竣工图会审的内容包括：是否按照批复的施工图进行编制，是否涵盖了施工过程中的设计变更、变更设计、工程洽商、材料代用等对施工图内容进行更改的施工文件。

评审后，由监理单位形成评审会议纪要，与会代表签字确认，报建设单位签证。

（三）竣工图归档

项目经理部将审核后的竣工图存档，项目全部工作完成后，随其他设计文件资料一起交建设单位及工程公司档案室存档。

相关表单：

（1）评审会会议纪要

（2）施工图纸会审记录

（3）施工图卷册目录

（4）图纸发放记录

（5）设计变更通知单

（6）工程变更事项申请表

项目技术管理

一、施工组织设计编制与审批

施工组织设计是组织施工的指导性文件，其编制正确与否，是直接影响工程项目的进度控制、质量控制、安全控制和投资控制四大目标能否顺利实现的关键；对科学地组织施工、确保工程质量、缩短建设工期和提高投资效益有着十分重要的意义。

项目管理实行施工组织设计编报与评审制度。在工程开工前，施工承包单位必须编制好施工组织设计，对其安全质量负全面责任，并经施工承包单位技术负责人审批后，将正式文件及必要附图提前交项目项目经理部和监理单位。由监理单位组织评审，参加人员包括项目经理部、项目监理单位、施工承包单位和设计单位的有关人员。评审后，由监理单位形成会议纪要，经各方签字后交施工承包单位对原施工组织设计作必要修改或调整。修改或调整后的施工组织设计，经项目监理单位、项目经理部正式审批后作为施工依据。

施工承包单位在编制施工组织设计时，必须按照项目经理部《施工组织总设计》和《项目管理策划书》的规定和要求，结合工程实际情况和本单位具体条件，从技术、组织、管理和经济等方面进行全面、综合分析，确保施工组织设计在技术上可行，经济上合理，措施得当，利于安全文明施工，利于提高工程质量，利于缩短施工周期。

施工组织设计的编制，须符合国电电源〔2002〕849号《火力发电工程施工组织设计导则》的要求。在工程施工前，施工承包单位还应组织编制施工组织专业设计，经施工承包单位技术负责人审批，由项目监理单位组织评审，项目经理部、施工总承包单位、设计单位参加。评审后，由监理单位形成会议纪要，经各方签字后交施工承包单位对原施工组织专业设计作必要修改或调整。修改或调整后的施工组织专业设计经项目监理单位、项目经理部正式审批后作为施工依据。

施工组织专业设计或单位（分部）工程施工组织设计应将施工组织设计中有关内容具体化。其中应该指出见证点和待检点，对施工方案和措施应有详细的描述。

施工承包单位施工组织设计、专业施工组织设计、重大施工技术方案和特殊措施的变更，必须经过项目监理单位、项目经理部的审核。

（1）技术方案包括重大专项技术方案、主要设备技术参数、重大变更技术方案等。

① 重大专项技术方案：指规模在 100 万元以上或存在重大质量和安全风险的技术方案。

② 主要设备技术参数：指在系统中起关键性作用的成套设备的技术参数。

③ 重大变更技术方案：指变更金额为 50 万元（含）人民币以上的工程变更技术方案。

（2）技术方案由项目施工单位组织编制，并经过施工单位技术负责人审批，报项目经理部/监理单位专业工程师审核，项目经理部对专项和重大技术方案报工程公司技术总监审核后，报建设单位审批后执行。

（3）专项技术方案（如深基坑开挖、高边坡支护及大体积混凝土等）需经政府行政主管部门审核。

（一）作业指导书（施工技术措施）的管理

各施工项目开工前，施工单位必须编制作业指导书，并通过规定的审批程序获得批准后才能交付施工。

施工承包单位须根据自己承包工程范围，在工程开工前编制《作业指导书（施工技术方案）目录清单》，并根据作业项目的重要程度，将审批权限划分成两级控制，即施工承包单位技术负责人审批、监理单位审批两个级别，具体分级由项目监理单位确定。一般作业项目经工地（队）审核同意后，报施工承包单位技术负责人审核批准；比较重要作业项目的作业指导书，需报监理单位审核并报项目经理部备案；重要作业项目的作业指导书，经监理单位审核同意后，并报建设单位备案；施工承包单位编写的《作业指导书（施工技术方案）编写目录清单》，报监理单位审批后实施，监理单位和项目经理部据此督促检查施工承包单位作业指导书的编写工作进度。

（二）调试方案（措施）的编审

分系统调试和整套启动调试工作开始前，调试单位必须提前编制完成《机组调试大纲》，并通过规定的审批程序获得批准后才能启动调试工作。

监理单位负责组织对调试大纲、调试计划及单机试运、分系统试运和整套启动试运调试措施的审核。机组试运指挥部负责审批重要项目的调试方案、措施（如：调试大纲、升压站及厂用电受电措施、化学清洗措施、蒸汽管道吹管措施、锅炉整套启动措施、汽轮机整套启动措施、电气整套启动措施、甩负荷试验措施等）、单机试运计划、分系统试运计划及整套启动试运计划。

调试工作正式开始前，调试单位须根据自己的工作范围，依据《机组调试大纲》，编制《调试措施（方案）》及调试项目目录清单，并编写调试计划，随调试大纲一起报监理单位审核。所有获得批准的调试措施方案由调试单位发给建设单位、项目经理部、监理单位以及有关的施工承包单位，以便调试工作中的监督和配合。

机组整套启动调试开始前，调试单位技术负责人负责分系统试运和整套启动试运调试前的技术及安全交底，并做好交底记录。交底会由调试单位组织，生产单位运行人员全体参与，试运人员及有关专业技术负责人、项目经理部、监理单位以及施工承包单位各专业技术负责人参加。

二、施工图纸确认、会审

项目经理部为施工图纸审核确认单位，对到达现场的施工图进行审阅、确认和发放；项目经理部组织施工图纸审核确认，不减轻设计单位对有关施工图纸质量应负的责任。

项目监理单位负责组织图纸综合会审和设计交底，确认图纸共分 A、B、C 三级。

A 级：经确认后，不需修改或只作少许修改即可使用的图纸和文件。此类图纸和文件经项目经理部各专业工程师签署，即可在工程中使用。

B 级：经确认后，项目经理部各专业工程师、监理工程师认为需作一些改动的图纸和文件。此类图纸和文件按项目经理部各专业工程师的意见修改后，经项目经理部批准方可在工程中使用。

C 级：经确认后，监理工程师认为需作原则性及方案性修改的图纸和文件。此类图纸和文件重新返工，经项目经理部各专业工程师审核和项目经理部批准后方可在工程中使用。

项目监理单位负责组织设计技术交底与图纸会审，各有关单位参加。设计技术交底与图纸会审是保证工程质量的重要环节，也是保证工序质量的前提，是保证工程顺利施工的主要步骤，有关各方均应事先做好准备。未经设计交底和会审的施工图纸，不得交付施工，各有关单位应高度重视这项工作。

（一）技术交底与图纸会审的前提条件

（1）设计单位必须以分册为单位提交完整的正式施工图纸；对施工承包单位急需重要的分项专业图纸，必要时也可提前交底与会审，但在成套图纸到达后再统一交底与会审。

（2）在技术交底与图纸会审之前，各有关单位包括项目经理部、项目监理单位、施工承包单位须事先指定主管该项目的技术人员、监理工程师熟悉图纸并初步审阅，且代表本单位准备意见。

（3）技术交底图纸会审时，该项目的主要设计人或了解设计情况的工地代表应参加会议，交底与会审应在该项目施工开工之前，在施工现场进行。

（二）设计技术交底与图纸会审工作的流程

（1）先由设计单位介绍设计意图、工艺布置与结构特点、工艺要求、施工技术措施与注意事项；

（2）各有关单位提出图纸中的疑问、存在的问题和需要解决的问题；

（3）设计单位答疑；

（4）各单位针对问题进行研究与协商，拟定解决问题的办法；

（5）写出会审纪要，并经各方签字后发至参加会审的各方。

图纸会审应做出详细的记录，会议纪要由项目监理单位负责。对会审中有可能出现的设计修改，必须符合已批准的初步设计和国家标准、行业标准等相关设计标准、规范及相关文件；当通过协商各方意见仍不能统一时，一般性问题由项目经理部与监理单位商议后做出决定，并报建设单位审批，重大问题则应报工程公司或上级批准。

对会审中已决定必须进行设计修改的，由原设计单位按设计变更管理程序提出修改设计，经项目经理部、项目监理单位核签之后再交付施工。

按照《电力建设工程施工技术管理导则》的规定，施工承包单位对施工图纸组织专业会审，项目监理单位和施工承包单位根据情况组织图纸会审。

三、施工技术交底管理

施工技术交底是施工工序中的首要环节，必须坚决执行，未经交底不得施工。技术交底的内容应具有针对性和指导性，交底必须有书面的技术方案和作业指导书，有交底记录，交底人和被交底人共同履行全员签字手续，要注重交底的实效。

各施工承包单位必须按《电力建设工程施工技术管理导则》的要求，进行工程技术交底。项目监理单位和项目经理部按照相关规定参加各级交底。

相关表单：

技术交底记录表

“四新”技术推广及应用

“四新”技术包括新技术、新工艺、新材料、新设备。项目经理部组织施工承包方和设备供应商等，对项目工程中可能涉及的“四新”相关资料进行分析。项目经理部/技术管理部根据项目具体情况，组织相关的专业人员对“四新”技术的可行性进行分析，并上报技术总监审核，通过后再报总经理通过总经理办公会审批。技术总监牵头，组织落实审批完成的“四新”应用。公司技术总监组织相关部门对适用于本公司工程建设项目的“四新”成果进行评价，并对应用效果进行总结和推广，提出奖励意见。

相关流程：

（1）技术规范书编写流程图（见图 11–1）

（2）技术协议谈判及签订流程

（3）在建项目设计变更管理流程（单项 5 万元以下，累计不超过 50 万元）

（4）在建项目设计变更管理流程（5 万元至 50 万元）

（5）在建项目设计变更管理流程（50 万元以上）

（6）在建项目变更设计管理流程（单项 5 万元以下，累计不超过 50 万元）

（7）一般技术方案评审流程

（8）重大技术方案评审流程（见图 11–2）

（9）引用并推广新技术和专有技术流程

（10）制订和推广标准化流程

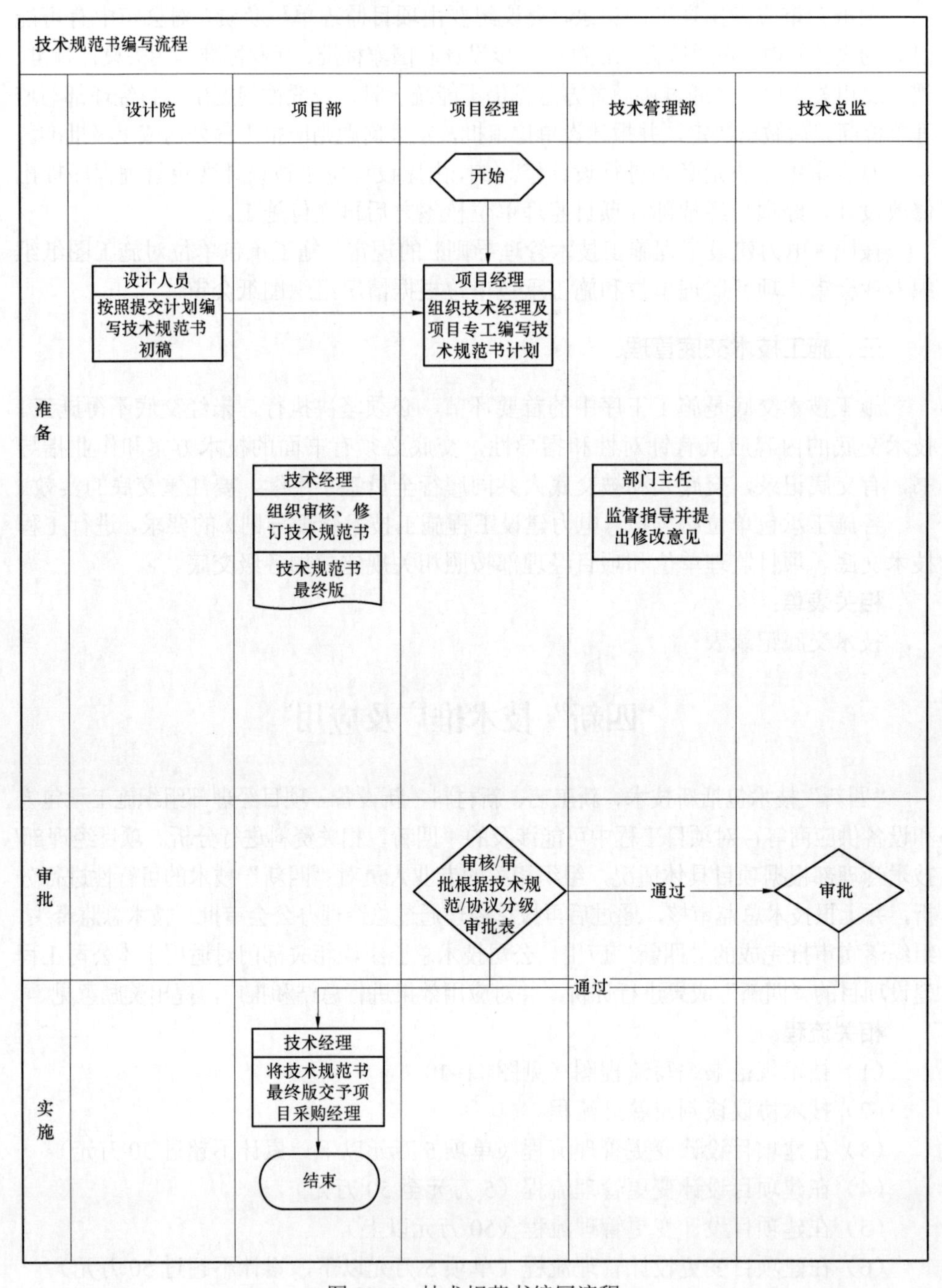

图 11–1　技术规范书编写流程

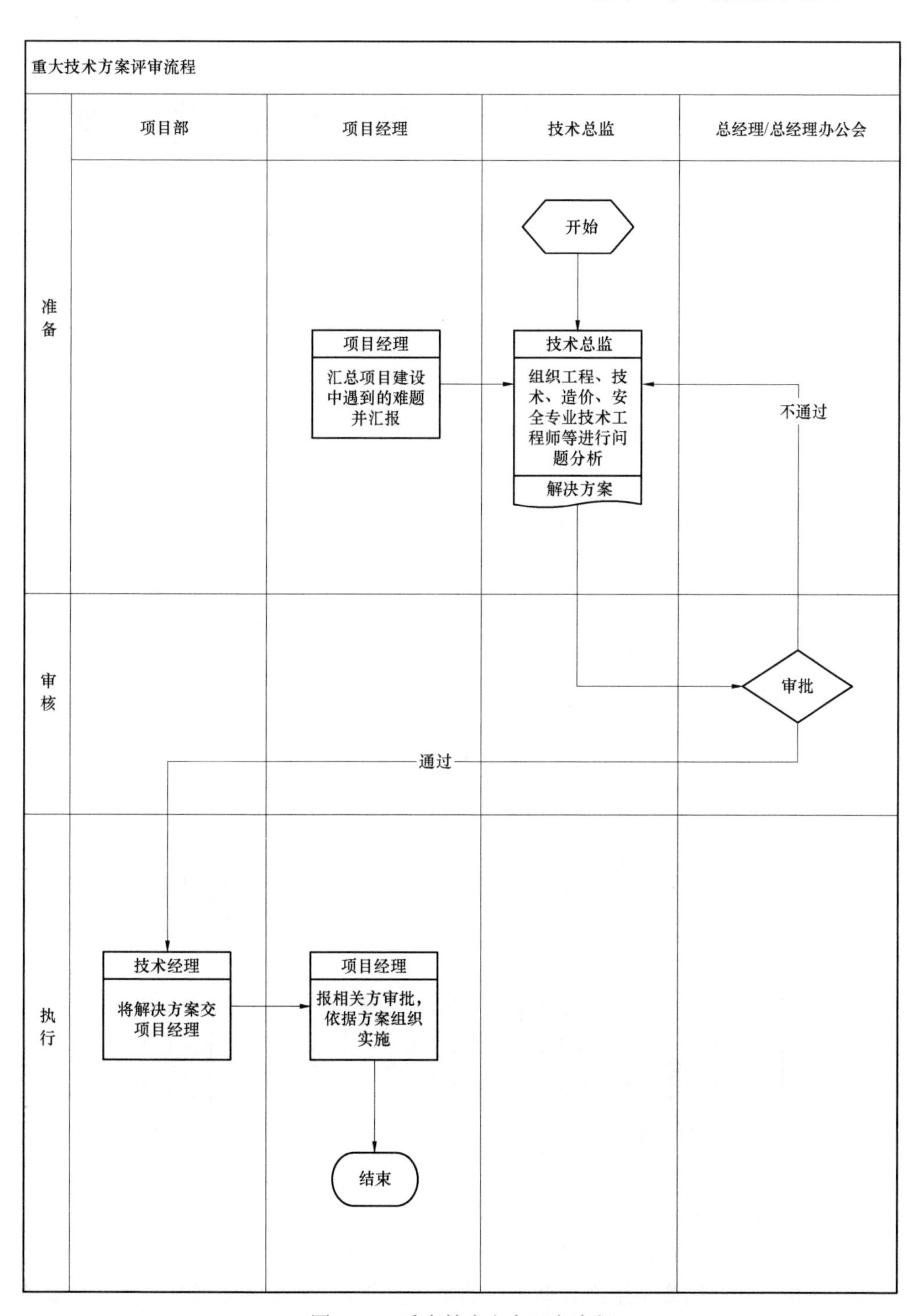

图 11–2　重大技术方案评审流程

第十二章　项目 HSE 管理

HSE 管理指健康（Health）、安全（Safety）与环境管理（Environment）管理。本书的 HSE 管理包括 HSE 管理体系建设、管理策划、管理实施、监督与改进等内容。

项目 HSE 管理职责与分工

一、项目 HSE 管理体系建设

项目经理部组织成立安全生产委员会，由项目经理担任安委会主任，由项目副经理、施工总承包单位项目负责人等人员担任安委会副主任，成员应包括项目安全主管、项目技术主管、项目采购主管、项目造价主管、项目各专业工程师、施工总承包单位项目技术负责人和项目施工负责人等。如图 12–1 所示。

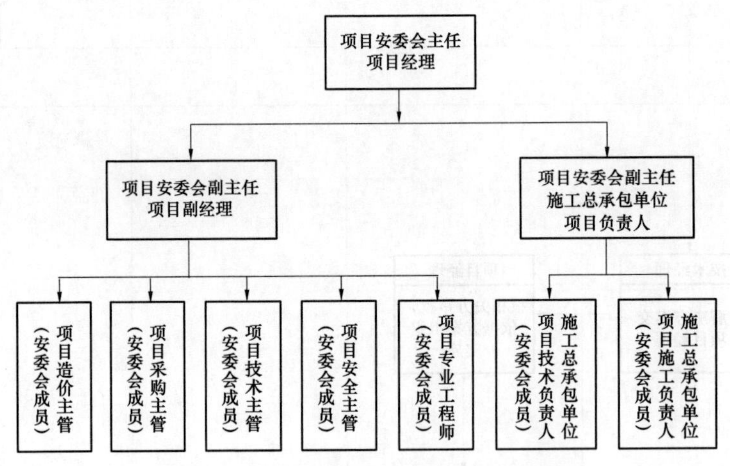

图 12–1　项目安全生产委员会组织机构

（一）HSE 管理体系

项目 HSE 管理涵盖建设工程的安全文明生产、环境保护与员工职业健康管理。项目经理是工程现场安全生产管理工作的第一责任人，对安全文明施工负全面领导责任，负责贯彻落实安全生产责任制，建立及完善横向到边、纵向到底安全生产管理体系。

（二）项目安全生产管理组织机构

项目安全主管具体负责工程项目建设期间的安全文明施工管理工作，对施工总承包单位和施工总承包单位的安全生产工作进行监督检查。如图 12–2 所示。

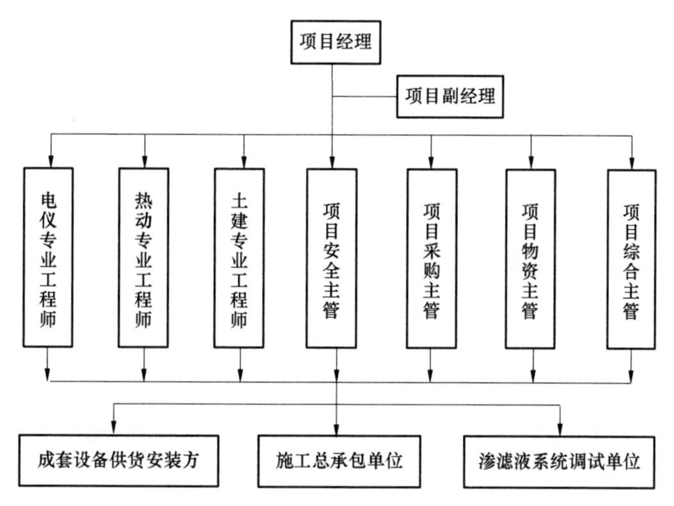

图 12–2　项目安全生产保证体系

施工总承包单位与施工分包单位依据合同要求及现场实际情况设置独立的安全管理机构或专兼职安全管理人员，施工队（班组）内设兼职安全员。如图 12–3 所示。

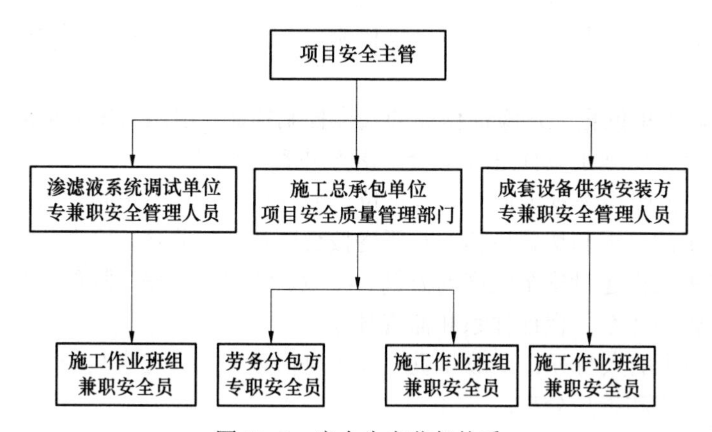

图 12–3　安全生产监督体系

专职安全管理人员应持有国家注册安全工程师执业资格证书，或经培训考试取得施工企业安全生产“三类人员”上岗证件。

二、项目安全生产责任制

项目经理部依据“横向到边、纵向到底”的原则，明确工程各参建方、各关键管理岗位的安全管理职责。

（一）项目经理部的安全管理职责

（1）组织编制项目安全文明施工总策划，审定项目的年度安全工作计划。

（2）保证安全措施费的提取和使用，确保现场具备完善的安全文明施工条件。

（3）组织对重大危险性施工项目开工前的安全文明施工条件进行检查、落实并签证确认。

（4）组织实施并协调对施工总承包单位的安全文明施工管理工作，并在其正式进场前进行施工资质和安全资质的审查。

（5）组织实施安全工作与经济挂钩的管理办法。

（6）定期组织召开安全工作例会，组织进行安全生产检查，及时研究解决安全工作中存在的具体问题。

（7）项目安全环保事故事件的统计、汇总与上报工作。

（二）施工总承包单位的安全管理职责

（1）对施工现场的安全工作负责，认真履行分包合同规定的安全生产责任。

（2）组织建立健全本单位安全管理网络，制订并完善本单位各项安全健康与环境管理制度。

（3）组织开展安全工作规程、规定的学习、考试及取证工作，以及安全技术培训和特种作业人员的培训、取证工作。

（4）向项目法人或总包商提供现场“总平面布置图”和总平面管理措施，并说明危险物品的保管、存放和使用中的安全防护措施。

（5）保证安全技术措施经费的提取和使用，确保现场具备完善的安全文明施工条件。

（6）评审本单位重大危险性作业的安全控制措施，组织对重大危险性施工项目开工前的安全文明施工条件进行检查、落实并签证确认。

（7）严格按照相关规定管理分包单位，不得超范围进行分包，执行分包合同中安全文明施工的要求和奖罚措施，并严格按合同执行。监督、检查分包方认真贯彻执行国家有关工程建设安全生产的方针、政策、法律、法规，监督各分包单位建立并完善安全管理体系、保证体系和监督体系。

（8）对发生的人身死亡事故和重大施工机械设备、火灾事故的及时上报，配合事故的原因调查和善后处理。

（三）项目经理的安全管理职责

（1）项目经理是项目安全生产第一责任人，全面负责项目安全管理工作。

（2）认真贯彻安全生产方针、政策、法规和各项规章制度，制订和执行安全生产管理办法，严格执行安全考核指标和安全生产奖惩办法，严格执行安全技术措施审批和施工安全技术措施交底制度。

（3）建立和完善项目的安全生产责任制，组织成立项目安全生产委员会。

（4）组织编制项目安全文明施工总策划，并组织审查施工单位的安全文明施工二次策划。

（5）学习上级有关安全健康与环境保护的重要文件并组织落实，及时协调解决在贯彻落实中出现的问题。

（6）在项目开工时对各参建单位进行书面安全工作交底。

（7）组织召开项目安委会工作会议，及时对安全管理事项进行审议及决策。

（8）对施工总平面布置图进行集中评审，做好物料设备定置化管理的整体规划。

（9）组织开展职业健康安全风险、环境因素的辨识与评价，针对不可接受安全风险和重要环境因素制订管理方案、应急预案等。

（10）及时、如实报告生产安全事故，组织防范措施的制订和落实，预防事故重复发生。

（四）项目安全主管的安全管理职责

（1）协助编制项目安全文明施工总策划，对施工总承包编报的安全文明施工二次策划方案进行审核。

（2）参与环境因素、职业健康安全风险的辨识与评价工作，针对重要环境因素、重大风险制订管理方案和控制措施。

（3）制订工程项目年度安全工作目标计划，经审定后组织贯彻实施。组织开展安全健康与环境保护宣传教育工作。

（4）做好项目部劳保用品的领用和发放。

（5）参加现场生产调度会，布置、检查安全文明施工工作，协调解决存在的问题。

（6）审查施工组织设计、专业施工组织设计和单位工程、重大施工项目、危险性作业以及特殊作业的安全施工措施，审查施工作业票（不包括送变电项目），并监督措施的执行。

（7）组织有关部门研究制订防止职业病和职业危害有措施，审查施工防尘、防毒、防辐射及环境保护措施，并对措施的执行情况进行监督检查。

（8）对施工总承包单位的安全培训教育、安全技术交底、特种工持证上岗等情况进行监督检查。

（9）进入施工现场掌握安全施工动态，监督、控制现场的安全文明施工条件和职工的作业行为，协助解决存在的问题。

（10）有权制止和处罚违章作业及违章指挥行为；有权根据现场情况决定采取安全措施或设施；对严重危及人身安全的施工，有权指令先行停止施工，并立即报告领导研究处理。

（11）负责现场文明施工、环境卫生、成品保护措施执行情况的管理、监督与控制。

（12）负责现场环境保护措施执行情况的监督、检查工作。

（13）对膳食、饮用水等生活卫生、环境卫生和现场医疗救护工作进行监督、检查。

（14）负责施工机械（机具）和车辆交通安全监督管理工作。

（15）负责防火防爆安全监督管理工作。

（16）协助领导组织召开安全工作例会。协助领导组织安全大检查，对查出的问题，按“三定”（定人、定时间、定项目）原则督促整改。

（17）及时、如实报告生产安全事故，并负责事故的统计、分析和上报。

（五）各专业工程师的安全管理职责

（1）负责本专业的安全技术管理工作。

（2）自觉遵守和执行各项安全规章制度和安全操作规程，不违章作业，不违反劳动纪律，随时制止他人违章作业。

（3）督促检查分管范围内施工中的安全文明施工与环境保护工作。

（4）参与分管专业安全技术措施的评审。参加分管区域专项安全文明施工检查。负责监督分管范围内不符合项整改落实工作的检查。

（5）负责对分管专业范围内违章指挥、违章作业、违反安全管理规定行为的监督管理。

（6）积极参加安全生产教育、宣传、评比、竞赛活动，主动提出改进意见，爱护和正确使用机器设备、劳动工具和个人防护用品等。

（7）发现事故隐患和不安全因素及时向有关部门汇报。事故发生后，要及时报告、及时抢救、保护现场，同时要协助调查人员做好事故调查工作。

（8）参加安全大检查，参与事故的调查，对事故进行技术上的原因分析和鉴定，并提出技术上的改进措施。

三、项目 HSE 管理目标

（一）HSE 管理目标

（1）重伤及以上的人身伤害事故为零。

（2）建（构）筑物垮塌事故为零。

（3）一般及以上的设备事故为零。

（4）重大火灾事故为零。

（5）负主要责任及同等责任的厂内外道路交通事故为零。

（6）职业健康事故为零。

（7）突发性流行性疾病和食物中毒事故为零。

（8）不破坏自然景观，不破坏生态环境，不造成水质污染、不造成空气污染、不造成噪声污染。

（9）保护生态环境，防止水土流失，创造清洁适宜的生活和工作环境。

（10）全员轻伤率控制在 3‰以内。

（二）文明施工管理目标

（1）做好施工总平面的模块化、区域化管理，做到施工规划布置合理，施工组织有条不紊。

（2）施工场地保持平整，排水设施畅通，临电临水临气临汽及机具设备不发生严重的“跑冒滴漏”现象。

（3）室内外的宣传标牌设计引入企业识别系统（VI），与项目整体形象保持一致。

（4）室外设备堆场地面平整无积水，各种材料、构件、半成品的标识清楚，做到按类别分区整齐堆放及定置化管理。

（5）各类施工机具设备保持表面油漆完好，外观清洁，标识统一，安全操作规程牌挂设齐正，机具本身的安全技术资料存档完整。

（6）各类安全文明施工设施做到标准化管理，满足安全生产和文明施工要求。

（7）成品保护和设备防污损管理工作到位，不发生因成品缺乏保护或保护不善而造成损伤或污染，以及影响工程整体质量。

（8）文明施工做到“工完料尽场地清”，各类施工废弃物及边角废料清理及时，不发生野蛮施工等情况。

不可接受安全风险和重要环境因素管理

一、基本要求

不可接受安全风险和重要环境因素实行分级监督管理。一般安全风险和环境因素由施工总承包单位通过作业指导书中的危险点分析及控制措施进行控制，不可接受安全风险和重要环境因素由项目经理部通过目标和管理方案、运行控制及应急方案进行控制。

项目安全主管组织填写《危险源辨识、风险评价表》《环境因素识别评价表》《不可接受风险清单》及《重要环境因素清单》，并报公司安全管理部审核备案。

二、安全风险和环境因素的辨识、评价及控制管理

应针对施工组织管理、施工生产过程、作业场所、人力资源配置、机械装置与生活区存在的安全风险和环境因素进行辨识与评价，确定不可接受的安全风险和重要环境因素。辨识与评价方法详见《环境因素、危险源辨识与控制管理标准》。

在进行安全风险和环境因素的辨识评价时，应考虑正常、异常、紧急三种状态，过去、现在、将来三种时态。

（一）三种状态

正常状态：指正常活动情况。

异常状态：指关闭与启动、检修等条件下或可合理预见的其他情况。

紧急状态：不可预见何时发生，对环境造成较大影响的情况。

（二）三种时态

过去：以往遗留的环境问题。

现在：现场的、现有的污染及环境问题。

将来：将来潜在的法律法规和其他要求，以及计划中的活动可能带来的环境问题。

三、不可接受风险和重要环境因素的控制

应将辨识评价出的不可接受风险和重要环境因素清单下发施工总承包单位等相关方，由施工总承包单位在作业指导书中进行危险源和环境因素的具体分析、制订针对性控制措施，并通过施工技术方案审核、现场旁站见证等方式对控制措施的具体实施情况进行监管。

针对存在的达到规定级别的重大安全风险和重要环境因素，应分级制订控制管理方案，并要明确具体的控制目标指标、责任单位、控制措施、方案实施起止时间，以及实施情况监测评价人员等内容。

针对工程项目建设存在的重大安全风险和重要环境因素，可以采取以下几个方面的控制措施。

（1）技术对策：即对某一项工程建设、设备制造、工艺操作、设施维修等采用先进合理的技术手段，实现施工生产的本质安全。

（2）教育对策：通过多种形式的宣传、教育和培训，对每位员工传授和训练职业安全健康和环境保护方面应有的态度、知识和操作技能。

（3）管理对策：从职业安全健康和环境保护的管理技术、管理方法、管理职责上最大限度地满足施工生产实际需要，减少发生意外事故和环境污染的可能性。

确定措施时，应考虑采取措施的成本、降低风险的益处和可用的选择方案的可靠性等。

运行控制中可以考虑采取如下的措施。

（1）改变设计以消除危险源。

（2）用低危害物质替代或降低系统能量（如较低的电压、电流、温度、动力等）。

（3）采取安装防护罩、通风系统、连锁装置等工程控制措施。

（4）安全警示标志的设置、警告灯的设立，安全作业规程等管理控制措施的应用。

（5）安全帽、安全带、绝缘鞋、护目镜等个体防护装备的佩戴。

项目HSE策划管理

一、项目HSE策划工作管理要求

开工前，依据公司确定的安全环保管控目标，结合本工程建设的实际特点，编审《项目管理策划书》（质量安全管理部分），审批施工总承包单位编制的《安全文

明施工实施细则》。

在工程建设过程中，检查施工总承包单位《安全文明施工实施细则》等的具体实施情况。

项目竣工投产后，应对《项目管理策划书（质量安全管理部分）》的编制情况、执行情况进行总结。

二、项目 HSE 策划的基本原则

（1）要突出“以人为本”的思想，在安全文明施工策划方案的编制和实施过程中，事事处处想到既要方便施工，又要保证安全，才能有较强的执行性。

（2）要结合项目现场实际情况，在调查研究的基础上进行总体策划，广泛征求意见和反复论证，注重主观和客观的统一，做到形式和效果的统一。

三、项目安全文明施工总体策划要求

策划工作要与 VI（Visual Identity 企业品牌视觉形象）相结合，通过规范建筑物、机械设备、装置型设施、安全设施、标志牌等，达到场容场貌的视觉形象统一、整洁、美观的总体效果。

（1）做好企业安全文化的宣传策划，通过宣传、教育及文化活动等方式，不断提高全体参建人员的安全操作技能和安全生产意识，创建“懂安全、要安全、会安全、能安全、确保安全”的安全文化氛围。

（2）做好总平面布置规划的模块化、区域化管理工作。要根据实际功能区，在总平面上划分出办公区、生活区、建筑施工区、安装施工区、仓储区及设备堆场等功能模块，并做到各功能模块的区域化、封闭化管理。

（3）做好人员行为规范化的策划管理。针对员工功能性失误、心理性失误、知识性错误、条件限制性错误、主观意识性违章等不同诱因，提出相应的纠正措施，减少员工的不安全行为，　提高员工行为的规范化程度。

（4）做好安全设施标准化的策划工作。应要求施工承包商结合公司《项目建设安全文明施工标准化设施图册》，对各类设施做到标准化，满足文明施工要求，与项目整体形象保持一致。

（5）做好设备物料摆放定置化管理工作的策划。定置化是开展现场可视化管理的基础，可以使生产过程中的人、物、场所三者做到在时间、空间上的优化组合，从而达到提高劳动率及安全生产、文明生产的效果。

（6）做好职业健康防护管理工作。要通过改善作业环境、配备个体防护用品、对扬尘和噪声进行有效控制，努力创造良好的符合职业安全卫生标准的作业环境，提高各方参建人员的健康水平，在工程项目所在地塑造良好的文明施工企业形象。

（7）做好针对施工废弃物、生产废污水等环境保护的策划管理。针对设备和物料的外包装物、施工期间产生的各类边角废料、施工和生活污水排放，以及化学水设备调试产生的酸碱液等可能对土壤、空气、水体及周边生态环境造成影响的污染物进行有效控制，使用清洁和环保能源的，做到可回收固废物的重复利用等。

（8）做好工程项目的保卫、道路交通安全等方面的策划。应在正式开工前完成厂区围墙的封闭砌筑，场区保卫人员上岗到位，场内永、临道路和区域排水设施等“五通一平”情况满足现场施工实际要求。

（9）做好项目应急救援管理工作的全面策划。结合本工程项目的施工特点，编制各类专项应急预案，及时对所在地的医疗、消防等急救单位的联系方式、交通路线等进行调研和获取，做好全方位的应急预警和现场处置等策划工作。

四、项目安全文明施工二次策划管理

《项目管理策划书》应下发到设计单位、施工总承包单位等相关方，并由施工总承包单位组织完成安全文明施工的二次策划工作，编制《安全文明施工实施细则》。

《安全文明施工实施细则》的主要内容如下。

（1）概述；

（2）工程项目安全文明施工管理目标；

（3）应遵守执行的法律法规及其他要求；

（4）安全组织保证体系与监督管理体系图；

（5）现场总体布局；

（6）安全文明施工及环境保护设施；

（7）个体安全防护装备及进入现场安全文明施工纪律；

（8）施工阶段安全文明施工主要控制措施；

（9）职业健康管理；

（10）环境保护管理；

（11）消防、保卫与交通安全管理；

（12）应急管理。

施工总承包单位安全管理

一、施工总承包单位安全资质审查

应在正式开工前对施工总承包单位的安全资质进行审查，并做好登记备案等管理工作。对于承建烟囱、水塔、锅炉钢架、特种设备安装等特殊工程项目的，在进行常规资料审查的同时，还应审查相关的专项施工资质。

审查时不得自行降低标准，也不得简化审查手续，且不得逾期不办。

施工总承包单位安全资质的审查内容如下。

（1）施工总承包单位主要负责人及项目负责人的 HSE 管理承诺，包括为本项

目配备的管理人员、技术人员、安全管理人员、特种作业人员、技术装备等，确保入场情况与投标时的承诺一致。

（2）法人代表资格证书，以及对项目经理的授权委托书。

（3）有效的企业法人营业执照、税务登记证。

（4）有效的企业资质等级证书及其他相关资质证书。

（5）仍在有效期内的《安全生产许可证》。

（6）企业三标管理体系认证证书。

（7）为本项目配备的组织架构和管理人员情况。

（8）本项目负责人和 HSE 管理人员的资格（资质）证书，本项目特殊工种从业人员资格证书，特种设备检验合格证书。

（9）近三年的工程技术服务 HSE 业绩证明资料（包括已签订的 HSE 合同、竣工验收资料及用户反馈意见等），不少于 3 份，必要时须现场验证。

（10）提供为本项目从业人员依法缴纳工伤保险费的证明。

（11）安全施工管理制度及办法（包括各工种、设备的安全操作规程、特种作业人员的审证考核制度、各级人员安全生产岗位责任制、安全检查制度、文明生产制度和安全教育制度等）。

（12）有满足安全施工需要的施工机械、工器具以及安全防护设施、安全用具。

（13）针对本项目进行作业危险、危害风险辨识后制订的施工方案与应急处置措施、应急预案等。

（14）对于承建烟囱、水塔、锅炉钢架、特种设备安装等特殊工程项目的，还应提供相关的专项施工资质。

（15）其他需要提交的资料。

二、施工总承包单位正式进场前的安全澄清

在施工总承包单位正式进场之前，应通过安全工作交底等形式进行项目施工风险、安全管理要求等方面的澄清，包括但不限于以下内容。

（1）项目存在的主要危险及应采取的防控措施。

（2）对参与危险作业的人员的能力胜任要求。

（3）确认项目安全生产管理目标。

（4）澄清双方在程序、规定等方面存在的不一致之处，消除相互矛盾的地方。

（5）确认安全培训、安全会议及安全检查等制度，明确具体的安全生产管辖范围。

（6）在事故应急过程中相互协调的方式方法，明确需要使用的第三方应急资源。

（7）明确双方对劳务分包方的管理职责。

（8）项目实施前的安全培训计划及具体实施方案。

（9）确认事故报告和调查处理的具体流程。

（10）为鼓励施工总承包单位改进安全业绩，项目安全生产委员会已建立的安全绩效考核规定。

（11）其他需要澄清的内容。

三、施工总承包单位的工程分包管理

不得违反规定和合同，为施工总承包单位指定分包单位，或向其介绍劳务组织或劳务人员。主体工程和重要的辅助工程项目，如主厂房及其基础、水塔、烟囱、汽轮机本体、锅炉本体、高中压管道等，严禁进行转包和二次分包。

施工总承包单位的工程分包必须按规定进行报审批准，并对分包单位的安全资质进行审查及报审备案。分包单位的安全管理要纳入施工总承包单位的安全管理责任中，严禁以包代管。严禁使用未经安全施工资质审查或审查不合格的分包单位。分包单位承包的工程项目严禁再次分包。施工总承包单位必须为其使用的劳务人员配备必要的劳动防护用品。

安全措施费用管理

一、安全措施费用的计提

若已在投标文件或工程合同中明确约定安全措施费用的，则优先执行相关的条款。如没有明确约定安全措施费用的，则依据《企业安全生产费用提取和使用管理办法》（国家财企〔2012〕16 号）中的规定，按建筑安装工程造价的2.0%进行计提。

二、安全措施费用的使用范围

安全生产费用可用于以下几个方面。

（1）安全防护用具：安全帽、安全带、安全网等。

（2）洞口和临边防护设施：楼梯口、电梯口、通道口、预留洞口、阳台周边、楼层周边、屋面周边、基坑周边、卸料平台两侧以及上下通道等临边安全防护设施。

（3）全钢质内外脚手架及配套防护设施、结构模板的全钢质主体支撑杆件。

（4）塔式起重机、外用电梯、井字梯、提升机等建筑施工起重设备及配套防护设施。

（5）施工用电：符合规范要求的临时用电系统、标准化电箱、电器保护装置、电源线路的敷设、外电防护措施等。

（6）施工机具。

（7）安全检测费：包括对建筑施工起重设备与外用电梯、安全网、钢管脚手架等的检测。

（8）安全标志、标牌及安全宣传栏。

（9）文明施工及环境保护：施工现场围墙围护及场地硬地化、粉尘控制、噪声

控制、排水设施、垃圾排放。

（10）临时设施：包括办公室、宿舍、食堂、卫生间、淋浴间等。

（11）消防器材设施。

（12）应急救援器材。

（13）基坑支护的变形监测。

（14）地下作业中的安全防护和监测。

对建筑工程安全防护、文明施工措施有其他要求的，所发生费用一并计入安全生产费用。

三、安全措施费用的申请、支付与及使用

工程项目所在地政府主管部门针对安全措施费用的申请、支付已有明确规定的，则应优先执行相关文件的规定要求。如在工程合同中已明确约定安全措施费用的申请、支付等工作流程，在无其他约定和补充协议的情况下，则应遵照执行合同的规定条款。

施工总承包单位在提交安全措施费用请款单时，应同时报送《工程项目安全措施费用投入清单》（详见附件）；项目经理部应认真审核其是否在预算范围内，是否属于安全措施费用使用范围。在规定的使用范围内，安全措施费用优先用于满足对安全生产提出的整改措施，或达到安全生产标准所需支出。

责任单位和责任人员应承担因安全生产所必需的资金投入不足而导致的后果。

相关表单：

工程项目安全措施费用投入清单

相关流程：

项目安全费用使用计划监管流程

安全培训教育管理

项目经理部应对项目员工进行年度或工程新开工前的安全培训教育和书面安全考试，尤其是公司到现场长期出差人员、设备厂家现场工代等人员。同时，根据相关工作安排组织开展专项安全培训教育，有必要时还应对施工总承包单位的现场负责人、安全主管、技术负责人等管理人员进行安全考试。

安全培训教育内容包括但不限于以下几方面：

（1）国家、地方、行业有关安全生产、环境保护与文明施工的法规、制度及标准；

（2）上级要求、规章制度、通知通报等文件进行宣贯学习；

（3）各专业工程师岗位的安全管理职责；

（4）工程项目安全状况及专业安全技术要求；

（5）触电、中毒、外伤等现场急救方法和消防器材的使用方法；

（6）职业安全健康防护知识；

（7）典型安全事故案例等。

项目经理部应及时填写《安全培训教育记录表》，并按规定做到分类归档管理。

相关表单：

（1）安全培训教育记录

（2）员工入职安全培训教育登记卡

相关流程：

新员工安全教育培训工作流程

安全技术交底管理

一、安全技术交底的分类

安全技术交底可分为设计安全技术交底、施工总承包单位内部安全技术交底、外来人员安全注意事项交底等。

二、设计安全技术交底

设计总包方在组织进行设计交底时，应同时督促进行设计安全技术交底。设计安全技术交底内容（包括但不限于）如下。

（1）初次采用的新结构、新技术、新工艺、新材料及新的操作方法，以及特殊材料使用过程中的注意事项。

（2）重点单位工程和特殊分部分项工程的设计图纸；根据工程特点和关键部位，指出施工中应注意的问题；保证施工质量和安全必须采取的技术措施。

（3）建筑与结构存在的不便施工的技术问题，在施工安全存在的潜在隐患。

（4）关于防火、消防方面的设计标准，以及使用的设计规程规范。

（5）可能对环境卫生造成的影响等。

三、施工总承包单位内部安全技术交底的要求

安全技术交底必须在工程施工前进行，且施工技术方案编制人员和作业人员均应参加，交底人和接受交底人双方签字认可。重大施工项目的安全技术交底时，施工总承包单位安全管理人员应对交底过程进行监督检查。

施工总承包单位在分部分项工程开始前，应组织作业人员进行书面安全技术交底。安全技术交底应包括以下内容。

（1）单位工程施工组织设计或施工方案。

（2）初次采用的新结构、新技术、新工艺、新材料及新的操作方法以及特殊材料使用过程中的注意事项。

（3）人员和机具装备配备，作业方法的流程及操作要领。

（4）重点单位工程在交叉作业过程中如何协作配合，双方在技术上措施上如何协调一致。

（5）雨季特殊条件下施工采取哪些技术措施。

（6）施工中可能给作业人员带来潜在危险的因素和存在的问题，针对性安全防范措施、安全注意事项等。

（7）出现危险及紧急情况的针对性应急措施。

施工单位交底要做到安全交底应使全体作业人员清楚了解、熟悉和掌握以下要点。

（1）实施该项作业的所有作业流程与各项流程的操作方法。

（2）作业过程中相关作业人员的职责划分清晰、明确。

（3）实施该项作业所需机械、设备，以及这些机械、设备的性能和功能是否满足作业要求及是否处于完好的可使用状态。

（4）实施该项作业可能出现的作业风险以及相应安全技术措施或出现危险及紧急情况时的应急措施。

（5）对作业周围的环境条件清楚，如相关标识警示牌、孔洞沟位置等。

（6）安全设施和防护用品的使用方法。

作业班组应根据本班组所负责的施工工序，施工内容的特点，有针对性地向操作工人进行安全技术交底，讲明操作者的安全注意事项，以及必须采取的施工预防措施等。

对结构复杂、危险性较大的分部分项工程、部位、工序（如爆破、人工挖孔桩、基坑支护、大型吊装、沉箱、沉井、顶管、大跨度结构、高支模体系、各种特殊架设作业、拆除工程等），在开工前由施工技术方案编制人员进行现场安全技术交底。对于一个施工时间较长的施工项目（如超过一个月），施工总承包单位应根据工程实际进展情况，不定期组织参与施工人员重新进行交底、记录、签字认可。

工程项目出现以下情况时，施工总承包单位必须及时组织进行新的安全技术交底。

（1）实施重大和季节性技术措施。

（2）更新仪器、设备和工具，推广新技术、新工艺，使用新材料。

（3）发生因工伤亡事故、机械损坏事故及重大未遂事故。

（4）出现其他不安全因素和安全生产环境发生变化。

四、外来人员的安全注意事项交底

针对设计单位、设备厂家等现场工代人员，由项目经理部对其进行书面形式的安全技术交底，对长驻现场人员还应对其进行安全考试。

对外来的送货、参观、访问及办事等临时进入施工现场的人员，承担有场区保卫管理职责的责任单位应对其进行安全注意事项的书面交底。

相关表单：

安全环境技术交底（见表 12–1）

表 12–1　　　　安全环境技术交底

<table>
<tr><td colspan="3" rowspan="2">××××工程公司安全环境技术交底记录</td><td>表格编号</td></tr>
<tr><td></td></tr>
<tr><td rowspan="2">工程项目名称</td><td rowspan="2"></td><td>施工方</td><td></td></tr>
<tr><td>劳务供方</td><td></td></tr>
<tr><td colspan="4">安全及环境技术交底提要：</td></tr>
<tr><td colspan="4">安全及环境技术交底内容：</td></tr>
<tr><td colspan="4">与建设方签署的安全环境协议内容摘要：</td></tr>
<tr><td colspan="2">交底人：

交底日期：　　年　月　日</td><td colspan="2">被交底人：

交底日期：　　年　月　日</td></tr>
</table>

相关流程：

项目安全技术交底工作流程（见图 12–4）

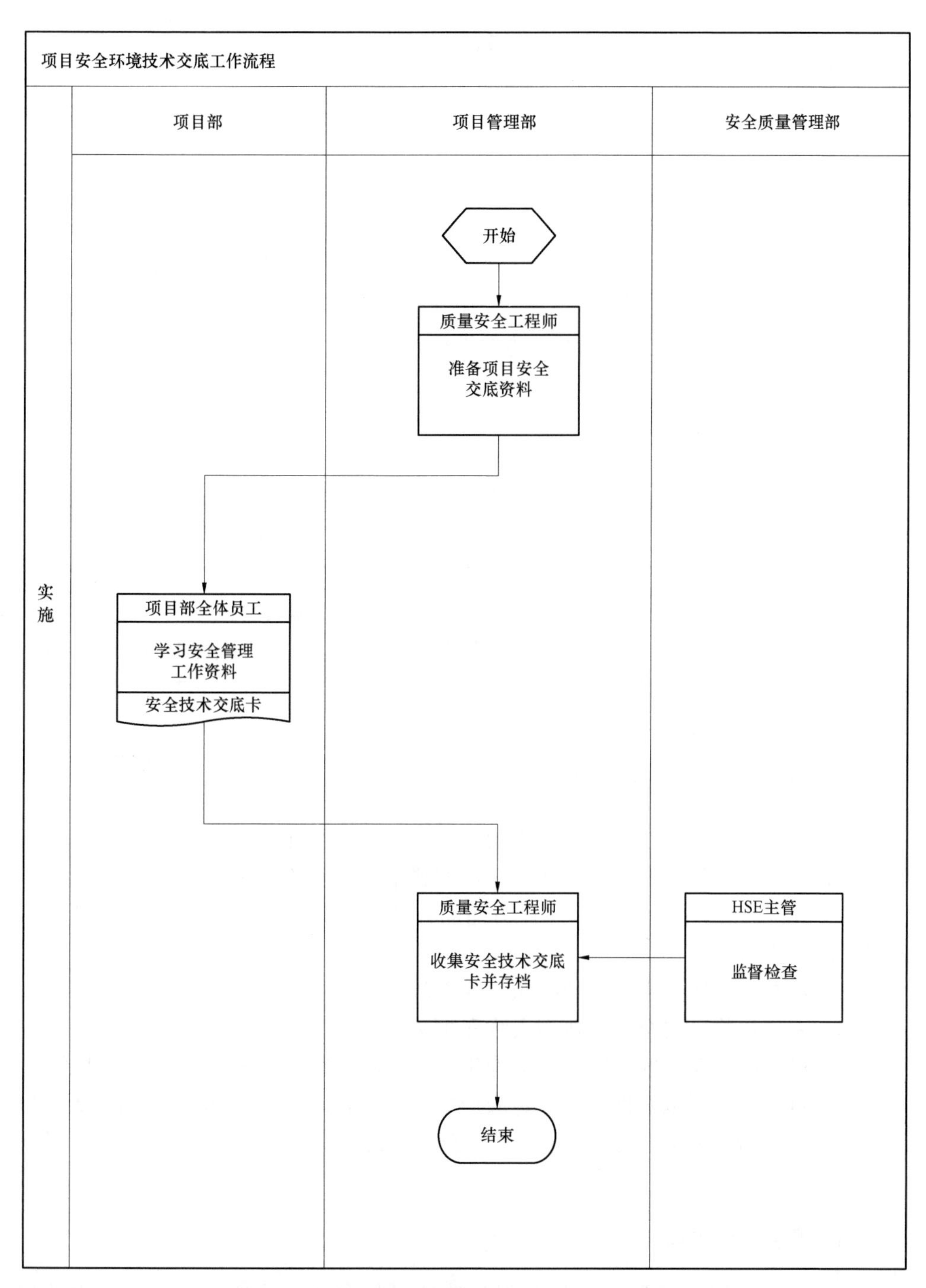

图 12–4　项目安全环境技术交底工作流程

项目 HSE 例会

项目 HSE 例会包括项目安委会工作会议、月度安全工作会议、安全专题会议和项目安全早会。

一、例会管理要求

项目经理部负责组织召开季度安委会工作会议，重大事项应形成决议且下发各相关单位贯彻落实；根据工程现场的安全文明施工情况，组织召开月度安全工作会议和安全专题会议，必要时还应邀请相关方的管理人员参加；按规定组织召开安全早会，对相关的安全生产法律法规、规程规范，以及上级单位下发的安全文件进行集中学习。

二、项目安委会工作会议

项目安全生产委员会在工程开工前召开第一次会议，以后每季度至少召开一次，检查 HSE 工作的落实情况，研究解决工程项目存在的 HSE 问题。

安委会会议的参加人员包括各参建单位的项目负责人、安全负责人、安全管理人员和其他安委会成员，安委会会议应保留会议记录并编发会议纪要。会议由安委会主任主持，或委托常务副主任主持。项目参建各单位汇报阶段性 HSE 工作情况，安委会主任对本季度的安全文明施工管理情况进行总结，并结合下季度的施工生产计划做出工作部署与安排。

三、项目月度安全工作会议

会议一般安排在每个月最后一周的周五下午组织召开。会议主要内容如下。

（1）检查上一月度的安全生产工作，部署下一月度的工作。

（2）传达贯彻上级有关安全生产方面的方针政策有关文件，并研究提出本项目的贯彻落实措施。

（3）对发生的安全生产事故按照“四不放过”原则做出处理和决定。

（4）表彰和奖励安全生产典型人物和事迹。

（5）对生产中存在的问题和事故隐患，研究制订解决问题的措施和方法等。

会议对所议事项以及做出的决定应形成会议纪要，会议纪要应分发与会人员以及事项涉及的相关单位。项目安全主管对会议决议的执行情况进行监督检查，并形成记录。

四、安全专题会议

会议的召开时间不限，由项目经理决定具体参加会议的人员。会议主要内容如下。

（1）讨论如何贯彻执行上级单位的安全生产决议。

（2）项目经理部在安全文明施工方面的一些重大问题。

（3）由指定人员整理会议纪要，项目安全主管对会议决议的执行情况进行监督检查。

五、安全早会

项目经理部应按规定组织召开安全早会，并做好人员签到和会议记录。安全早会的主要内容包括但不限于以下几方面。

（1）对上一工作日的安全环保管理工作进行总结，并提出当天的安全环保工作监管重点。

（2）对项目属地管理人员进行安全注意事项的交底，且重点针对施工现场存在的重大安全隐患提出具体的整改要求和整改时限。

（3）对上级单位、公司本部下发的安全生产通知通报等文件进行集中传达及学习。

（4）对公司本部和项目现场发布的安全管理规章制度进行及时宣贯。

（5）其他有关于安全环保管理工作的计划和部署。

安全早会记录应长期保存，不得因人员工作交接而造成遗失或缺少。

相关流程：

季度安委会工作会议流程

HSE 技术措施管理

一、一般要求

一切作业活动必须要有书面的安全技术措施，并应在施工前进行书面安全技术交底。一般施工项目的安全技术措施可以在施工作业指导书中同质量、技术一并交底；重要施工项目的安全技术措施应单独制订，并对施工人员进行单独交底。对于相同施工项目的重复施工，施工总承包单位应重新根据人员、机具、环境等条件，完善安全技术措施，重新进行报审及安全交底。针对重要临时设施、重要施工工序、特殊作业、危险作业项目、达到或超过一定规模的危险性较大的分部分项工程，必须按规定进行报审，并对参加施工人员进行交底、签字认可。如无安全技术措施，或未进行安全技术交底的，严禁进行施工。

已审批的安全技术措施在交底后应严格贯彻执行，未经审批人同意，任何人不能更改。作业过程需变更措施和方案，必须经措施审批人同意，并有书面签证，特殊情况下需组织进行会审。

二、安全技术措施的编制要求

（1）应针对项目施工的特点指出危险点和可能给施工人员带来的危害，根据工程的结构特点理出重要控制环节，明确作业方法、流程及操作要领，从技术上采取措施，消除危险。

（2）应针对施工所选用的机械、工器具可能给施工人员带来的不安全因素，提出保证安全的措施，从技术措施上加以控制。

（3）应针对所采用的有害人体健康或有爆炸、易燃危险的特殊材料的使用特点，从工业卫生和技术措施上加以防护。

（4）应针对施工场地及周围环境有可能给施工人员或他人以及材料、设备运输带来的环境影响，提出安全防护和文明施工措施加以控制。

（5）结合项目《重大风险因素与重要环境因素清单》中的相应内容，识别出该项作业可能存在的重大风险因素及重要环境因素，制订相应的预防与应急措施。

三、安全技术措施的审批

一般作业项目的安全施工技术措施由施工总承包单位进行内部审批。

针对《重要临时设施、重要施工工序、特殊作业、危险作业项目》《达到一定规模的危险性较大的分部分项工程》《超过一定规模的危险性较大的分部分项工程》，施工总承包单位应组织编制专项安全施工技术方案，并按规定流程进行报审。

针对《超过一定规模的危险性较大的分部分项工程》，施工总承包单位还应组织专家组进行论证。专家组书面论证审查报告应作为专项安全施工技术方案的附件，且须得到严格执行。

动火作业、高处作业等高危作业安全管理方面，具体执行《高危作业许可证管理办法》《吊装作业安全管理规范》等规程规定。

安全隐患排查管理

一、安全隐患排查形式与内容

项目经理部应结合上级文件精神落实和工程实际施工情况，组织进行定期和不定期安全隐患排查。定期安全隐患排查可分为阶段性排查、节假日排查和季节性排查。不定期安全隐患排查可分为日常排查、专项排查及综合排查。

安全隐患排查的主要内容应以查领导、查管理、查隐患为主，环境保护、环境卫生、生活卫生和文明施工应同时纳入检查范围。

二、安全隐患排查要求

项目安全主管应做好工程现场的日常安全隐患排查，并对高风险作业活动进行现场监督。项目经理部应根据施工具体情况，组织开展季节性排查、节假日排查及综合排查。施工总承包单位应结合施工内容、季节特点等，组织开展定期排查、专项排查等安全隐患排查活动，并按照职责分工对隐患治理情况进行监管。

安全隐患排除前或者排除过程中无法保证安全的，应当从危险区域内撤出作业人员，并疏散可能危及的其他人员，设置警戒标志，暂时停产停业或者停止使用；对暂时难以停产或者停止使用的相关生产储存装置、设施、设备，应当加强维护和保养，防止事故发生。

所有安全隐患排查及治理工作必须坚持“定人、定时间、定任务”及“闭环管理”的原则。对于屡次违反项目安全管理规定的，或者不执行 HSE 整改通知要求的，应给予处罚。

三、定期安全隐患排查

定期安全隐患排查按时间段进行划分，一般可分为周、月、季、节假日前后等。项目经理部应组织开展周安全隐患排查活动，在例会上对安全隐患排查及治理情况进行通报，相关记录按要求进行存档备案。施工总承包单位应组织开展有技术管理人员、安全管理人员参加的月度安全隐患排查活动。项目经理部应根据季节特点，有针对性地组织开展防洪防汛、防暑降温、防风防冻等季度安全隐患排查活动。在五一、十一和春节等重大节假日前后，由项目经理部牵头组织开展安全隐患排查活动。

四、不定期安全隐患排查

（一）日常安全隐患排查

项目安全主管应每天进行施工生产情况的监督检查，对存在的安全隐患进行排查，并及时通知责任单位进行限期整改。日常安全隐患排查重点包括以下几方面。

（1）针对项目危险源和环境因素辨识评价出的重大风险、重大环境因素，对涉及的相关作业活动进行重点监管，对管理方案实施情况及管理目标实现情况进行监视和测量。

（2）对施工组织设计、单位工程、重大施工项目、危险性作业以及特殊作业的安全施工技术措施进行审查，抽查安全施工作业票办理情况，并对安全施工技术措施的具体落情况进行监督检查。

（3）对分包商入厂安全教育培训情况、安全技术交底情况等进行监督检查。

（4）对分包商劳动保护用品用具的配置投用情况、安全防护设施的投用情况进行监督检查。

（5）对工程现场内的大型起重机械设备的安装、拆除、负荷试验及验收取证工作进行监督检查。

（6）对厂内道路交通安全、仓储防火防爆管理工作进行监督检查。

（7）参加重要施工项目和危险性作业项目开工前的安全技术交底，并检查开工前安全文明施工条件，监督安全施工技术措施的执行。

（8）对施工总承包单位责任区域内的文明施工、环境保护、环境卫生、防“二次污染”措施执行情况进行监督检查。

（9）针对施工协调会上提出的整改事宜，对整改情况进行复查与验证。

（二）专项安全隐患排查

（1）项目经理部应结合大件吊装、水压、风压、厂用受电、酸洗、点火吹管、并网发电等里程碑节点，组织开展专项安全隐患排查工作。

（2）施工总承包单位应根据工程现场施工情况，针对某一项高风险作业，或是某一个安全生产薄弱环节，组织开展施工用电、特种设备、特殊脚手架、防火防汛等专项安全隐患排查工作。

（三）综合安全隐患排查

项目经理部或外部专业机构通过安全评估、安全巡视等形式组织开展的安全隐患排查，包括施工总承包单位的安全内业资料、现场安全隐患排查等方面的综合检查。综合安全隐患排查的主要内容包括但不限于以下几方面。

（1）各参建单位履行《建设工程安全生产管理条例》、有关法规及本规定情况。

（2）各级安全管理机构设置，以及专兼职安全管理人员履职情况。

（3）特种作业人员持证上岗情况。

（4）专项安全施工方案编审批，以及安全技术交底情况。

（5）大型施工机械、特种设备安全管理情况。

（6）安全技术标准、规范和操作规程的执行情况。

（7）工程现场的安全文明施工状况。

（8）安全管理内业资料情况。

相关表单：

（1）安全检查记录表

（2）事故隐患整改反馈单

特种作业人员管理

一、特种作业人员

（1）电工作业：含发电、送电、变电、配电工，电气设备的安装、运行、检修（维修）、试验工。

（2）金属焊接、切割作业：含焊接工、切割工。

（3）起重机械作业：含起重机械司机，司索工，信号指挥工，安装与维修工。

（4）厂内机动车辆驾驶：含在企业内及码头、货场等生产作业区域和施工现场行驶的各类机动车辆的驾驶人员。

（5）登高架设作业：含2m以上登高架设、拆除、维修工。

（6）危险物品作业：含危险化学品、民用爆炸品、放射性物品的操作工、运输押运工、储存保管员。

（7）防爆电气作业：指对各种防爆电气设备进行安装、检修、维护的作业（适用于除煤矿井下以外的防爆电气作业）。

二、特种作业人员资质要求

特种作业人员应经培训，考核合格后，持有经当地政府专业管理部门或专门的认证机构考核颁发的统一技术标准的资格证方可上岗作业。施工总承包单位不得聘用无资格证或持有无效资格证的特种作业人员上岗作业。

重要岗位管理人员上岗前应经过培训考核以及业绩评定合格，并取得上岗资质证书；如项目经理应取得国家建设部门颁发的一级项目经理证；专职安监人员取得国家建设部门（或安监总局）颁发的安全上岗证件。

施工总承包单位应建立特种作业人员档案，并做好培训、考核、复审的组织工作，检查和记录安全作业情况，定期对其进行安全教育；做好特种作业人员的复审工作，及时安排特种作业人员参加复审，严禁安排特种作业资格证过期的人员上岗作业。对于超过复审期、离开特种作业岗位达 6 个月以上的特种作业人员，施工总承包单位应组织其重新进行实际操作考核，参加近期的复审或取证，确认合格后方可上岗作业。

对特殊岗位人员的资料进行审查备案，如发现有遗漏，应通知施工总承包单位及时整改或补全。资料内容一般包括健康检查结果、上岗证编号及其有效期、定期复审记录。

三、对特种作业人员的管理要求

（1）作业时，特种作业人员应当随身携带证件或复印件，并自觉接受监督检查。

（2）特种作业人员按规定积极参加特种设备安全教育和安全技术培训。

（3）特种作业人员应熟知本岗位及工种的安全技术操作规程，严格执行特种设备操作规程和有关安全规章制度。

（4）特种作业人员在操作期间，发觉视力障碍，反应迟缓，体力不支，血压上升或身体不适等有危及安全作业的情况时，应立即停止作业，任何人不得强行命令或指挥其进行作业。

（5）特种作业人员作业前须对设备及周围环境进行检查，清除周围影响安全作业的物品，严禁设备没有停稳进行检查、修理、焊接、加油、清扫等违章行为。

（6）特种作业人员必须正确使用个人防护用品用具，严禁使用有缺陷的防护用品用具。

（7）起重指挥人员须配备红袖标及口哨，另根据需要须配备对讲机等通信设施。

（8）特种作业人员在工具缺陷、作业环境不良的生产作业环境，且无可靠防护用品和无可靠防范措施情况下，有权拒绝作业。

（9）安装、检修、维修等作业时必须严格遵守安全作业技术规程，作业结束后必须清理现场残留物，关闭电源，防止遗留事故隐患，因作业疏忽或违章操作而造成的 HSE 事故的，视情节按照有关规章制度追究责任人责任。

（10）发现事故隐患或不安全因素，应立即向有关管理人员进行报告。

文明施工管理

一、现场总体布置要求

（一）厂区大门

（1）厂区大门应进行重点规划，其内容一般应包括电动伸缩式大门、门禁式出入通道、人员通行侧门、警卫室、减速带、企业标识、宣传标牌等。

（2）在厂区大门外设置六牌两图：“六牌”指项目工程概貌、参建单位简介、公司管理方针与目标、项目工程组织结构、工程里程碑计划、现场安全文明施工纪律；“两图”为施工总平面图、安全文明施工区域划分图。

（3）进出厂区的主要通道口处设置室外宣传栏，对事故通报、宣传图片及急救电话等信息进行公示。

（二）集中办公区域

（1）办公区域应根据规划设计进行合理布局，包括办公室、卫生间、门卫室、停车场、柴油发电机房、花坛、道路等建构筑物。

（2）办公区域应修筑旗台，分别升挂国旗、企业标识旗等，且旗杆原则上应使用不锈钢管材。

（3）办公区域进行封闭化管理，具备条件时应在出入口处设置电动伸缩门。

（三）厂区道路、标识及排水

（1）厂区内的主要道路应为混凝土路面，并构成环形通道；道路的宽度和转弯半径应符合规程的要求，且环厂通道应在工程正式开工前基本修筑成。

（2）主干道采用先浇筑施工层或砂卵石路面，工程竣工前再浇筑移交层的方案，道路两侧形成排水坡度或设置排水沟道。

（3）组合场（六道、钢筋、锅炉组合场）搅拌站、汽机、除氧煤仓间、锅炉、电除尘、烟囱、输煤、化水、辅助建筑等区域根据施工需要修筑的临时道路采用砂卵石或泥结石硬化路面，以做到施工人员雨天进现场鞋不沾泥。

（4）定期对厂内道路，以及易产生扬尘区域进行洒水降尘。

（5）厂区内主要道路两侧设置标准式样的路标、交通标志、限速标志、区域指示标识等，同时设置路灯和绿化带，路沿采用黑黄色相间的色标示意，不设路沿的道路设置路肩桩（白色 PVC 管，刷红道）。

二、文明施工及环保设施布置

在现场适宜的地方设置饮水点和吸烟室，安排专兼职人员进行管理，保持室内清洁与饮水卫生。

根据作业区域及人员分布情况，统一规划在现场设置固定式水冲式厕所并安排专人管理及打扫，保证厕所内无蚊蝇，无异味。汽机房、锅炉房可根据具体情况另外设置水冲式临时厕所。

现场厂应设置建筑垃圾临时堆放点，产生的垃圾应按可回收和不可回收进行分类处理。

（一）厂内临时建筑

（1）施工总承包单位办公区应为正式建筑或者活动彩钢板房，具备集中办公及办公自动化条件，且彩钢板保温材料应使用阻燃材料。

（2）专业工地和班组为轻钢龙骨水泥板活动房或砖石砌体房或集装箱。

（3）临时工棚及机具防雨棚等为装配式构架、上铺彩钢板。

（4）现场严禁使用石棉瓦、脚手板、模板、彩条布、油毛毡、竹笆等材料搭建工棚。

（5）工具房、集装箱（含电焊机集装箱）在现场应集中排放、布置美观，具体位置根据施工总平面进行规划。

（二）仓储和设备堆场管理

（1）仓储和设备材料堆场应进行二次规划，包括室外设备堆场、室内临时仓库、危险品库、钢筋堆放场、保温棉库等。

（2）室外设备堆场地面平整硬化无积水，实行分区堆放，定置化管理，设备材料堆码整齐，标识清楚。对于特殊材料如危险品，需了解业主要求和当地法律法规，安全可靠。

（3）现场施工时应尽量做到当天领料当天用完、当天运搬的设备（不含大件）当天安装完，须临时存放时应整齐有序，并存放于指定区域。

（4）对危险品及危险废品，集中存放，专人管理，并按相关规定做好危险废品处理工作。

（5）对于存放射线源的储存房，应远离人员密集区域和交通要道，储存房安全厚度应根据国家放射安全和环保的有关规定，确保安全可靠。

（6）储存房周围设置醒目的放射性标志，配备报警装置，采取有效措施防止射线源丢失和被盗。

（三）中小型机具及周围性材料管理

（1）中小型施工机具应保持表面油漆完好，外观清洁，标识统一，并悬挂规范的操作规程标示牌。

（2）中、小型机具在现场进行露天存放时，应设置牢固且美观适用的防雨设施。

（3）施工所用的模板、架管、脚手管及扣件等周转性材料，应分类放置，码放整齐，标识清晰。

三、施工期间的管理要求

（1）施工场区达到“四通一平”（即道路、电源、水源、通信畅通，场地平整），围墙围栏完善、牢固、美观，保卫人员上岗执勤，具备施工条件。

（2）施工作业区与办公、生活区保持隔离；施工现场内无小商、小贩等闲杂人员，无施工人员及临时家属在现场居住。

（3）施工现场从大门入口处应设置长度不少于 30m 的混凝土路面，裸露地面应当采取绿化措施或采用绿色防尘网苫盖。

（4）现场施工人员着装正确，佩戴有胸卡，无嬉戏打闹现象，无违章违纪行为。

（5）工具房、工棚、车间、库房等场所室内和周围环境整洁、卫生，有关制度、责任制及“学习园地”上墙。

（6）在施工现场设置食堂及就餐场所的，应当符合卫生管理规定，制订健全的生活卫生和预防食物中毒管理制度。

（7）厂区道路做到限速管理，有专人进行清扫，并采取有降尘措施。

（8）施工用电布置应符合供用电要求，配电设施标识清晰，隔离设施齐全。施工力能管道系统布置合理、安全，能够满足施工需要。

（9）施工现场应当设置良好的排水系统和废水回收利用设施。防止污水、污泥污染周边道路，堵塞排水管道或河道。

（10）采用明沟排水的，沟顶应当设置盖板。禁止向饮用水源及各类河道、水域排水。

（11）坐落在建成区内的施工现场厕所，应当采用密闭水冲式，保持干净清洁。

（12）施工现场危险点、危险源、重点防火部位及应急救护标识、标志等设置醒目、齐全、规范。

（13）主体施工区域应设置有垃圾通道或活动垃圾箱，有专人进行定期清理，场内运输时有防抛洒等措施。

（14）建筑物临时出入口搭设有安全防护棚和安全通道，安全警示标志明显；交叉作业时，设置有安全可靠的隔离防护设施。

（15）施工现场的场区应干净整齐，施工现场的楼梯口、电梯井口、预留洞口、通道口和建筑物临边部位应当设置整齐、标准的防护装置，各类警示标志设置明显。

（16）锅炉、汽机及所有附属车间的坑、洞、盖板、围栏及平台楼梯的栏杆齐全，有明显的色标，并设置有醒目的安全警示标志牌。

（17）沟、槽、坑井作业区域防护栏杆、安全警示标志齐全。“三宝”“四口”及各种防护符合相关标准要求。

（18）现场使用的中、小型机械摆放整齐，保持完好、清洁，安全装置齐全、可靠，状态标识、操作规程及责任人、责任单位标识清晰、醒目。

（19）施工现场的各种设施、 建筑材料、设备器材、现场制品、成品半成品、构配件等物料应当按照施工总平面图划定的区域存放，并设置标签。

（20）禁止混放或在施工现场外擅自占道堆放建筑材料、工程渣土和建筑垃圾。

（21）各类脚手架必须由专业施工单位搭设和拆除，结构合理、牢固，经检查验收后挂相应“状态标识牌”使用。

（22）建筑物外脚手架应当使用符合国家和有关部门要求的全封闭的绿色安全立网，防止高空坠物和建筑粉尘飞扬。

（23）集中供送的氧气、乙炔管道线节门装有防砸、防火隔离设施；焊接设备采用集中布置，统一布线。

（24）气瓶有压力容器标志，防震圈、防砸帽齐全，压力表完好，摆放符合要求。

（25）木工棚、材料堆放场等区域的消防器材配置齐全、有效，标识清晰。

（26）施工现场堆放砂、石等散体物料的，应当设置高度不低于 0.12m 的堆放池，并对物料裸露部分实施苫盖。

（27）土方、工程渣土和垃圾应当集中堆放，堆放高度不得超出围挡高度，并采取苫盖、固化措施。

（28）土方开挖后的弃土及时摊平或运走，坑、沟等周围设置有挡水围堰和安全防护设施。

（29）施工产生的渣土、泥浆及废弃物应当随产随清。暂存的渣土应当集中堆放并全部苫盖。禁止渣土外溢至围挡以外或者露天存放。

（30）运输工程渣土、泥浆、建筑垃圾及砂、石等散体建筑材料，应当采用密闭运输车辆，并按指定路线行驶。

（31）拆除建筑物和构筑物应当采用符合要求的作业方式，拆除、清运时要采取喷淋措施。

（32）禁止在施工现场搅拌混凝土和灰土、露天堆放水泥和石灰，焚烧垃圾等有害物质。在施工现场不得将煤炭、木材及油毡、油漆等材料作为燃烧能源。

安全生产事故调查处理

一、安全生产事故分类

安全生产事故的种类及定义如表 12–2 所示。

表 12–2　　安全生产事故定义

事故种类	事故定义
记录事故	（1）员工受伤，但伤情甚微，未造成歇工或歇工未满一个工作日的事故； （2）已发生的威胁人身安全的危险事件，未造成人身伤害的未遂事故； （3）已发生的性质恶劣、严重威胁人身安全的危险事件，但未造成人身伤害的严重未遂事故
轻微伤害事故	指休工天数为一天以下（不含一天），且没有后遗症的轻微伤害或经医院检查确认不构成轻伤的事故
轻伤	（1）轻伤是指造成职工肢体伤残，或某些器官功能性或器质性轻度损失，表现为劳动能力轻度或暂时丧失的伤害。一般指受伤职工歇工在一个工作日以上，但够不上重伤者； （2）轻伤事故是指一次事故中只发生轻伤的事故

续表

事故种类	事 故 定 义
重伤	（1）指造成职工肢体残缺或视觉、听觉等器官受到严重损伤，一般能引起人体长期存在功能障碍，或劳动能力有重大损失的伤害； （2）重伤事故是指一次事故中发生的重伤（包括伴有轻伤）、无死亡的事故
较大涉险事故	（1）涉险12人以上的事故； （2）造成2人以上被困或者下落不明的事故； （3）紧急疏散人员100人以上的事故； （4）住院观察治疗20人以上的事故； （5）危险化学品大量泄露或因事故对环境造成严重污染（人员密集场所、生活水源、农田、河流、水库、湖泊等）的事故； （6）危及重要场所和设施安全（发电厂、变电站、重要水利设施、危化品库、油气站等）的事故； （7）其他较大涉险事故

安全事故的等级直接引用《生产安全事故报告和调查处理条例》（国务院令第493号）中的定义，即分为一般事故、较大事故、重大事故及特别重大事故等四类。如表12–3所示。

表12–3　安全生产事故等级分类

安全事故分类	分类标准（定义）
特别重大事故	30人以上死亡或100人以上重伤，或者1亿元以上直接经济损失（急性工业中毒属于重伤范围）
重大事故	10～29人死亡，或者重伤合计50～99人，或者5000万～1亿元直接经济损失（急性工业中毒属于重伤范围）
较大事故	3～9人死亡，或10～49人重伤，或1000～5000万元直接经济损失（急性工业中毒属于重伤范围）
一般事故	3人以下死亡或10人以下重伤，或者1000万元以下直接经济损失（急性工业中毒属于重伤范围）

二、事故报告

发生轻伤事故后，受伤人员或事故现场有关人员将事故发生的时间、地点、经过、原因等立即报告项目安全主管、项目经理。发生重伤或者较大涉险事故时，受伤人员或事故现场有关人员应立即直接或逐级报告项目经理。

项目经理接到事故报告后，应当立即启动相应的专项应急预案，或者采取有效措施，组织抢救，防止事故扩大，减少人员伤亡和财产损失。同时，应立即向公司本部报告。如事故具体情况暂时不清楚的，可以先报事故概况，随后补报事故全面情况；事故报告后出现新情况的，应当及时补报。死亡事故还应报告当地安监局、公安部门、检察部门及工会等。

在生产经营活动中发生的虽未造成人员伤亡和财产损失，但性质较为严重、造成社会影响较大的事故和较大涉险事故按一般 A 级事故报告公司本部和上级单位。

发生火灾事故、厂外道路交通事故后，项目经理必须立即向当地的消防部门、交警部门报告，同时应按事故等级上报公司本部。发生较大及以上事故或者社会影响恶劣的事故以及情况紧急时，有关人员可以直接越级报告。越级上报时，同时应抄报所越过的单位。

报告事故应当包括下列内容：

（1）事故发生单位概况；

（2）事故发生的时间、地点以及事故现场情况；

（3）事故的简要经过（包括应急救援情况）；

（4）事故已经造成或者可能造成的伤亡人数（包括下落不明、涉险的人数）和初步估计的直接经济损失；

（5）已经采取的措施；

（6）其他应当报告的事项；

（7）按规定应补充报送的情况。

项目经理应当做好事故的续报工作，现场应急响应结束前每日至少续报 1 次。自事故发生之日起 30 日内（道路交通事故、火灾事故自发生之日起 7 日内），事故造成的伤亡人数发生变化的，应当及时补报。

三、事故调查

（一）事故的分级调查

事故的分级和分级调查职责见表 12–4。

表 12–4　　事故分级调查

事故的分级	分级调查职责
记录事故、轻伤事故	项目经理或委托施工总承包单位组织成立事故调查组，在事故发生 24h 内召开事故分析会，并将事故调查报告上报公司备案
D 级及以上事故	项目经理部、项目管理部配合上级单位做好事故的原因分析、调查及处理工作
厂外道路交通事故、火灾事故、船舶交通事故等	由事故发生地人民政府及其安全生产监督管理部门组织进行调查处理，项目经理部负责做好相关的配合及协助工作

成立事故调查组，事故调查组的工作要求见表 12–5。

表 12–5　　事故调查组工作要求

类别	工作要求
事故调查组的组成应当遵循精简、效能的原则	根据事故的具体情况，可以聘请有关专家参与调查。其成员应当具有事故调查所需要的知识和专长，并与所调查事故没有直接利害关系

续表

类别	工作要求
事故调查组的职责	（1）查明事故发生的原因、经过、人员伤亡情况及直接经济损失； （2）认定事故的性质和事故责任； （3）提出对事故责任者的处理建议； （4）总结事故教训，提出防范和整改措施； （5）提交事故调查报告
事故调查组权限	事故调查组有权向有关单位和个人了解与事故有关的情况，并要求其提供相关文件、资料，有关单位和个人不得拒绝
对事故发生单位的要求	（1）事故发生单位的负责人和有关人员在事故调查期间不得擅离职守，并应当随时接受事故调查组的询问，如实提供有关情况； （2）故发生单位的负责人和有关人员在事故调查期间不得擅离职守，并应当随时接受事故调查组的询问，如实提供有关情况

事故调查的方法见表 12–6。

表 12–6　事故调查方法

调查方法	内　容
现场调查	包括现场勘查、写实、描述、实物取证
技术鉴定	通过对现场取证、残痕等进行技术研究、分析，确定事故发生的直接原因
询问和谈话笔录	对当事人的询问和谈话笔录，了解当时工作状态和事故发生经过
救护报告	救护报告是事故现场的第一手资料，包括伤亡人员的位置及状态、设备设施的状态和破坏情况，为事故分析打下基础
管理方面的调查	安全制度的执行情况、员工安全教育情况、安全技术措施经费的提取和使用情况、技术措施和作业规程的编制、审批、实施情况、历年安全状况等

事故调查的范围和内容见表 12–7。

表 12–7　事故调查的范围和内容

范围	内　容
事故现场处理	（1）事故发生后，项目经理和有关人员应当妥善保护事故现场以及相关证据，不得破坏事故现场、不得毁灭相关证据； （2）因抢救人员、防止事故扩大以及疏通交通等原因，需要移动事故现场物件的，应当做出标志，绘制现场简图并做出书面记录，采取摄影、摄像等措施，妥善保存现场重要痕迹、物证
物证搜集	（1）现场物证包括：破损物件、碎片、残留物、致害物及位置等； （2）对搜到的物证均应贴上标签，注明地点、时间、管理者； （3）所有物证应保持原样，不准冲洗擦拭
事故材料的搜集	与事故鉴别、记录有关的材料： （1）发生事故的单位、时间、地点； （2）受害者和肇事者的姓名、性别、年龄、文化程度、原单位、职业技术等级、工龄、本工种工龄、支付工资的形式； （3）受害者和肇事者技术状况，接受安全教育情况； （4）出事当天，受害者和肇事者开始工作时间、工作内容、工作量、作业程序、操作时的动作（或位置）； （5）受害者和肇事者过去的事故记录

续表

范围	内 容
事故材料的搜集	事故发生的有关事实： （1）事故发生前设备、物资设施等的性能和质量状况； （2）有关设计的技术文件、工作指令和规章制度等方面的资料及执行情况； （3）个人防护设施和工作环境； （4）事故前当事人的健康状况； （5）其他可能与事故致因有关的细节或因素
	证人材料搜集： 要尽快找到有关人员搜集材料，对证人的口述材料，要认真考证真实程度
	现场拍照： （1）显示残骸和受害者原始存息地的所有照片； （2）可能被清除或被践踏的痕迹； （3）事故现场全貌
	报告中的事故图，要包括了解事故所必要的信息，如事故现场示意图、受害者位置图等

（二）事故原因分析

事故分析的目的是掌握事故情况，查明事故原因，分清事故责任，拟定改进措施，防止事故重复发生。详见表12–8。

表12–8 事故原因分析

类别	内 容
事故分析步骤	（1）查阅事故调查资料，弄清事故发生的真实经过； （2）按以下七项内容进行分析：受伤部位、受伤性质、起因物、致害物、伤害方式、不安全状态、不安全行为； （3）确定事故的直接原因； （4）确定事故的间接、根本原因； （5）确定事故的责任者； （6）根据事故后果和责任者应负的责任提出处理意见
事故原因分析	（1）人的不安全行为、物的不安全状态是事故的直接原因； （2）事故的间接原因有：技术或设计上有缺陷、教育培训不够、未经教育、缺乏或不懂安全操作技术知识、劳动组织不合理、没有操作规程或不健全、对现场工作缺乏检查或指导，没有或不认真实施事故防范措施，对事故隐患整改不力

（三）事故责任的认定

根据事故调查所确认的事实及事故发生的原因，按照当事人在事故过程中的作用，分析事故责任。事故责任分为直接责任、主要责任、领导责任和次要责任。详见表12–9。

表 12–9　　　　事 故 责 任 认 定

类别	内　容
其行为与事故发生有直接因果关系的，承担事故的直接责任	（1）在直接责任中起主要作用的，承担事故的主要责任； （2）对事故发生负有领导责任的，承担事故的领导责任； （3）对事故发生的次要原因负有责任的，承担事故的次要责任
因下列原因之一造成的事故，由行政领导负主要责任	（1）发布违反有关安全生产法律、法规和制度的命令，违章指挥施工； （2）无视安监部门的书面报告，未及时消除重大事故隐患； （3）安监机构和规章制度不健全，管理混乱； （4）未认真吸取教训，未及时采取有效措施，使同类事故重复发生
因下列原因之一造成的事故，由有关领导者负主要责任	（1）未经三级安全教育和考试，不懂安全操作知识，由安排工作者负主要责任； （2）施工中无安全施工措施或未经安全交底就施工，施工负责人负主要责任； （3）施工技术措施有错误，审批者负主要责任，编制者负次要责任； （4）安全设施不具备，作业环境不安全而又未采取措施，由组织施工的负责人负主要责任； （5）职业防护用品、用具，施工工具的质量不符合国家标准，由采购部门负责人负主要责任； （6）违反职业禁忌证的有关规定，不符合身体健康要求的人员上岗，由工作安排者负主要责任； （7）违反总包方承包工程项目范围的规定，招用未经安全资质审查或审查不合格的总包方，由招用部门的负责人负主要责任； （8）违章指挥施工，指挥者负主要责任
因下列原因之一造成的事故，由肇事者负主要责任	（1）违反安全交底规定，违章作业，违反劳动纪律； （2）玩忽职守，工作不负责任； （3）未使用职业防护用品、用具或使用不当； （4）擅自拆除、毁坏、挪用安全设施和安全装置

（四）事故调查报告的提交

轻伤事故、重伤事故、一般财产损失事故，调查处理工作应在 12 日内结案。特殊情况下，经上级单位领导批准，事故调查报告的提交期限可适当延长，但不得超过 30 日。

事故调查报告应包括下列内容：

（1）事故单位基本情况；

（2）事故发生经过和事故救援情况；

（3）事故造成的人员伤亡和直接经济损失；

（4）事故发生的原因和事故性质；

（5）事故责任的认定以及对事故责任者的处理建议；

（6）事故防范和整改措施；

（7）附件、技术鉴定、笔录、图纸、照片等。

事故调查报告经调查组讨论通过，每位调查组成员都应签字。

四、事故处理

安全事故调查处理按照“三不放过”原则，即事故原因分析不清不放过；事故责任者与群众未受到教育不放过；没有防范措施不放过。

记录事故、轻伤事故由施工总包单位依据本单位的规定进行处理，并上报项目经理部进行备案。对 D 级以下事故，在公司授权委托的情况下，由项目经理部组织进行事故调查处理，并上报公司进行审查备案。对发生的 D 级及以上事故，按公司《安全生产考核奖惩及责任追究管理规定》，对相关人员进行安全考核及责任追究。

相关表单：

（1）施工安全事故报告单

（2）安全事故考核处罚表

相关制度：

（1）安全生产事故报告与调查处理规定

（2）安全生产事故报告和调查处理规定

安全信息管理

一、项目经理部安全信息报告、报送管理

坚持分级报送、归口管理、资源共享的原则，且在安全信息的收集、统计、报告过程中应做到实事求是，严禁漏报、虚报和瞒报。

项目经理部应在规定期限内上报安全统计信息，质量安全管理部负责对各项目经理部的安全信息进行汇总及整理，向中环公司安全主管部门上报《月安全信息统计报表》并进行存档备案。

每月 28 日之前，项目经理部上报包含安全管理情况的工程月报。每年五一、十一及春节长假，分别于放假前一天上午 11:00 前上报节日安全生产情况及现场值班、应急车辆安排情况等。每年 12 月 15 日前，上报本年度项目经理部安全管理工作总结和下一年度的安全工作管理策划。

其他应报送的安全信息如下。

（1）《项目安委会工作会议纪要》。

（2）《专项应急预案演练评价报告》。

（3）《安全生产突发事件快报表》和《安全事故调查及处理报告》等。

（4）针对公司安全检查要求应上报的整改反馈信息。

（5）“安全生产月活动计划、总结”等其他应上报的安全管理资料。

二、施工承包单位安全信息报送管理

施工总包单位应以书面、电子邮件等形式将安全信息上报给项目安全主管。施工总包单位应报送的安全信息内容见表 12–10。

表 12-10　　安全信息报送内容

类别	内　容
进场之初应上报的安全资料	（1）本单位的施工资质（包括营业执照、施工企业资质、安全生产许可证等）； （2）本单位的项目现场安全管理组织机构图； （3）项目经理、专（兼职）安全管理人员的上岗证书； （4）本单位的现场安全管理规章制度； （5）本单位施工范围内的不可接受风险与重要环境因素清单； （6）工程项目的安全管理工作总策划； （7）工程现场安全文明施工标准化管理二次规划； （8）针对工程现场的紧急情况、突发意外事件而编制的应急处置方案
应及时上报的安全资料	（1）有关成立项目安委会、应急领导指挥小组等方面的通知文件； （2）本单位所有进厂人员的安全考试登记清单； （3）电工、架子工等特种作业人员的上岗证； （4）安全帽、安全带、安全网等防护用品的“三证”（生产许可证、出厂检验合格证、安全检验证书）； （5）起重机械、电梯等的“特种设备安装、维修、改造资质”； （6）承建烟囱、冷却塔等特殊工程的专业施工资质； （7）高风险作业项目的安全技术交底、安全施工作业票及专项施工安全技术方案等； （8）针对现场安全检查整改要求应上报的“事故隐患整改反馈单”等资料； （9）起重机械、电梯、烟囱滑模提升工台等的定期检验报告、“安全准用证”或“检测验收记录”等； （10）其他应报审备案的安全资料
应定期上报的安全管理资料	（1）《工程项目安全伤亡事故月报表》； （2）《月度安全措施费用投入统计明细表》； （3）月度安全文明施工工作总结、下月计划； （4）“安全生产月”等专项安全活动的计划与总结； （5）“国庆节”、春节等重大节假日期间的现场值班工作安排计划

安全内业管理

安全内业资料的记录形式包括纸质文件、电子文档、照片及音像资料等。安全内业管理资料的管理要求如下。

（1）施工总包单位应负责本单位的安全内业资料管理工作，明确负责人及岗位责任。施工承包单位、专项分包单位应建立相关的管理制度，规范安全内业资料的形成、收集、整理等工作，并应随安全管理工作同步形成，做到真实有效、及时完整。

（2）安全内业资料应字迹清楚、格式规范，且标识明确，并可追溯相关的安全活动。施工承包单位、专项分包单位的安全记录格式可不要求完全按照项目部的格式进行统一，但上报项目经理部、工程监理方的安全资料要按照规定的格式。

（3）定期召开安全生产专题会议，并形成会议纪要。

（4）施工总包单位应将本单位安全生产管理体系、安全机构设置（包括安全管理人员情况、执业资格证书等）、安全生产管理制度等资料报项目经理部备案；编制针对突发事件的专项应急处置方案，成立应急救援组织，配备必要的应急救援器材和物资，组织进行培训和演练，并报项目经理部进行备案。

（5）针对危险性较大的分部分项工程，施工总包单位应组织专家进行论证，并作为专项安全施工方案的附件一并报项目经理部进行审查确认。

（6）施工承包单位、专项分包单位应将各项安全技术交底进行汇总，存放施工现场以备检验。针对分部分项工程及有特殊风险的作业项目，应由项目技术负责人对施工作业人员进行书面安全技术交底。

（7）施工承包单位、专项分包单位对新入场、转场及变换工种的施工人员必须进行安全教育，经考试合格后方可上岗作业，同时，每年的开工之前应进行一次安全生产培训，并对被教育人员、教育内容、教育时间等进行记录。

（8）电工、焊工、架子工、起重机械作业工（包括司机、安装/拆卸、信号指挥等）特种作业人员上岗前，施工总包单位应审查特种作业人员的操作证，核对资格证原件后在复印件上盖章存档，并报项目经理部核查。

（9）施工总包单位应及时将塔式起重机、施工升降机、电动吊篮、物料提升机械等安装/拆卸方案、机械性能检测报告、安装/拆卸人员及操作人员上岗证书、安装/拆卸单位资质等报工程监理单位进行审查。

消防、保卫及厂内交通安全管理

一、消防安全

（一）消防安全管理原则

（1）坚持“预防为主，防消结合”的消防方针，坚持专门机构与群众相结合的原则。

（2）坚持“谁施工、谁负责”的原则。

（3）消防安全检查坚持定人员、定时间、定措施的“三定”原则。

（4）对火灾事故的调查及处理坚持“四不放过”的原则。

（二）现场的重点防火部位

（1）建设项目办公区域、生活场所及现场食堂。

（2）易燃易爆物品库房。

（3）防腐、衬胶、油漆作业区域。

（4）电缆通道。

（5）配电房。

（6）制氢站。

（7）油罐区。

（8）其他危险区域。

（三）消防设施、消防器材的管理

（1）消防设施及消防器材应有专人进行管理，并建立相关的管理档案。

（2）消防器材的配置要严格执行防火、防盗、防破坏、防爆炸的管理标准。

（3）在仓库、宿舍、加工场地及重要的机械设备旁均应设有相应的灭火器材（如灭火器、消防沙箱等）。

（4）消防水带、灭火器、沙桶（箱、袋）、斧、锹、钩子等消防器材应定位放置，不得任意移动或遮盖，严禁随意移动和挪作他用。

（5）现场配置的消防器材应确保随时处于完好备用状态，相关标识、标志保持完整齐全。

（6）应定期对消防设施和消防器材进行检查与试验，并做好相关的检验标识管理。

（7）严禁在消防设施周围搭设工棚或堆放物料，严禁在消防器材周边放置设备与材料。

（8）在无火灾情况下，任何人不得动用灭火器，更不准拆卸零部件。

（四）消防安全管理要求

（1）施工现场应进行合理规划，临时建筑物及库房设计均应符合防火要求。

（2）编制施工组织设计时，总平面布置图、施工方法和施工技术均要符合消防要求。

（3）施工总承包单位应建立健全消防安全保证体系，做好对义务消防人员的专业培训。

（4）严禁在办公室、工具房、休息室等公共场所存放易燃易爆物品。

（5）施工现场严禁流动吸烟，严禁焚烧垃圾和废弃物，重点防火部位要设立醒目的“禁止烟火”等安全警示警告标记。

（6）施工现场使用的安全网、围网和保温材料应当符合消防安全规范，不得使用易燃或者可燃材料。

（7）施工现场设置的临时消防通道必须随时保证畅通，禁止在消防通道上堆物、堆料或临时挤占，如因施工确需临时堵塞或挖断的，应提前办理面审批手续。

（8）施工现场存放易燃、可燃材料的库房、木工加工场所、油漆配料房及防水作业场所不得使用明露高热强光灯具，且严禁在密闭的库房内调配油漆或稀料。

（9）易燃易爆物品库房须设置醒目的防火标志，区域内的杂草及易燃物应及时进行清除。

（10）在重点防火部位动用明火作业，或进行可能产生火花的作业时，必须按规定办理动火作业票，施工完毕后应检查现场，确认无火险隐患后方可离去。

（11）应严格执行项目部的《施工用电安全管理规定》《安全隐患排查管理规定》等规章制度，做到规范化施工。

二、厂内保卫、道路交通安全管理

（一）人员管理

（1）施工总承包单位及各相关方应依据给定的样式，为本单位的员工办理工作证，并及时将人员名单及工作证号码报项目经理部进行备案。

（2）所有办理工作证的人员，必须是经过了安全培训和考试，并提供相关个人证件（身份证、驾驶证等）信息。

（3）人员进入施工现场时，应佩戴安全帽、工作证，禁止穿裤头、背心、裙子、拖鞋、凉鞋、高跟鞋入厂。

（4）保卫人员应对进厂人员的个人劳保用品佩戴情况进行检查，确认着装正确后方可准予入厂。

（5）人员出厂时，应主动出示工作证，打开包裹并接受保卫人员的例行检查。

（6）保卫人员应要求持有包裹的人员打开包裹检查，出厂人员应无条件接受检查，经检查确认没有携带厂内物资后，准予出厂。

（7）访客进入施工现场时，应在陪同人员的带领下到保卫室登记入厂，并接受短时间安全培训（发放安全须知或观看培训短片）。

（8）施工总承包单位及各相关单位应为访客准备安全帽等个人劳保用品。

（9）保卫人员应登记所有访客的信息，并存档。

（10）当地政府官员、客户代表等重要人员来访，由接洽人迎进，事后接洽人负责填写来宾登记表。

（11）凡准许进入现场的访客，应主动出示所携带的物件，不得携带任何危险物品。

（12）送货司机和助手的入厂程序，按访客的入厂程序进行管理。

（二）现场车辆管理

表 12–11　　现场车辆管理要求

类别	内　容
经常进出的车辆	（1）经常进出工地的车辆，应办理车辆通行证； （2）车辆通行证应放置在车窗的显眼位置； （3）车辆入厂时，保卫应检查车辆通行证的符合性； （4）驾驶此类车辆的司机必须是经过安全培训和考试，持有有效驾驶证件及工作证的员工
送货及施工车辆	（1）送货和施工车辆没有经过批准禁止入厂； （2）各施工总承包单位应指定车辆入厂申请的审批人，负责与其工作范围相关的车辆入厂申请； （3）该类车辆入厂时，应在引导员的带领下到保卫室登记入厂； （4）该类车辆入厂时，应出示批准的入厂申请，到保卫室登记，司机和助手需接受短时间安全培训(发放安全须知或观看培训短片)，然后领取访客证和车辆临时通行证，在引导员的带领下入厂； （5）司机和助手入厂安全劳保用品的穿戴同持有工作证的人员要求一样； （6）各施工总承包单位应为司机及其助手准备安全防护用品； （7）送货车辆卸货后空车需经保卫人员安全检查、确认后方可放行，如有非本工程项目的物品装载于同一车辆内，卸货时接洽人和保卫人员随车前往卸货地点监督卸货，确认本项目的货物全部卸完，再按规定办理出门手续，准予放行； （8）出厂时，司机和助手应交还访客证给保卫室； （9）如果所送的设备和物资，以后还需要出厂（如施工用的工器具），则应为货物办理登记手续； （10）保卫人员应登记所有司机、助手和货物的信息，并妥善存档

（三）设备物资的进出管理

1. 设备物资入厂管理

（1）安装于工程项目的永久设备或物资，即今后不需要出厂的设备，可以不必在保卫室登记。

（2）施工机械、作业工器具、临时设施等施工用设备和物资，即今后需要出厂的，都应在保卫室登记。

（3）保卫室准备专用的进厂设备物资登记本，登记进厂设备物资，并妥善存档。

（4）施工总承包单位及各相关方应建立在厂内的机械、物资、工器具等的档案，并经常进行核对，及时更新。

2. 设备物资出厂管理

（1）属于本工程项目的永久设备或物资，因返厂、退货或维修等原因需要出厂时，由责任单位办理“设备物资出厂证”，由施工总承包单位进行审核，由项目经理部进行批准。

（2）施工用设备和物资在出厂时，由责任单位办理“设备物资出厂证”，由施工总承包单位进行审核批准。

（四）厂内交通管理

（1）所有进入施工现场的车辆必须持有通行证，临时进入施工现场的车辆须办理临时通行证或进行登记手续，离开施工区域须交回临时通行证。

（2）进出施工生产现场的任何车辆，必须接受保卫人员的严格检查，任何单位或个人不得以任何理由拒绝。

（3）工程车辆须保持良好的运输状况，对于破旧车辆，不能满足文明施工要求的车辆，项目经理部有权收回有关证件，限期整改，否则取消在施工生产现场的运输资格。

（4）车辆驾驶人员进入施工生产现场，应遵守施工现场的管理规定，出驾驶室要戴好安全帽，现场不允许流动吸烟，着装符合安全要求等。

（5）任何车辆不得随意停靠，不得占道，都应严格遵守施工生产现场道路的交通规定，否则将实行经济处罚、吊销通行证、扣车等处理。

（6）履带式起重或运送车辆在混凝土路面上行驶时，必须采取必要的路面保护措施。

（7）施工总承包单位及各相关方应加强本单位运输车辆的管理，实行“谁用车谁管理”的原则。

（8）项目经理部随时对施工现场的交通情况进行监督、检查，及时解决施工生产现场的道路堵塞，车辆违章等现象，以确保施工现场的道路畅通与车辆交通安全。

（9）厂内实施交通限速，所有机动车辆限速15km/h以下。保卫人员应检查车辆在厂的行驶速度，如发现超速，应立即告知司机改正，如发现严重超速，则要求司机离厂，并取消其进厂资格。

职业健康管理

一、职业健康设施

职工生活区集中建立在避风、向阳、静辟处，与施工现场保持一定的距离，以防止施工对宿舍的污染，尽可能给员工营造一个清洁舒适的生活环境。

在生活房屋、办公室内安装空调或风扇及取暖设施等，以利夏季防暑降温及冬季保暖。在生活区设立职工活动场所，配备一定数量的运动设施，以利于职工在空闲时间锻炼身体。生活区设置足够数量的卫生设施，保持员工宿舍区内的卫生，室内外卫生经常清扫，保持地面干净，日常用品摆放整齐，保持室内通风良好，空气清新。在室外种植花草，美化环境。生活区内设置有取暖设施的公共洗澡间，洗澡间内设置冷热水管，保证员工在工作后能洗澡，保持个人的清洁卫生。

在生活区外围偏僻处设立生活垃圾池，生活垃圾在生活区内采用封闭式容器收集，然后统一倒入垃圾池，再按当地环保规定运至指定垃圾处理地点统一处理，严禁随地丢弃生活垃圾。

二、职业健康劳动保护措施

（1）接触粉尘、有毒有害气体等有害、危险施工环境的职工，按有关规定发放个人劳动保护用品，并监督检查使用情况，以确保正常使用。

（2）加强机械保养，减少施工机械不正常运转造成的噪声。

（3）对于噪声超标的机械设备，采用消音器降低噪声，运输机械行驶过程中，只许按低音喇叭，严禁长时间鸣笛。

（4）对经常接触噪声的职工，加强个人防护，佩戴耳塞消除影响。

（5）按照劳动法的要求，做好本工程的劳动保护装备工作，根据每个工种的人数以及劳动性质，由物资部门负责采购，配备充足而且必要的劳动保护用品，同时加强行政管理，落实劳动保护措施。

三、医疗卫生保护措施医疗保证措施

（1）对项目内出现的疫情信息，及时向卫生机构报告，对内规范管理、对外加强协调联系，营造一个良好的内外卫生防疫工作环境。

（2）夏季发放防暑药品，防止中暑。

（3）春秋两季是传染病、病毒性疾病高发季节，医务人员将加强对职工的健康检查，做好预防接种工作，搞好环境卫生，切断蚊蝇等传媒生物滋生源，有效控制疾病的流行。

（4）工地配备一定数量的环境卫生清扫人员，每天对工地的环境卫生进行打扫，尤其是职工宿舍周围的环境卫生。

（5）每天做到场地清洁，房屋四周排水畅通，无污水死水、无病毒滋生的腐质物堆，生活垃圾统一装入垃圾箱并及时运往指定的垃圾场。

（6）积极开展爱卫活动，消除蚊蝇孳生源，开展灭鼠防鼠活动，同时抓好消毒、杀虫工作。

（7）保持施工场地的整洁，每天下班后，施工人员应及时对施工场地进行整理，保证做到材料分类成堆，机械设备停放有序。

（8）食堂工作人员要保持自身的清洁、卫生，对食品制作人员进行定期的健康检查，保证食品制作，饭菜做熟、营养合理，加强食品的采购和储存管理，保证食品安全、卫生。

四、职业病防治措施

（1）严格执行《中华人民共和国传染病防治法》《中华人民共和国公众卫生法》及所在地政府有关职业病管理与疾病防治的规章制度。

（2）各单位配备应有的设施，用于职工的疾病预防及事故中受伤职工的抢救。

（3）强化人员的卫生意识，杜绝疾病的产生，对已患传染病者及时隔离治疗。

（4）有针对性地进行职业病的检查，发现病情时，及时进行病情分析，寻找发病根源，加强和改进施工方法及工艺，消除发病根源，防止病情的蔓延。

（5）对特殊工种进行岗前培训，持证上岗，按规定采取防范措施，按规定进行施工操作，及时发放个人劳动保护用品，并监督检查正确使用。

（6）做好对员工卫生防病的宣传教育工作，针对季节性流行病、传染病等，要利用板报等形式向职工介绍防病、治病的知识和方法。

（7）加强施工运输道路和防尘工作，搅拌站和预制场内的行车道路，均采用混凝土硬化处理，对粉尘较多的进场施工便道，采取填筑沙砾等材料铺设路面，以减少由于行车造成灰尘增多，指派专人对施工运输道路进行维护，并用洒水车经常洒水，保持道路湿润，最大限度地减少道路粉尘飞扬。

环境保护管理

一、施工总平面规划布置管理

针对施工有可能产生的施工污染物将对环境产生的影响，在进行总体布局时，结合工程的施工需要，把环境保护作为一个重要的指标。

施工总体布置，考虑在满足主体工程需要的前提下，将污染危害最大的设施布置在远离非污染设施的地段，然后合理地确定其余设施的相应位置，尽可能避免互相影响和污染。产生有毒有害气体、粉尘、烟雾、恶臭、噪声等物质或因素的设施与生活居住区之间，保持必要的卫生防护距离，并采取绿化措施。

在施工实施阶段，按批准的施工组织设计，规划、建设临建设施，做到施工用房规范化，道路平整畅通，确保施工现场整齐、安全，创建文明工地和整洁卫生的环境，并接受当地政府有关部门的监督。

二、边坡保护和水土流失防治措施

（1）施工前对施工场地临时排水做出详细规划，并配置相应的临时排水设施。排水系统布置图和引排措施随施工技术措施同时报监理工程师审批。

（2）除因施工必要外，施工时应当尽量减少破坏植被，严禁超越征地范围毁坏森林植被与林木花草，因建设使植被受到破坏的，必须采取措施恢复表土层和植被，防止水土流失。

（3）保护施工区外的植被不被爆破、机械等损坏，如有损坏，应及时清除飞石和杂物，修补植被，完工后进行绿化，尽量在施工区内修建施工道路，避免破坏周边环境。必须在施工区以外修建施工道路时，做到及时绿化，竣工后，遵照指示进行整治和绿化。

（4）严禁在林区焚烧垃圾或点明火，以防森林火灾。

（5）施工区所有易造成水土流失的开挖面，开挖作业前在开口线外预先挖好截、排水沟，开挖后及时按设计要求进行保护。

（6）在公路两侧地界以内的山坡地，必须严格按设计要求修建护坡或者采取其他土地整治措施。

（7）废弃的沙、石、土必须运至规定的专门存放地堆放，不得向江河、湖泊、水库和专门存放地以外的沟渠倾倒。

（8）搞好生活区的绿化工作，在可能的地方植树种草，以美化环境、防止水土流失。

（9）工程竣工后，取土场、开挖面和废弃的沙、石、土存放地的裸露土地，按要求进行平整，覆盖种植土，以便植树种草，做到水土保持。

三、施工污染物控制

（一）粉尘控制

（1）施工现场主要道路必须进行硬化处理。

（2）规划厂内临时弃土堆放点，尽量减少厂内外转运次数。

（3）遇有四级风以上天气时，原则上不得进行土方回填、转运以及其他可能产生扬尘污染的施工。

（4）在进行土方、渣土和建筑垃圾的运输时，必须使用密闭式运输车辆，采取措施防止车辆运输过程泄漏遗撒。

（5）水泥和其他易起尘的建筑材料应当在库房存放或者严密遮盖，使用过程中应在封闭工棚内进行。

（6）厂内搅拌站必须按照要求，加大投入，对粉尘、噪声和废水进行有效治理，尽最大可能减少环境污染。

（7）厂区道路及作业区域定期进行洒水降尘。

（8）现场食堂的厨余垃圾可采取填埋、专人清理回收等方式进行处理。

（二）噪声控制

（1）施工现场在 6:00—21:00 期间，噪声排放要求≤70dB。在 21:00—6:00 期间，噪声排放要求≤55dB。

（2）合理安排施工时间，高噪声设备应安排在昼间施工，并避开居民午休时间，夜间禁止施工。

（3）施工机械尽量采用低噪声设备，以降低设备噪声声级。在满足施工工艺要求的前提下，应结合项目周边噪声敏感建筑物分布情况合理布局建筑施工场地，施工场地内的电锯等高噪声设备应搭设封闭式机棚，尽可能地减少施工噪声对周边环境的影响。

（4）在同一地点尽量避免多种高噪声施工设备同时作业，以免施工现场局部声级过高，导致施工场界噪声超标，强化施工管理，降低人为施工噪声。

（5）承担夜间材料运输的车辆，进入施工现场严禁鸣笛，装卸材料应做到轻拿轻放，最大限度地减小噪声扰民。

（三）废污水排放控制

（1）办公场所、现场宿舍区的生活污水排入化粪池，经过预处理后排入污水管网。

（2）工程现场设置水冲式临时厕所时，应设置化粪池预处理后再进行排放。

（3）现场食堂的应设置搁油池，经沉淀处理后再进行排放。

（4）机组调试运行期间产生的工业污水，按照相关标准采取中和、沉淀等方法处理且检测合格后进行集中排放。

四、完工后的场地清理

除合同另有规定外，工程完工后的规定期限内，拆除临时设施，清除施工和生活区及其附近的施工废弃物，并按要求完成环境恢复。

工程即将完工前，及时呈报场地清理计划，包括清理范围、方法、人员设备、时间安排等，并按工程师批准的计划执行，清理以下内容。

（1）按要求将工地范围残留垃圾全部清除出场。

（2）按要求拆除临时工程，清理、平整临时占用的场地。

（3）设备和材料全部撤离工地或清除。

（4）按要求疏通或修整永久道路、建筑物排水沟。

（5）按要求清理施工堆积物。

应急管理规定

一、应急预案体系的构成

应急预案应形成体系，针对存在的安全风险、危险源，以及可能发生的各种突发事件，应分别制订综合应急预案、专项应急预案及现场处置方案，并明确事前、事发、事中、事后等各个过程中相关部门及有关人员的职责。

综合应急预案是从总体上阐述工程项目处置事故和突发事件的应急方针、政策，应急组织结构及相关应急职责，应急行动、措施和保障等基本要求和程序，是应对各类事故和突发事件的综合性文件。

专项应急预案是针对具体的事故类别（如人员伤害事故、消防事故）、危险源和应急保障而制订的计划或方案，是综合应急预案的组成部分，应按照综合应急预案的程序和要求组织制订，并作为综合应急预案的附件，专项应急预案应制订明确的救援程序和具体的应急救援措施。

现场处置方案是针对具体的装置、场所或设施、岗位所制订的应急处置措施。现场处置方案应具体、简单、针对性强，现场处置方案应根据风险评估及危险性控制措施逐一编制，做到事故相关人员应知应会，熟练掌握，并通过应急演练，做到迅速反应、正确处置。

二、应急预案编制准备

在编制应急预案之前，应对现场可能存在的安全风险、危险源进行分析，认真研究当地气候、人文、医疗资源、场地周边环境、施工总承包单位所具备的资源状况等。应了解和掌握的信息主要有以下几方面。

（1）全面分析本单位危险因素、可能发生的事故类型及事故的危害程度。

（2）排查事故隐患的种类、数量和分布情况，并在隐患治理的基础上，预测可能发生的事故类型及其危害程度。

（3）确定事故危险源，进行风险评估。

（4）针对事故危险源和存在的问题，确定相应的防范措施。

（5）客观评价本单位应急能力。

（6）充分借鉴国内外同行业事故教训及应急工作经验。

三、应急预案编制

（一）资料收集

收集编制应急预案所需的各种资料，包括相关法律法规、应急预案、技术标准、国内外同行业事故案例分析、本项目技术资料等。

（二）危险源与风险分析

在危险因素分析及事故隐患排查、治理的基础上，确定本项目的危险源、可能发生事故的类型和后果，进行事故风险分析，并指出事故可能产生的次生、衍生事故，形成分析报告，分析结果作为应急预案的编制依据。

（三）应急能力评估

立足本项目应急管理基础和现状，对本项目应急装备、应急队伍等应急能力进行评估，并充分利用本项目现有应急资源，加强应急能力建设。

（四）应急预案编制

（1）针对可能发生的事故，按照有关规定和要求编制应急预案，应充分利用社会应急资源，与地方政府预案、上级主管单位以及相关部门的预案相衔接。

（2）应急预案编制过程中，对于机构设置、预案流程、职责划分等具体环节，应符合本单位实际情况和特点，保证预案的适应性、可操作性和有效性。

（3）应急预案编制过程中，应注重相关人员的参与和培训，使所有与事故有关人员均掌握危险源的危害性、应急处置方案和技能。

（4）编制的应急预案，应符合国家应急救援相关法律法规，符合公司应急管理工作规定，符合电力基建安全生产特点及现场施工实际。

四、应急预案的评审与发布

施工总承包单位编制的应急处置方案应由本单位相关管理部门进行审查，现场负责人批准后再报项目经理部进行审核备案。项目经理部组织相关人员对专项应急预案进行评审及发布，并按规定报公司备案。

五、应急准备

项目现场应根据应急管理要求，配备必要的应急设备和物资。项目现场应急物资按照“分级管理、合理储备、信息共享、统一调配”的原则进行管理；按照“分工负责、归口管理”的原则进行储备；按照“迅速反应、统一调配、各司其职、密切配合”原则进行调配。项目经理部应与外部可供借用支援的相关单位（当地政府、公安与消防部门）建立应急接口。

项目经理部应检查应急物资的储备是否充分与完好，发现不足或损坏时，应及时补充和修理；现场储备的应急管理物资任何单位和个人都不得随意动用。必要时，应急预案的要点和程序应当张贴在应急地点和应急指挥场所，并设有明显的标志。

六、应急培训与演练

应将应急培训纳入项目年度培训计划，并结合实际，开展形式多样的培训工作。项目现场每年应至少组织一次应急预案演练，并进行演练效果评价，及时对应急预案内容进行修改。

七、应急响应

应急管理应坚持“项目公司统一协调、施工总承包单位组织实施、应急事件分级处理、全员动手抢险救灾”的原则，尽量将事故灾害的发生降至最低限度。

应急预案进行一体化管理且遵照分级相应的原则。当发生突发事件时，施工总承包单位具备应急响应的条件时，其应急组织应服从项目公司的统一指挥和调度。

现场应急机构接到报告后即启动相应的应急预案，组织进行抢险救灾、抢救疏散人员、保护财产等应急响应。经评估不能仅靠项目现场的力量有效解决事件时，应及时请求外部抢险机构参加现场应急处置，并按规定进行及时上报。

应急工作结束后，应做好相关应急工作记录，并迅速开展生产恢复工作。要组织制订详细可行的工作计划，快速、有效地消除突发事件造成的影响，尽快恢复生产秩序，并做好善后处理、保险理赔等事项。

八、应急预案的修订

有下列情形之一的，应及时组织有关人员对应急预案进行修订。

（1）生产工艺和技术发生变化的。

（2）周围环境发生变化，形成新的重大危险源的。

（3）应急组织指挥体系或者职责已经调整的。

（4）依据的法律、法规、规章和标准发生变化的。

（5）应急预案演练评估报告要求修订的。

（6）出现其他必要的修订条件时。

安全管理制度

安全管理制度清单见表 12–12。

表 12–12　　项目安全管理制度清单

序号	项目安全管理制度清单	序号	项目安全管理制度清单
1	项目安全生产责任制	12	高处作业安全管理规定
2	项目安全措施费用管理规定	13	机械设备安全管理规定
3	项目安全教育培训管理规定	14	起重作业安全管理规定
4	项目安全技术交底管理规定	15	焊接与切割作业安全管理规定
5	项目安全施工技术措施管理规定	16	粉尘和射线安全管理规定
6	特殊岗位人员资质管理规定	17	消防安全管理规定
7	安全工作会议管理规定	18	项目安全内业资料管理规定
8	安全隐患排查管理规定	19	安全标志管理规定
9	安全设施管理规定	20	文明施工管理规定
10	施工用电安全管理规定	21	厂内道路交通安全管理规定
11	脚手架安全管理规定	22	项目安全信息管理规定

第十三章　项目质量管理

项目质量管理主要包括质量管理策划、质量控制、质量监督检查、质量信息管理、施工测量管理、质量风险管理、质量事故调查与处理、质量验收管理、成品半成品保护管理和创优工程管理。

总　则

一、项目质量管理的定义

项目的质量管理是指围绕项目经理部对项目质量所进行的指挥、协调和控制等活动。目的是确保工程项目按合同规定的要求圆满地实现，包括使项目设计所有的功能按照质量要求及目标得以实施。

二、项目质量管理的目的

实现合同中项目质量目标，创建优质工程；保证安装机组高质量、安全稳定进入商业运行，确保项目的相关方满意。

质量管理职责分工

工程公司质量安全管理部是项目质量管理业务的归口部门。工程公司项目经理负责项目质量全面管理，承担项目质量管理责任。项目副经理协助项目经理完成项目日常质量管理业务，并签署审核质量文件。

项目专业工程师质量管理职责如下：

（1）负责项目质量管理工作；

（2）组织编制质量策划文件，并收集落实情况资料；

（3）负责施工过程中对各参建单位的质量控制、质量监督检查；

（4）施工承包单位完成“三级自检验收”后，项目专业工程师负责按施工项目验收范围划分表的规定组织单位工程、分部工程、分项工程、检验批的质量验收报审，并负责签署报审表；

（5）组织单位工程、单项工程的质量评价工作；

（6）负责项目质量管理文件归档。

质量管理策划

一、质量目标

项目经理部负责完成工程公司项目《管理任务书》下达的质量目标。

（1）施工图审查通过率 100%，不发生违反强条的设计事件。

（2）建筑、安装分项工程合格率 100%。

（3）各种原材料、半成品、试件等试验合格率 100%。

（4）受监焊口一次合格率≥97%。

（5）一次性损失在 5000 元以上的质量事故 0 起。

（6）各质监项目一次性通过。

（7）机组整套启动调试一次性通过，分系统调试一次性通过率 100%。

（8）其他各项性能指标满足项目总承包合同的要求。

（9）工程档案资料形成与工程进度同步，竣工资料于机组 72+24h 试运行结束后 1 个月内移交项目公司。

（10）顾客满意度 95%以上。

二、质量计划管理

项目经理部在编制《项目管理策划书》过程中，按照公司质量目标要求，明确各参建单位的质量管理责任，编制《项目经理部质量目标分解表》，将质量目标分解到各责任单位，项目各参建单位根据应落实的质量目标，在编制质量计划时，制订实现质量目标的方法和措施。

项目经理部的质量管理突出工程质量控制的难点、重点，有针对性地要求施工承包单位编制质量计划。对公司要求的创优工程项目，项目经理组织编写《工程建设创优规划》并作为工程招标文件的组成部分，明确创优目标，要求施工承包单位编制有针对性的措施，以确保创优目标的实现。

项目经理审批设计、施工单位编制的《工程创优实施细则》，重点检查其所编制的创优措施的有效性和可行性。

专业工程师对施工单位编制的《施工组织设计》中的质量控制部分进行审查，确保质量措施符合工程实际并具有可操作性。

开工前，施工承包单位负责编制《施工质量验收范围划分表》，由各专业工程师审核后填写《审批表》报项目经理批准，再报经监理与建设方审批。

三、调试质量计划

在调试工作开始前，调试单位按照《调试技术规范》（DL/T 5294—2013）《调试导则》《火力发电建设工程机组调试质量验收及评价规程》（DL/T 5295—2013）

和《火力发电建设工程启动试运及验收规程》（DL/T 5437—2009）等有关要求，以及各类设备设计、生产厂家所标明的性能指标、系统设计文件所标明的技术指标，编制调试质量计划。调试单位的调试质量计划内容见表13–1。

调试质量计划的内容包括：《调试措施（方案）编写清单》《调试措施（方案）审批权限清单》《调试质量验收范围划分表》《调试分系统试运质量验收表》、单项工程的《机组整套启动试运质量验收表》《调试签证项目清单》。

监理单位、建设单位应组织相关部门对调试质量计划进行讨论、审查，由总监理工程师批准后执行。批准后的调试质量计划应在机组厂用电受电前15天正式发布。

质　量　控　制

一、设计质量控制

设计质量应按公司的质量管理体系要求进行控制，项目设计单位负责人及各专业负责人应及时填写规定的质量记录，并向项目经理部及时反馈项目设计质量信息。

设计质量控制是指公司作为项目管理方，从工程初步设计、施工图设计和竣工验收等阶段，对工程设计技术方面的管理和设计承包单位的管理。设计质量控制点包括设计人员资格的管理、设计输入的控制、设计策划的控制 （包括组织、技术、条件接口）、设计技术方案的评审、设计文件的校审与会签、设计输出的控制、设计更改的控制。

项目经理部对设计技术质量的管理，着重于对工程设计方案的可靠性、合理性、先进性等方面的控制，对工程投资和运营成本的有效控制，包括对设计质量和设计图纸供应进度的控制和管理。

设计承包单位的专业水平及设计成果体现设计质量，项目经理部负责组织审查设计单位在初步设计中的方案是否最优，施工图内容是否齐全及正确性。设计承包单位必须严格按照设计合同中明确规定的质量目标和质量要求的等级进行工程的设计。设计应遵循国家有关的法律法规和强制性标准，并满足合同约定的技术性能、质量标准、工程的可施工性、可操作性及可维修性的要求。

项目经理部通过施工图会检，审查施工设计成果是否符合初步设计中关于工程建设的强制性标准内容，设计文件的质量是否达到国家有关工程设计规程要求的深度，设计工作是否建立在可靠的基本资料基础上。

对重大的技术问题，必须进行设计方案比较，选择符合合同要求和当地自然条件的最优方案，对影响工程质量的问题，必须进行科学试验和论证后，确定最终解决方案。

图纸审查及在施工过程中发现须进行设计变更的内容，原则上由原设计单位、设备供货商提出《设计变更通知单》。所有设计变更按审批程序批准后才可实施，设计单位应将设计变更内容反映到竣工图中；发生重大设计变更时，项目经理部须上报建设单位，重新履行评审程序。

设计计划应满足合同约定的质量目标与要求、相关的质量规定和标准，同时应满足企业的质量方针与质量管理体系相关要求。此外，还应按设计计划与采购、施工等管理过程进行有序的衔接并处理好接口关系，必要时，参与质量检验、进行可施工性分析确保并满足其要求。

二、设备和材料质量控制

工程的材料和设备质量，对确保机组安全可靠运行具有决定性意义。除合同中特别规定的材料与设备外，所有工程使用的材料和设备，必须事先取得建设方的批准方可使用。采购管理部只能按照设计图纸和设备清册上的规格、型号进行订货，如有更改代用，须履行更改代用手续。

对用于工程的主要材料，包括钢材、水泥、焊条、高强螺栓、烟囱用耐酸胶泥等，进场时必须具备正式的出厂合格证、材质化验单等，使用前施工承包单位要按验收标准复验，并经监理复核，复核不合格或不具备上述两项证明的材料不得用于工程。

对用于重要结构并在现场配制的材料，如混凝土、二次灌浆用砂浆、防水材料、防腐材料、绝缘材料、保温材料等的配制，应先提出试配要求、经试配检验合格后才能使用。

对工程施工中所用的新材料、新工艺、新结构和新技术，项目经理部应审查技术鉴定书，使用后进行复查签证。

建设单位及项目经理部对施工单位采购的设备、材料具有否决权。对进口材料、设备发现的问题，应取得供应商和海关商检人员签署的商务记录，按期提出处理意见和索赔要求。

材料质量抽样、检验项目和方法应符合现行有关规程要求。

三、设备接收与检验

项目专业工程师配合采购管理部组织设备的工厂检验、到货开箱检验、质量抽查等全过程的质量管理工作，当发现设备质量问题时，应及时督促有关责任单位和部门落实解决。建设单位、项目监理及项目经理部可根据具体情况参加检验工作。

四、设备监造

设备监造单位编制的监造大纲、监造实施计划或监造方案，经专业工程师审核并报采购管理部审批后具体实施，监造单位按监造设备清单及设备监造项目表开展监造工作，监造完成后向采购管理部提交监造报告。

通过开展设备监造，能够促使制造厂严格把好产品的质量关，把产品的质量缺陷消除在制造厂内，防止不合格的产品出厂。

设备监造可采用文件见证、现场见证、停工待检、日常巡检四种方式，对于现场见证或停工待检点，需要项目经理部派员参加时，采购管理部提前通知项目经理部相关专业工程师。

五、施工过程质量控制

施工承包单位根据工程质量预控和施工质量验评标准要求，编制所承担项目的质量检验计划，明确质量标准和验评范围，并在划分表中标注重要工程项目见证点（W 点）、停检点（H 点）、旁站点（S 点），经专业工程师与项目经理审核，报经监理和建设单位审批后执行，验收范围划分表编审批要求各单位负责人签字齐全并加盖公章。

施工承包单位在每个单位工程开工前，必须将开工申请报告提交给专业工程师与项目经理确认，再报经监理机构审批。

监理工程师审批开工报告时确认该单位工程设计已交底、图纸已会审、施工方案已编制并审批完成、质量检验计划包括各工序质量控制点的设置已完成，并已通过会签、施工机具已到位，原材料或设备已检验，以及质量、安全、文明等施工保证措施已落实后即签发开工令。

施工承包单位在施工过程中，应主动控制影响质量的五大因素，即施工操作者、施工材料、施工机械设备、施工方法和施工环境，确保每道工序质量正常稳定，防患于未然；施工承包单位的质检主管应监督、检查其质检人员的到位、检测以及验收工作进行的是否正常，项目专业工程师负责监督检查。

（一）特殊过程管理

特殊过程是指对形成的产品是否合格不易进行验证的工艺过程，项目经理部专业工程师对项目特殊过程的实施情况进行管理。如工程中混凝土施工、焊接操作、热处理、仪表校验等特殊过程，这些过程在施工前、施工中、施工后均要有详细的保证措施。

特殊过程检查内容一是检查施工承包单位是否根据基础建设过程中的特殊过程列出清单，进行特殊过程范围的识别和确认，制订相应的控制措施。二是审查施工承包单位对特殊过程识别的充分性和准确性，并监督施工承包单位做好如下工作：特殊过程的工艺参数、验收准则及审批权限；所使用的设备；从事特殊过程人员资格；对特殊过程所用的方法和程序；对特殊过程的记录要求等。

项目经理部应及时对工程施工中的特殊过程实施有效的控制，对施工过程中的隐蔽工程，要求未经监理工程师检验的不能覆盖，如已覆盖的应揭开后，重新检验。

（二）安装工程中的隐蔽工程管理

1. 主要隐蔽工程项目

（1）锅炉受热面组合后的全部组件的检验封闭。

（2）锅炉汽水管道与联箱的最终安装管口检验封闭。

（3）锅炉烟风等管道与设备最终连接前的检验封闭。

（4）汽轮机扣大盖前蒸汽喷嘴室的检验封闭。

（5）汽轮机扣大盖的检查封闭。

（6）自动主汽阀、调速阀检修合格后的封闭。

（7）发电机穿转子前的检查（穿后前后端临时封闭，由施工班组负责）。

（8）发电机端盖最终检查封闭。

（9）汽轮机主油箱灌油前检查与封闭。

（10）冷油器检修后的检查与封闭。

（11）给水泵组装时的检查与封闭（安装出入口管时，应有保卫人员在场，才可拆封）。

（12）除氧器水箱的检查封闭。

（13）低压加热器及其他热交换器的检查封闭。

（14）发电机引出母线的检查与封闭。

（15）主变压器、厂用变压器检查封闭。

（16）高压电动机的检查。

（17）配电装置母线（封闭母线）的检查封闭。

（18）主蒸汽、再热蒸汽等管道的吹扫后的检查封闭。

（19）埋在结构内的各种电线导管。

（20）利用结构钢筋做的避雷引下线。

（21）接地极埋设与接地带连接处焊接；均压环、金属门窗与接地引下线处的焊接或铝合金窗的连接。

（22）进入吊顶内的电线导管及线槽、桥架等敷设。

（23）直埋电缆。

（24）凡敷设于暗井道、吊顶或被其他工程（如砌墙、管道及部件外保温隔热等）所掩盖的项目、空气洁净系统、制冷管道系统及重要部件。

（25）上述项目因工作需要，再次检查的封闭。

2. 隐蔽工程质量控制

（1）施工过程中严禁将工具器具和其他异物存放于设备管道、容器、部套内部。

（2）隐蔽工程中的重要设备、管道安装，施工周期较长的必须认真搞好工作间隙中的临时遮护工作。临时遮护前，必须检查被遮护件内部确认清洁、干净无异物后，由检查者监督进行临时遮护，遮护件必须是金属材质或其他不易损坏的材质制成，牢固于被遮护件上（对合金材质的被遮护件，严禁采用焊接方式的临时固定）。

（3）必须填写隐蔽工程的过程遮护记录，应有自检内容和结果、自检日期、自检人签字。隐蔽工程项目（或工序）无隐蔽自检记录者，有关部门有权拒绝其最终隐蔽工程的检查验收。

（4）安装工程隐蔽项目的检查验收，必须在相关质量检验合格的基础上进行。隐蔽工程经施工单位复检合格后，由技术人员填写《隐蔽工程验收签证书》报项目部专业工程师，会同监理、甲方代表共同检查验收，并确认签证。

（5）凡具有衔接性的隐蔽工程项目（或工序），下道工序必须在上道工序检查验收合格的基础上进行施工，否则由下道工序负责。

（6）对已验收签证的隐蔽工程项目（或工序），因工作需要或意外缘故所致，必须进行“揭封”检查的，除报告相关技术负责人并办理批准手续外，其再次隐蔽检查验收工作，按下文“项目专项质量检查管理”的规定执行。

（三）项目专业之间工序交接管理

项目专业工程师负责监督检查施工承包单位工序交接质量把关工作。上道工序未经检验或检验不合格的，下道工序不能施工；上道工序验收资料不齐全的，不能进行下道工序施工；上道工序成品保护措施未完成的，不得进行下道工序施工。施工承包单位按其质量检验计划检验各道工序符合验收标准的程度，并及时完成质量控制点的见证和签证。

1. 专业之间工序交接管理办法

（1）施工项目为专业间的工序交接时，在交工方严格按《工程质量验收评定制度》进行验收的基础上，将所要交接的施工项目验收合格后填写《专业间工序交接记录》表，经接收方和项目专业工程师联合验收并填写交接意见后方可交接。

（2）接收方在接到由交工方填写的《专业间工序交接记录》表后，应与项目专业工程师及交工方联合检查并填写交接意见，交接结束。

（3）交工方填写《专业间工序交接记录》表后，及时通知接收方和项目质量管理专业工程师，接收方和项目质量管理专业工程师接通知后24小时内不作出答复，视为交接工作通过。

2. 专业之间工序交接范围

（1）框架交砌筑。

（2）主体交装饰。

（3）建筑交安装。

（4）加工配制的成品半成品制作交安装。

（5）阀门检修交安装。

（6）系统管道与设备连接前。

（7）地埋管安装后交防腐的交接（管道焊口检验及合金材料光复查）。

（8）管道防腐后、回填前。

（9）设备基础二次浇灌前。

（10）合金件光谱检验合格后交安装。

（11）管道焊接前（检查管内壁锈蚀和杂物）。

（12）设备、系统、钢结构油漆、防腐前。

（13）基础钢筋安装后。

（14）混凝土浇灌前（电热专业检查电缆埋管规格、位置尺寸、数量、机务专业检查预埋螺栓、铁件位置、尺寸、数量、埋管的数量、规格、位置、材质进行确认交接）。

（15）设备、系统保温前（机务、电、热、焊接、金属检验及热处理等专业交保温）。

（16）设备、管道、钢结构油漆、防腐前（安装、焊接、金属检验交防腐）。

（17）设备、系统严密性试验前（热控、焊接、金属检验及热处理交机务）。

（18）室内二次地面施工前（机务、电、热专业交建筑，分别对地埋排污管、放水管、电缆管、接地线等安装齐全性及高度在地面施工后不外露、漏斗高度能全部露出地面等情况进行检查确认）。

（19）室外地坪正式施工前（机务、电、热专业交建筑，分别对地埋管、接地线等安装齐全性进行交接确认）。

施工承包单位依据工程质量验收范围项目划分表，向项目经理部申请验收。专业工程师负责验收单审核，报经项目监理验收合格签证后，施工承包单位才能进行下一道工序的施工，单位工程验收项目应有建设方人员参加。

按合同要求，单位工程中单体检验和单体调试工作由施工单位完成，项目经理部要求施工承包单位承担单体检验的试验室，必须经过质量监督部门的资格认定，并配置相应的符合检测标准检测、试验设备，试验人员必须持证上岗。

施工承包单位对所承担的工程，不论是否经过质量验收，均不能免除其对所发生的施工质量事故应负的责任，不能以完成验收签证为理由，提出增加费用或推迟总进度的要求；在任何情况下，都不能使最终工程质量受到影响，造成隐患，否则项目管理部有权要求施工承包单位返修返工，所发生的费用由施工承包单位自行负责。

严格执行质量否决制度，项目经理、监理负责对支付进度款的工程进行质量签证，作为项目经理部支付进度款的依据。未经项目经理与监理签字确认质量合格的工程量，工程公司可以拒付进度款，不进行工程竣工结算。

六、工程建设质量通病防治管理

根据电力建设工程质量监督中心站的质量通病防治规定，为了能预防各类施工质量问题的产生，进行有效的控制，项目经理部对质量通病防治进行管理，要求各项目施工承包单位严格控制施工过程的质量。

（一）质量通病防治管理要求

（1）各施工承包单位针对工程的特点，编写《工程质量通病防治方案和施工措施》，经监理单位审查、批准，报建设单位备案后实施。

（2）必须做好原材料和构配件的第三方试验检测工作，未经复试或复试不合格的原材料不得用于工程施工，在采用新材料时，除应有产品合格证、有效的鉴定证书外，还应进行必要检测，原材料、构配件的实验检测必须坚持见证取样制度。

（3）记录、收集和整理通病防治方案、施工措施、技术交底和隐蔽验收等相关资料。

（4）项目专业工程师监督施工承包单位质量负责人根据编制的《工程质量通病防治方案和施工措施》，对作业班组进行技术交底。

（5）专项分包单位应也要编制专业工程的通病防治措施，由项目经理部核准、监理单位审查、批准，报建设单位备案实施。

（6）工程完工后，项目专业工程师编写工程质量通病防治内容总结报告。

（二）工程建设质量通病防治管理的依据

（1）工程质量满足国家及行业施工验收规范、标准及质量验收与评价标准的要求。

（2）公司下达项目质量目标：建筑、安装分项工程合格率100%；各种原材料、半成品、试件等试验合格率100%；一次性损失在5000元以上的质量事故0起；各质监项目一次性通过。

（3）项目合同质量部分的承诺，工程项目验收分部、分项工程合格率为100%单位工程优良率100%，观感得分率≥90%不发生一般施工质量事故，工程无永久性质量缺陷。

（三）工程建设质量通病防治管理

1. 制度保证

为实现工程质量目标，施工承包单位针对工程特点及管理要求，编制《项目工程质量通病防治方案和施工措施》，在工程施工全过程认真落实，并作好相关的执行记录表，以保证各质量通病防治措施的有效执行并取得预期效果。

2. 组织保证

（1）公司成立领导小组，具体组织工程建设项目质量通病防治工作。

（2）在工程开工前，项目经理部召开质量通病防治专题会议，明确各施工承包单位及项目专业工程师岗位人员工程质量通病防治的工作职责。

（3）项目经理部审批施工单位编制的《项目工程质量通病防治方案和施工措施》。

（4）在施工过程中，根据各分部分项工程的质量通病防治措施进行验收。

（5）施工单位分阶段召开质量通病防治专题会议，总结施工过程中质量通病防治落实和效果，及时纠正工作偏差，不断完善质量通病防治措施。

（6）项目经理部及时协调影响质量通病防治的主要问题。

3. 项目经理部主要管理人员质量通病防治管理职责

（1）项目经理：领导组织整个质量通病防治的策划及实施工作。

（2）项目专业工程师：

① 组织质量通病防治的策划及检查监督工作，并对所有质量通病防治的资料，含汇报资料、音像资料负责归档管理；

② 对所有质量通病防治的现场部分工作具体负责；

③ 审核施工单位项目质量考核制度、质量责任制、质量会诊制度和样板制度，

审查施工单位质量通病防治的计划、质量检验计划；

④ 对过程质量进行监督和检查；

⑤ 审查施工单位《工程质量通病防治方案和施工措施》并报项目经理审批；

⑥ 整理和归档技术资料、工程记录资料；

⑦ 负责《工程质量通病防治工作总结》，负责整改措施闭环检查。

（3）资料员：全面负责收集及整理创优资料，做到及时、准确性、完整。

（4）采购经理：根据《项目工程质量通病防治方案和施工措施》的物资清单落实各项材料，并确保所采购的原材料符合质量通病防治的要求。

4. 技术保证

（1）施工单位技术人员到现场进行实地勘察，掌握现场地理环境，结合工程特点编制针对性的《项目工程质量通病防治方案和施工措施》，内部履行审批手续后，报工程项目经理部专业工程师，并报监理部审核批准后实施。

（2）分部工程开工前，要求施工承包单位须组织技术、质量、安全等负责人，针对工程特点，就《项目工程质量通病防治方案和施工措施》工作要求对施工人员进行详细交底。

（3）工程开工前，由施工项目总工组织工程技术、质量、安全、设备等管理部门，对施工图进行认真审查，结合《项目工程质量通病防治方案和施工措施》并提出修改意见，审查时应特别注意工序接口、及与现场实际情况的核对。

5. 机具设备保证

（1）施工承包单位应列出所有施工检测工具，工程主要的检测工具明细表报项目经理部专业工程师。

（2）在进入工地前，施工检测工具均应经法定检测单位鉴定合格并在有效期范围内使用，其精度必须符合相关规定要求，并建立台账，实施动态管理。

（3）对施工单位主要机具设备要求，应列出工程主要设备的明细报项目经理部专业工程师。

（4）进入工地前，施工单位项目总工应组织技术、设备、安全等部门其进行检查验收，进行必要的检验和试验，确保性能良好标识清晰，完好率100%。

（5）特种设备必须经过检验鉴定，并附相关证明文件，以保证施工安全。

6. 材料管理保证

（1）要求施工单位将原材料、钢筋、沙、石、水泥、砌筑材料、外加剂等，在开工前，送到相应资质的试验单位进行检验，合格后方可使用，项目经理部专业工程师负责实施过程的监督。

（2）施工过程中，根据原材料用量，严格按照规定做相应批次的试验。

（3）要求施工单位对物资供料的质量把关：按标准、规定进行到货检验，依据合同进行妥善保管；在使用前对原材料进行外观检查，发现问题时立即停止使用，并及时向项目经理部反映。

（4）所有材料必须做好使用跟踪记录，确保可追溯性。

7. 过程控制

（1）施工单位开工前对施工人员进行质量通病防治培训，以提高其质量通病防治意识。

（2）了解工程质量目标，掌握工作要点，做到熟知本岗位的质量要求。

（3）开工前，及时向项目经理部报送《项目工程质量通病防治方案和施工措施》，并经监理、建设单位批准后实施。

（4）完善并严格执行施工质量三级控制制度，加强过程控制，注重隐蔽工程监控、签证。

（5）加强施工过程全过程监控，上道工序检验合格后方可进入下道工序。

（6）定期对照《项目工程质量通病防治方案和施工措施》，对质量通病防治措施落实及实物质量进行检查、分析，发现不足及时采取必要的措施进行纠正，做到施工质量的持续改进。

（7）项目经理部质量管理专业工程师负责施工记录等资料归口管理，设专人负责，并对本项目形成的相关资料负责，确保质量通病防治执行记录等资料与施工进度同步形成、真实可信。

（8）及时整理工程档案，保证档案符合要求。

（四）工程进度方面质量通病防治管理

在编制施工总进度计划、工程主要进度节点时，应考虑质量通病防治措施中所必要的工序交接时间，在确保总体进度的前提下，保证质量通病防治措施落实所需的时间。

项目经理部每周召开一次工程协调会（必要时，可由项目经理决定临时召开），对照计划进度进行检查，对影响工程总体进度的施工项目或工序要认真分析，找出原因并加以解决，及时进行质量验收等工作，保证工序的衔接等，合理穿插各道工序。

（五）质量通病防治信息管理

1. 档案资料管理

（1）工程质量通病防治资料应进行完整、系统的整理后按要求归档。

（2）所有施工记录、质保资料等工程资料按照档案管理要求进行组卷，资料要及时准确、真实可靠、完整齐全，并符合档案管理要求。

（3）加强技术文档资料管理，建立原始记录收集制度，保证原始记录的置信度。

（4）随时掌握施工过程中的质量动态，交流经验。

2. 影像资料管理

依据工程公司《利用数码照片资料加强工程项目安全质量过程控制的规定》的要求，制订工程建设过程数码照片采集管理细则，明确责任，切实加强安全质量过程控制。

（六）质量通病针对性防治项目

1. 建筑专业质量通病防治项目

（1）土方回填质量通病防治。

（2）钢筋工程质量通病防治。
（3）混凝土工程质量通病防治。
（4）电缆沟及盖板质量通病防治。
（5）道路及散水质量通病防治。
（6）烟囱、水塔等筒壁质量通病防治。
（7）装修工程质量通病防治。
2. 热动专业
（1）锅炉预防本体热膨胀受阻质量通病防治。
（2）预防外保温金属层膨胀开裂质量通病防治。
（3）汽水系统跑、冒、滴、漏质量通病防治。
（4）油系统跑、冒、滴、漏质量通病防治。
（5）管道安装质量通病防治。
3. 电、仪专业
（1）电缆管、电缆敷设质量通病防治。
（2）小型仪表管敷设质量通病防治。
（3）仪表装置泄漏质量通病防治。

七、调试、试运行阶段质量控制

（一）对调试单位质量管理要求

表 13–1　调试单位质量质量管理要求

要求项目	要求内容
审查资质要求	（1）必须依法取得相应等级的资质证书，并在其资质等级许可的范围内承揽工程，不能超越其资质等级许可的范围，或者以其他调试单位的名义承揽工程，不能转包或者违法分包所承揽的调试工作； （2）承担本机组调试工作的调试单位，必须具备甲级调试资质证书
审查质量管理体系有效运行	（1）应获得有效的质量管理体系认证证书，拟承接的调试工作内容须在该认证书所界定的业务范围中； （2）按照法律法规及质量体系标准的要求，在内部建立了全单位范围内的质量管理体系，体系运行正常； （3）有健全的质量管理组织机构，调试工作中的质量管理职责和权限明确； （4）质量体系文件应具备充分性，并有良好适应性，所有使用的文件都是受控的有效版本
调试文件编制	编制的调试大纲、措施及调试记录、调试报告应有内部审批程序
监督管理	有专门的部门负责对调试过程的监视和测量工作归口管理

（二）对现场调试工作质量管理要求

（1）承担工程项目调试任务的现场调试单位，应根据项目管理要求，建立符合实际项目调试质量管理体系。

（2）建立调试质量管理责任制，明确调试总指挥为质量管理的负责人，对工程的调试质量负责。

(3) 各调试专业人员应执行质量计划和进行质量管理活动，负责对调试的质量进行控制。

(三) 机组性能试验阶段质量控制

项目公司负责组织完成机组性能试验考核，性能质量指标未达到合同规定时，组织的专题分析会议，同时督促设备制造商及相关方完成整改，保证机组各项性能指标达到标准要求，将高质量的机组交给运营单位投入商业运行。

相关表单:

(1) 主要材料进厂质检记录
(2) 施工现场质量管理检查记录
(3) 施工质量检验项目划分报审表
(4) 施工技术检验试验报告报审表
(5) 隐蔽工程验收申请表
(6) 隐蔽工程验收签证书
(7) 设备开箱验收记录
(8) 设备交接清单
(9) 主要设备开箱申请表
(10) 专业间工序交接记录表

相关流程:

质量管理流程

相关制度:

(1) 项目质量管理责任制
(2) 项目质量管理规定
(3) 工程成品、半成品保护管理规定
(4) 专项分包工程质量管理规定
(5) 项目质量例会制度
(6) 项目质量管理奖罚制度
(7) 项目质量管理检查制度
(8) 技术检验、试验管理制度
(9) 施工工序交接制度
(10) 质量管理考核办法
(11) 工程质量事故调查处理管理规定

八、质量习惯性违章控制

(一) 质量管理方面的处罚规定

(1) 凡没有编制施工方案，未进行技术交底就施工的，每发现一次，对施工单位负责人处罚款 200 元，并通报批评。

（2）凡施工方案内容不具有指导性或不履行拟、审、批手续的，每发现一处，对该单位技术负责人处罚款 100 元，并通报批评。

（3）技术交底双方无签字或签字不全的，每发现一次，对交底人处罚款 50 元。

（4）上道工序未验收或验收不合格，以及在没有办理工序交接和建安交接手续的情况下，擅自进行下道工序施工的，对下道工序施工负责人处罚款 200 元。

（5）各级验收项目，必须保证一次检验合格率为 100%、质量评定结果为合格。

（6）凡属二级验收项目：工地质检员对施工项目验收时，一次验收通不过，对该项目的施工单位班组长处以罚款 100 元。

（7）凡属三级验收项目：一次验收通不过，对该项目施工单位施工负责人、专职质检员，各处罚款 200 元。经处理后，再次通不过，则加倍处罚。

（8）凡属四级验收项目：一次验收通不过，对项目部专业工程师处以罚款 200 元；若第二次通不过，则加倍处罚。

（9）施工所用材料及设备，没有建立管理台账，所使用的材料、设备没有出厂合格证或没有复检报告，随意改变材料或设备的规格、型号等，上述各种情况出现一次，对责任人处罚款 200 元，并通报批评。

（10）不按规定办理相关手续，随意破坏劳动成果，包括对劳动成果的损坏以及污染，发现一次，对责任人或施工责任区负责人处罚款 100 元，并且限期整改。

（11）从事特殊工种作业无特殊工种上岗证的，如焊工、电工等，一经发现，处罚款 100 元，并对其警告批评，第二次发现则建议其下岗。

（12）对于各级质检人员下达的质量问题通知书中所提出的问题不予整改或整改后再次出现类似问题的，对该施工单位处罚 400 元。

（13）工程资料不能保持与工程同步的或工程资料打印、装订、组卷等不符合规定的，对责任单位处罚款 300 元，且限期整改。

（二）建筑工程习惯性违章处罚规定

（1）建筑工程混凝土振捣不到位引发的表面工艺缺陷，对当事人处罚款 100 元。

（2）建筑砌筑工程，出现较大裂缝的，对施工单位处罚款 1000 元，并限期处理。

（3）建（构）筑物，出现明显不均匀沉降属施工原因的，对施工单位处罚款 5000 元。

（4）建筑屋面、室内卫生间以及地下室等防水工程，出现渗漏一处，处罚款 200 元，表面积水一处，处罚款 100 元，并限期整改。

（5）建筑工程混凝土外观，出现通病，主要指烂根、麻面、蜂窝、跑模、孔洞、露筋六种情况，发现一处，对施工负责人处罚款 100 元，并限期处理。

（6）建筑饰面及楼地面，出现集中三块以上空鼓或一块脱落，发现一处，对施工负责人罚款 200 元，且限期整改。

（7）建筑油漆、涂料脱落或起皮，发现一处，对施工负责人处罚款 100 元，且责令整改。

（8）建筑门窗开启不灵活、五金件不齐，发现一处，对施工负责人处罚款 100

元，并限期整改。

（9）建筑回填土不实，出现沉陷的，发现一处，对施工负责人处罚款200元，且重新回填。

（10）混凝土工程中，预埋铁件与砼表面不平齐，超差较多以及预埋螺栓偏差较大的，预留孔洞位置、截面尺寸偏差较大的，出现一次，对施工负责人处罚款200元。

（11）给排水、暖通、消防管道发生渗漏的，发现一处，对施工负责人处罚款200元，并做返工处理。

（12）给排水、采暖、消防管道坡度、接口支架等不符合规范的，发现一处，对施工负责人处罚款100元，并做返工处理。

（13）避雷网材料不符合设计要求或不采用防腐处理的，发现一处，对施工负责人处罚款200元，对该项目质检员处罚款100元，并返工处理。

（三）安装专业质量处罚规定

（1）出现跑、冒、滴、漏一处，处施工负责人罚款100元；造成质量事故的，按公司规定处罚。

（2）受监焊口检验不合格，发现一道不合格焊口，对责任焊工处罚款50元。

（3）保温工程，测温超差一处，对施工负责人处罚款200元，且责令返工。

（4）梯子、栏杆及步道变形一处，油漆漏刷或起皮脱落一处，对施工负责人处罚款100元，且限期整改。

（5）管道对口前，内部不清理和不进行拉膛检查，发现一处，对施工负责人处罚款200元，且责令返工。

（6）管道坡口不打磨，发现一处，对施工负责人处罚款50元，且重新打磨。

（7）在管道、设备上乱点、乱焊，发现一处，对施工负责人处罚款100元。

（8）阀门、压力表铜垫不按要求退火，发现一处，对施工负责人处罚款100元。

（9）焊口药皮、飞溅不清理，发现一处，对施工焊工处罚款50元。

（10）临时铁件切除后不打磨，发现一处，对铁件切割人员处罚款50元，且重新打磨。

（11）禁止在电缆桥架上用火焊开孔，发现一处，对当事人罚款100元。

（12）电缆敷设时，禁止随意拉扯，必须保证电缆敷设的美观，发现一处，对当事人罚款100元。

（13）施工中禁止用已安装完毕的电缆管作为接地线进行焊接作业，发现一处，对当事人罚款100元。

质量监督检查

一、电力工程质量监督

国家能源局为规范电力工程项目管理，保证电力建设项目合法建设，委托电力工程质量监督总站负责各地电力建设工程的质量监督工作，行使政府职能。

各地区电力工程质量监督中心站是工程质量监督的执行中心，各工程项目质量监督站是工程质量监督的操作中心。

电力工程质量监督是电力工程建设质量管理的重要组成部分。国家对电力工程实施建设质量监督，是加强电力工程建设项目管理，保证电力建设工程依法、规范建设，保证工程质量的基本手段之一，按照《火力发电工程质量监督检查大纲》国能综安全〔2014〕45号要求，涉及项目电力安全并网运行，质量监督是必备条件。

在与电力工程质量监督中心站制订监督检查计划时，应根据《火力发电工程质量监督检查大纲》《垃圾发电工程机组整套启动试运前质量监督检查大纲》。

《垃圾发电工程机组整套启动试运后质量监督检查大纲》规定的阶段划分和工程建设实际情况，确定工程的监督检查阶段，工程进度或监督检查进度相近的阶段可以合并进行，但监督检查内容必须符合上述大纲的规定。

（1）首次监督检查可与地基处理监督检查合并进行。

（2）建筑工程交付使用前，监督检查可与厂用电系统受电前监督检查，或机组整套启动试运前监督检查合并进行。

（3）其他部分单独使用。

（4）《大纲》以主厂房施工节点划分建筑工程监督检查阶段，在各阶段监督检查时，可同时对其他建筑工程进行质量监督检查。

监督检查共分为如下14个部分：

（1）首次质量监督检查；

（2）地基处理监督检查；

（3）垃圾池出零米前监督检查；

（4）垃圾间结构封顶前监督检查；

（5）主厂房主体结构施工前质量监督检查；

（6）主厂房交付安装前质量监督检查；

（7）锅炉水压试验前质量监督检查；

（8）汽轮机扣盖前质量监督检查；

（9）厂用电系统受电前质量监督检查；

（10）建筑工程交付使用前质量监督检查；

（11）机组整套启动前质量监督检查；

（12）机组商业运行前质量监督检查；

（13）垃圾发电工程机组整套启动试运前质量监督检查大纲；

（14）垃圾发电工程机组整套启动试运后质量监督检查大纲。

垃圾发电工程建设项目除整套启动试运前和整套启动试运后二阶段执行《垃圾发电工程机组整套启动试运前质量监督检查大纲》和《垃圾发电工程机组整套启动试运后质量监督检查大纲》外，其余阶段的监督检查可参照国能综安全〔2014〕45号《火力发电工程质量监督检查大纲》要求。

质量监督检查程序如下：

（1）项目经理部协助项目公司按规定办理质量监督注册手续，商定质量监督检查计划；

（2）按质量监督检查计划，工程具备阶段监督检查条件后，向工程所在地电力工程监督中心站提出监督检查申请；

（3）质量监督站派出专家组到达现场，召开质量监督首次会，介绍专家组成员，发布检查计划安排，听取建设、监理、施工单位汇报，分专业组以查阅资料、座谈询问、现场察看、抽查实测等方法进行质量监督；

（4）专家组查阅施工质量控制资料、监理质量监督检查资料、建设单位质量控制资料；

（5）专家组到现场对现场工程质量、施工过程、施工工序实际勘查，提出整改建议和意见；

（6）质量监督站召开质量监督末次会，专家组通报本次质量监督总体评价意见，提出整改清单；

（7）针对整改清单由相关单位完成整改后，经监理、建设单位进行复核，合格后出具整改报告上报电力工程质量监督中心站，该阶段质量监督检查结束。

二、当地政府机构专项质量监督

作为地区重点建设项目，按照地区政府质量监督机构要求，对主体工程质量应监督检查，每次验收前形成视频资料上报质量监督机构。

按照质量划分表要求，分为土建单位工程、安装工程单位工程，应邀请质量监督站进行监督检查。

三、自检和预检

专业工程师按项目经理部制订的质量监督检查计划，组织各承包商按计划配合质量监督检查工作，并严格按工程质量监督检查大纲的要求，做好自检和预检工作，确保监督检查一次通过。

四、项目专项质量检查管理

项目经理部专项质量检查分为定期检查和不定期检查。

（1）定期检查。专项质量检查规定每半个月定期由项目经理带队，会同项目专业工程师、施工单位项目总工、质检工程师、质检员，对施工单位工程质量进行全面检查，检查后提出整改意见，限期整改。

（2）施工过程中项目专业工程师对工程质量进行不定期检查，针对质量问题写出质量检查通报，限期整改，保证施工过程的质量控制。

项目专业工程师负责编写质量检查通报和质量问题整改后的闭环验收，建立《项目工程质量检查记录表》。对出现质量问题单位及当事人，通报批评、曝光、处理。检查中成绩突出、质量优良的单位及当事人，进行奖励。

质量信息管理

项目的工程质量信息管理覆盖工程建设的全过程，包括：可研决策、建设准备、勘察设计、物资采供、工程施工、竣工验收、投产运行、后评估八个阶段。

项目经理部应按照工程建设标准要求进行工程资料的收集、整理和备案。

工程开工前，项目经理部应要求施工单位确定用于施工过程质量管理的原始记录内容，所有的质量记录须以文件形式明确各项质量记录的填写人、收集人和检查人，制订质量记录的填写方法、注意事项和检查频率，采取措施保证原始记录数据真实完整。

专业工程师负责项目质量信息记录管理，应分类存放，做好目录，对质量记录的检查结果形成文字，并签字保存。

质量信息管理内容包括：质量管理活动记录、质量控制重点的检查与落实情况、质量验收情况、质量问题处理情况、质量监检情况、质量事故调查与处理。

项目专业工程师负责项目工程周报、工程月报中，关于质量管理情况汇报的编制及上报。

施工测量管理

一、监视和测量设备监督管理

项目经理部根据计量法规及相关制度规定，监督施工单位使用的监视和测量设备做到规范化管理。

（1）各施工单位设专职或兼职计量员，负责所有计量器具管理工作，包括日常保养、维护、送检等，建立计量器具的台账，并报项目经理部备案。

（2）按规定进行维护和保养，做到清洁、防振、防潮、防磁、防锈蚀，保证其良好的使用状态，必须保证其现场所使用的计量器具检验合格并在有效期内，检定证书归档备查，禁止使用贴有红色或黄色检定标志的计量器具。

（3）计量器具台账实施动态管理，当发生转移使用、降级使用、封存、报废等情况变化时，施工单位要及时修改台账，项目经理部备案。

（4）项目经理部专业工程师负责本专业施工计量器具的监督检查，定期抽查施工单位的送检情况，确保本专业计量器具合格有效。

二、施工测量管理

施工测量管理包括工程全过程测量活动的施工测量、沉降观测、工程验收及记录。

（一）施工测量管理职责

表 13–2 施工测量管理职责

职责单位	职责
设计单位	（1）设计单位应根据地方平面控制网点和高层控制点，提供给承包单位和施工监理单位精确的平面控制网点和高程控制点。 （2）设计单位应在现场向业主单位、施工监理单位实地移交满足精度要求的平面控制网点和高程控制点。 （3）设计单位应及时移交有关厂区测量的原始资料：厂区附近的三角点、导线、水准点等
施工承包单位	（1）施工单位应妥善保护平面控制网点和高程控制网点，防止损坏。 （2）施工单位和施工监理单位进入现场后，应对设计提交的原始资料认真校核，确认满足施工放线精度后，方可使用。 （3）施工单位应在开工前，编制好《施工测量任务书》，经其质管部门审核，监理单位审核后，业主批准，才能予以施工测量，其测量表见附表。 （4）施工测量的技术要求、仪器精度、误差精度按工程测量规范规定执行。施工测量仪器应经国家认可的有资质的单位校准或检定合格，并在有效期内。 （5）施工单位根据现场测量需要，负责对平面测控网点和高层控制点的引入、布点和保护，并与对厂区原有测控点进行校准，且通过当地政府、设计院、监理单位的确认后方可使用。 （6）当观测点被损坏或视线被阻挡无法观测时，应立即在其邻近补充埋设观测点，并在记录中详细说明
项目经理部	项目土建专业工程师负责现场施工测量管理，监督并有权对测量的任何过程进行检查其相关的质量文件

（二）施工测量管理的内容

包括工程建设中的全部单位工程项目的轴线和高程控制；建构筑物沉降观测；大型设备基础中心线及标高控制，为建设所需要的永久和临时的测量；建设临建工程的轴线和高程等测量活动。勘测设计方应提供坐标网和水准网以及相应的技术文件。

1. 施工测量管理

（1）测量人员必须根据总平面布置图和有关施工图纸，结合现场条件，确定方位方法。

（2）主厂房与主要建（构）筑物的定位，应根据厂区控制网或建筑方格网按二级导线精度的要求设该建（构）筑物控制桩。

（3）厂房外管线、沟道、道路的定位，应根据基线网按二级导线精度的要求加密该控制网点。

（4）建（构）筑物控制桩的测设应符合要求。

① 根据建构筑物的轴线布置控制桩。

② 控制桩的数量，应根据具体工程而定。一般主厂房宜采用对面布设，其控制桩不应少于 12 个，其他主要建（构）筑物的控制桩不应少于 4 个。

③ 控制桩的位置，不得布设在道路、地下设施及施工机械行走的范围内。距建（构）筑物土方开挖的上开口线不宜小于 5m。

④ 主厂房与主要建（构）筑物的控制桩宜采用钢管桩或混凝土桩，埋设深度应超过冻土层。

（5）建筑控制桩测定后，可不进行平差计算，应采用二级导线进行校核。其精度应符合要求。

① 主轴线交角差不应超过±10″。

② 主厂房至循环水系统水平距离，丈量相对误差不应大于 1/8000。

（6）一般附属建（构）筑物定位，其精度应符合二级导线的精度要求。

（7）建（构）筑物和设备基础的轴线在放线前，应对控制桩进行复查。

（8）特种建（构）筑物，如烟囱等，宜在基础底板轴线交点上设立钢板标桩，以便上部结构的工程测量。

（9）主要建（构）筑物和主要设备基础的轴线放线，其精度应符合二级导线的精度要求。其他应符合图根点导线的精度要求。

（10）基础或建（构）筑物每层施工完毕，应将轴线及标高引测至基础或上一层表面上，并用墨线及醒目红三角标志（加标准轴线格）。

（11）建（构）筑物和设备基础的高程测量，应按三等水准进行。

（12）厂房外管线、沟道、道路及厂区地下管沟轴线测设，应符合二级导线的精度要求，线路折点和加密点应测设控制桩。高程测量应符合三等水准的精度要求。

（13）对厂房内部地下管沟的主轴线测设，可直接用柱子轴线引测。

2. 沉降观测

建（构）筑物必须按设计沉降观测埋设观测点，并按规定在施工过程中进行沉降观测。沉降观测的步骤：一是编制沉降观测技术措施，二是建立二等水准网，三是进行沉降观测。

3. 建（构）筑物和设备基础等工程，在施工期间的沉降观测应符合要求

（1）基础施工完毕后开始观测；

（2）建（构）筑物每完成一层观测一次；

（3）烟囱每升高 10～15m 观测一次；

（4）施工期间中途停工，在停工之日，复工之时，均应进行观测；

（5）从建成到移交生产，每月观测一次；

（6）施工期间总观测次数不应少于 6 次。

建（构）筑物和设备基础发生不均匀沉降时，观测次数应按具体情况增加，并对发生裂缝的结构应进行裂缝观测。

（三）工程测量验收

（1）项目经理部会同监理单位，对施工测量全过程进行监督、检查、测量结果报建设单位确认。

（2）厂区控制网（或建筑方格网）、基线网测设完毕，应进行验收。

（3）二、三等水准网，应进行验收。

（4）建（构）筑物、设备基础、厂区及厂房内地下管沟、厂外管线、沟道、道路的定位放线，应进行验收。

（5）工程竣工后应向工程部提供下列沉降观测材料：

① 计规定的单位工程沉降观测点平面图；

② 沉降观测成果表及观测点沉降过程曲线。

（四）测量报告与记录

施工定位测量报告、施工水准测量报告和沉陷测量成果表，按《电力建设土建工程主要施工技术记录表式》执行。项目经理部应保存所有测量成品和检查记录（见表 13–3）。

表 13–3　　测量报告与记录

名　称	保存地点	保存期
施测任务申请单	项目经理部	长期
建筑物坐标定位测量记录表	项目经理部	长期
建筑物轴线测放检查记录表	项目经理部	长期
建筑物高程控制点引测设置记录表	项目经理部	长期
建筑物标高控制检查记录表	项目经理部	长期
单位工程垂直观测记录表	项目经理部	长期
单位工程沉降观测记录表	项目经理部	长期

相关表格：

（1）测量设备台账

（2）土建工程主要施工技术记录表式（DL/T 5210.1《电力建设施工质量验收及评价规程　第 1 部分：土建工程》）

质量风险管理

质量风险管理包括风险辨识、风险分析与评价、风险处理、检查评价与改进。质量风险管理过程控制表如表 13–4 所示。

表 13–4　　质量风险管理过程控制表

风险辨识	风险分析与评价	风险处理、检查评价与改进
初步设计	工艺参数计算是否正确、工艺方案是否先进可行、设计周期是否符合总体进度要求等	加快主体设备招标工作进展。充分利用集团公司对主体工艺设备供应商及其设备性能的了解和经验，结合有经验的设计院和资深咨询专家的帮助，制订确实先进可靠的工艺，保证后续工程顺利、有序进行
施工图设计	设备、材料选用、工艺流程布置、总平面布置的合理性、经济性；施工图纸的设计深度与施工难易程度等	在招标时，充分考虑设计院的经验和拟担任主要设计人员的资格和经历，实行限额设计，对设计变更进行经济制约。对设计院进行协调管理，监督合同履行，审查设计进度计划并监督实施，核查设计大纲和设计深度、使用技术规范合理性，提出设计评估报告（包括各阶段设计的核查意见和优化建议），协助审核设计概算等

续表

风险辨识	风险分析与评价	风险处理、检查评价与改进
主要设备采购与设计、施工的匹配	设备、材料供应滞后于施工进度等（如自动控制系统设计滞后于施工）	一是采购经理做好设备监造信息的管理；二是项目采购经理与物资供应商及时沟通；三是在主要设备采购之后，常规设备采购之前，就开展功能描述和逻辑控制图的工作，同时按照其他项目积累的经验，向设备厂家提出控制要求，这样可以把控制设备质量性能保证的风险采购在DCS系统计划中所占的时间节省出来
设备的质量性能保证	设备的寿命周期能否满足机组性能的需要，以保证安全稳定运行	在设备招标之前，利用积累的设备管理资料，以及对设备供应商的充分了解，确定供应商，在招标文件中加入对设备质量的要求，择优选择对施工和机组运行均有利的设备
调试工作	调试周期延长	按照程序成立启动委员会，调试期间的整个工作以启委会为中心，做好物资与后勤准备，加大建设指挥部协调力度，按照确认的调试方案及分工，各负其责的开展调试工作。及时处理施工和设备缺陷
社会稳定	当地居民纠纷	和当地村镇政府建立沟通联络渠道，严格按国家、政府政策办理事项，做好宣传解释，及时处理因项目建设发生的纠纷等
不可抗力	地震、台风、不良地质影响、群体事件、调试期间设备损坏等	做好应急预案，预防灾害破坏。合理设计保险品种，进行风险转移等措施
分包单位	分包单位的资信、能力等，施工质量不稳定	严格选择分包单位，重视其在其他项目上的业绩表现，加强分包队伍的资质和其他项目的业绩管理，合理界定总包和分包单位之间的接口划分。加强质量措施的管控，加大检查监督力度
施工安全	大型吊装、用电、调试、易燃易爆场所作业等	建立项目的安全保障体系并使之有效运转，签订安全协议。在进度与安全产生矛盾时选择安全，及时发现安全隐患，坚持按操作规程施工，严格审核专项施工方案中的安全措施等
建设成本增加	设备安装水平、设计变更、施工特殊措施、索赔、签证等	按照稳定可靠先进的原则选用设备，能使用国产设备的决不使用进口设备；加强图纸审查，尽量减少变更数量；加强现场签证的管理；及时提供施工单位要安装的设备和材料，减少对正常施工程序的打扰避免施工索赔等
施工进度	工期延误	制订切实的建设进度计划，保证里程碑进度计划节点。严格施工一级网络节点计划实施，及时调整二级网络计划，采取有效措施和手段，将施工拖期项目的时间追回来

项目经理部加强技术标准、质量标准和工艺流程标准的执行情况检查，保证执行标准的有效性和规范性。项目专业工程师会同监理单位做好施工质量验收和专业之间的工序交接控制，确认风险控制效果是否达到预期目标。

质量事故调查与处理

一、质量事故的分类

（一）质量事故统计范围

（1）凡在施工过程中，由于现场储存、装卸运输、施工操作、完工保管等原因，造成施工质量与设计规定不符或其偏差超过标准允许范围，需要返工且造成一定经济损失者。

（2）能够造成永久性缺陷者。

（3）由于施工原因造成设备、原材料损坏，且损失达到规定条件者。

（二）质量事故分级

质量事故分级标准如表 13–5 所示。

表 13–5 质量事故分级

事故级别	直接经济损失（万元）	事故后果	事故处理结果
质量问题	直接经济损失<0.5	已造成工程返工，但未遗留永久性缺陷或未影响设备及其相应系统的使用功能	—
一般质量事故	5>直接经济损失≥0.5	工程质量达不到合格标准，经返工或返修处理后不影响正常使用或工程寿命	—
较大质量事故	10>直接经济损失≥5	工程质量达不到合格标准，经返工或返修处理后不影响正常使用但对工程寿命有一定影响	影响工程关键路径且造成返工工期达 7 天，或虽未影响关键路径但造成返工工期达 15 天
重大质量事故	500>直接经济损失≥10	建（构）筑物的基础出现严重不均匀沉降，倾斜超标、结构开裂或主体结构强度不足；影响结构安全和建（构）筑物使用年限或造成不可挽回的永久性缺陷	影响工程关键路径且造成返工工期达 10 天，或虽未影响关键路径但造成返工工期达 20 天
特大质量事故	直接经济损失≥500	造成建（构）筑物或主要结构物坍塌；严重影响结构安全和建（构）筑物使用年限或造成严重的永久性缺陷；严重影响主要设备及相应系统的使用功能	影响工程关键路径且造成返工工期达 20 天，或虽未影响关键路径但造成返工工期达 30 天

二、质量事故报告

质量问题发生后，所在单位当日向项目经理部汇报，专业工程师对事故进行调查分析，并于 5 日内编制质量事故报告。质量事故和处理情况在上报项目管理部的工程周报、月报上进行详述。

一般质量事故发生后，项目经理部当日向公司质量安全管理部汇报，质量安全管理部组织进行事故调查，制订处理措施及处罚方案，形成事故调查报告报公司分管领导批准后执行。

较大质量事故发生后，项目经理应立即以最快的方式向公司质量安全管理部与公司分管领导报告。

重大级以上质量事故，公司分管领导及项目经理要在 24 小时内同时报告主管部门、上级单位，各级领导应采取措施，防止事故扩大。

所属单位不得迟报、漏报、谎报或瞒报质量事故，一经发现将严肃处理。质量事故处理后，由事故调查组组织编写《质量事故调查报告》，上报主管部门、上级单位处理。事故责任单位、项目经理部、公司质量安全管理部分别留存质量事故处理资料。

三、质量事故调查

质量事故发生后，事故责任单位应立即采取有效措施，防止事故扩大或导致次生灾害，并保护事故现场。

质量事故的调查权限如下：

（1）发生质量问题时，由项目经理部组织召开事故分析会，施工单位负责人、相关专业工程师参加，并于5日内编制质量问题分析报告；

（2）发生一般质量事故由质量安全管理部组织调查，事故责任单位配合；

（3）发生较大级以上质量事故，由公司组织事故调查，事故责任单位配合，重大、特大质量事故，应立即上报上级主管部门组织事故调查；

（4）发生较大级以上质量事故后，公司质量安全管理部核实后，向公司分管领导汇报，公司领导立即组织成立事故调查组；

（5）事故调查组由分管副总经理为组长、相关部门和专业人员组成；

（6）调查组有权向有关单位和个人了解相关情况，索取相关证据或资料，任何单位和个人不得拒绝或隐瞒，更不得以任何方式阻挠或干扰调查组的正常工作；

（7）质量事故调查报告应在现场调查结束后10个工作日内，提交公司总经理办公会，经审核同意后，事故调查工作即告结束。

四、质量事故处理

对事故调查组提出的质量事故处理意见，公司总经理办公会负责审议和决定。事故调查组负责对较大级以上质量事故进行调查，并提出处理意见。质量安全管理部负责对一般质量事故进行现场调查，负责质量举报的确认并提出处理意见。综合管理部负责对质量事故行政处罚的实施。项目经理部负责质量问题的调查处理和责任追究，配合事故调查组对一般及以上质量事故进行调查。

质量事故的现场处理方案由事故责任单位与项目经理部、建设单位、设计单位、监理单位等共同研究制订，并报经主管部门或有关单位审定后实施。质量事故现场处理完毕后，必须重新进行验收，经重新验收合格后方可进入下一个施工环节。

发生质量问题时，由项目经理部结案处理，结案应在现场调查结束后5日内完成。对现场所发生的与设计、施工有关的一般质量事故，由质量安全管理部结案处理，结案应在现场调查结束后30日内完成，项目经理部组织质量专题会议分析原因，追查责任，并按规定进行质量事故的处理。发生较大级以上质量事故，由公司结案处理，根据事故调查组提出的处理意见，组织召开总经理办公会进行审议和决定（必要时报集团公司审议）。

五、质量事故处罚

质量问题等级事故发生，项目经理部对事故责任单位及责任人进行处罚。对质量问题主要领导、主要责任者处以直接经济损失金额1%的罚款，最低金额100元，在项目经理部内部通报批评。

发生一般质量事故，公司对事故责任单位及责任人进行处罚，对事故单位给予2000元的经济扣罚，对直接领导处以直接经济损失金额3%的罚款，最高金额2000元；对主要领导及主要责任者处以直接经济损失金额2%的罚款，最高金额1000元；对相关责任者处以直接经济损失金额1%的罚款，最低金额100元。

发生较大质量事故，对事故单位、项目经理部各给予5000元的经济处罚。公司对事故直接领导处以事故直接经济损失6%的罚款，最高金额5000元，责令书面检查；对事故主要领导及主要责任者，处以事故直接经济损失5%的罚款，最高金额4000元；对事故直接责任者处以1000元罚款。

发生重大质量事故，对事故单位给予1万元的经济处罚。公司对事故直接领导留职察看，处以事故直接经济损失5%的罚款，最高金额1万元，情节严重的调离工作岗位；对事故主要领导及主要责任者，处以事故直接经济损失4%的罚款，最高金额5000元，责令书面检查；对事故直接责任者处以3000元罚款，留职察看，下调一级岗位工资，责令书面检查，情节严重的调离工作岗位。

发生特大质量事故，对事故单位给予10万元的经济扣罚。事故直接领导调离领导岗位，并处以2万元罚款；对事故主要领导及主要责任者，处以金额1万元罚款，情节严重的调离工作岗位；对事故直接责任者处以5000元罚款。

六、质量举报

质量举报的范围包括：

（1）迟报、漏报、瞒报或谎报质量事故；

（2）未按照“四不放过”原则认真处理事故；

（3）未及时整改到位；

（4）违反质量法律法规的行为等。

质量举报经调查取证，确认举报情况属实的，工程公司对举报人予以200～1000元的奖励。

七、质量档案

项目经理部专业工程师负责编制《质量事故台账》并存档。工程结束后，质量事故档案需移交交工程公司档案管理部门保存。质量事故档案内容包括以下几方面：

（1）事故快报、事故处理进展情况报告和事故处理结案情况报告；

（2）质量事故调查报告及政府主管部门、建设单位或上级主管部门等的批复意见；

（3）调查取证的重要记录、证据和相关资料；

（4）技术质量鉴定、现场处理方案及事故处理后的重新验收报告；

（5）直接、间接经济损失的评估和证明材料；

（6）对责任单位及有关责任人员的处罚（处分）记录；

（7）整改、预防措施及其落实情况的复查验证；

（8）相关管理制度、工作流程等的评审与修订情况。

相关表单：

（1）质量事故调查报告（见表 13–6）

表 13–6　　质量事故调查报告

<table>
<tr><td colspan="3" rowspan="2">××××工程公司质量事故调查报告</td><td>表格编号</td></tr>
<tr><td></td></tr>
<tr><td>工程项目名称</td><td></td><td>合同编号</td><td></td></tr>
<tr><td>事故单位</td><td colspan="3"></td></tr>
<tr><td>人员受害情况</td><td></td><td>直接经济损失</td><td></td></tr>
<tr><td colspan="2">造成的永久质量缺陷</td><td colspan="2"></td></tr>
<tr><td colspan="4">事故有关施工技术、工艺及管理背景：</td></tr>
<tr><td colspan="4">事故原因分析及补救措施：</td></tr>
<tr><td colspan="4">事故性质、责任认定及处理意见：</td></tr>
<tr><td colspan="4">调查取证的记录、证据及资料：</td></tr>
</table>

（2）质量事故台账

相关流程：

（1）一般质量事故调查报告流程

（2）重大质量事故调查报告流程（见图 13-1）

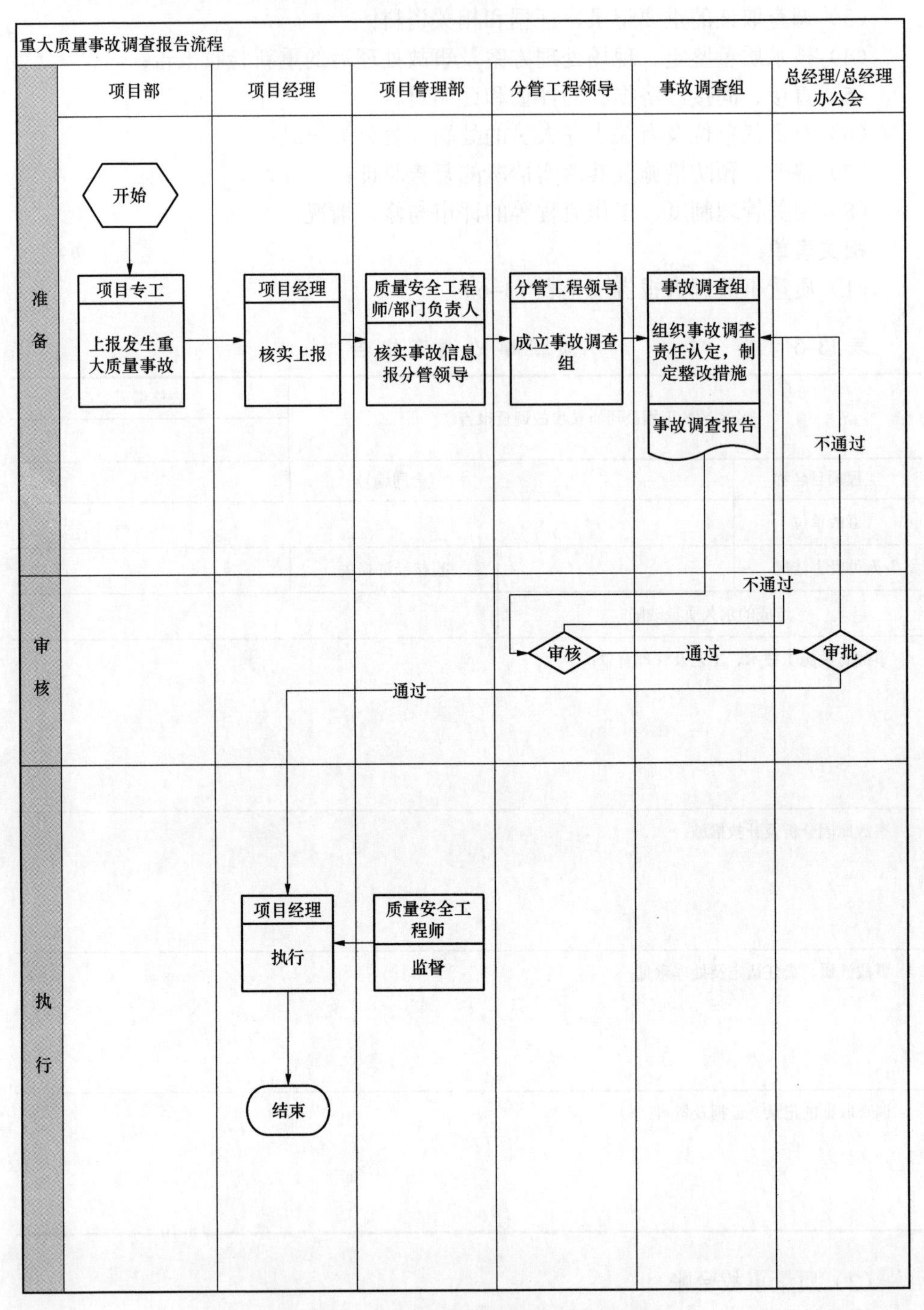

图 13-1　重大质量事故调查报告流程

质量验收管理

一、设备材料质量验收

进入现场的设备材料及构配件，必须有出厂合格证、材质证明、化验单、使用说明书等质量证明文件，驻厂监造设备材料必须随机携带技术资料和监督检查、监造文件。

项目经理部根据开箱检验结果和第三方检测单位的检测结果，对设备材料及构配件进行验收，验收合格方可办理入库手续。监理单位审查施工单位报送的工程材料、构配件、设备的质量证明文件，对用于工程的材料进行见证取样，平行检验。

对已进场经检验不合格的工程材料、构配件、设备，项目经理部须要求施工单位限期将其撤出施工现场。

二、工程质量验收

施工单位负责编制《施工质量验收及评价范围划分表》，专业工程师报项目经理批准后，再报经监理与建设方审批。项目工程总承包或其他项目管理模式的工程项目，施工质量验收范围划分表中“验收单位”栏可由建设单位根据实际情况增加验收单位。“验收单位”栏中设计单位与设备制造单位参加质量验收的项目可由建设单位根据实际情况进行调整。

专业工程师负责《施工质量验收及评价范围划分表》审批表审核并上报，《质量验收范围划分表》所列检验项目与工程实际检验项目不符合的部分可进行增加或删减。增加或删减的项目在质量验收范围表中的工程编号可续编、缺号，但不得变更原编号。批准后的划分表应加盖单位公章及有单位负责人的签字，并以此作为工程质量验收的依据，划分表应归档管理。

工程质量验收包括检验批验收、分项工程验收、分部工程验收、单位工程验收和单项工程验收。检验批验收和分项工程验收是工程质量验收的基本单元。分部工程验收是在全部分项工程验收基础上进行验收。作为独立使用功能的完整建筑产品，单项工程的验收是在全部分部工程验收基础上进行的，单项工程验收后进行竣工质量验收。

项目建设单位组织单位工程和单项工程验收，监理单位组织检验批、分项工程和分部工程验收，项目建设单位参加部分分部工程验收。当专业验收规范对工程中的验收项目未做出相应规定时，应由建设单位组织监理、设计、施工等相关单位制订专项验收要求。涉及安全、节能、环境保护等项目的专项验收，由项目建设单位组织专家论证。

施工承包单位的内部“三级检验”是指班组级检验、专业工地级检验、施工项目部级检验，“三级检验”的报验资料属于施工单位自检资料，随同报验单一起提交项目经理部专业工程师。施工承包单位完成内部“三级检验”合格后，方能依据工程质量检验项目划分表，向项目经理部提交申请验收审批单。单位工程、分部工程、分项工程、检验批验收单的施工单位签字栏中，应由施工承包单位质量负责人和项目专业工程师共同签字，按项目质量验收范围划分表规定，送项目监理单位和建设单位签字验收。

（一）隐蔽工程的验收

隐蔽工程应在隐蔽前，由施工单位通知监理及项目经理部进行见证验收，并应形成验收记录及签证。

1. 建筑工程隐蔽验收项目

（1）地基验槽；

（2）钢筋工程；

（3）地下混凝土结构工程；

（4）地下防水、防腐工程；

（5）直埋于地下或结构中，暗敷于沟槽、管井、吊顶及不进入的设备层内以及保温、隔热（冷）要求的管道和设备。

2. 隐蔽工程验收签证

（1）隐蔽工程验收程序应符合《工程质量检查验收规定》。隐蔽工程的部分（或全部）检查内容，将因自身或其他某些工序的施工而被隐蔽（或难以检验）时，必须在相关质量检验合格［经规定级别的验收（或中间验收）并取得签证］的基础上进行（包括中间验收）。

（2）施工单位自检、复检合格后填写《隐蔽工程验收记录》，并于复检后 24h 报项目部专业工程师。

（3）项目部专业工程师核对《隐蔽工程验收记录》是否达到下列要求：

① 字迹工整、不涂改；

② 该隐蔽工程涉及的所有检验内容全部如实表述，并注明记录人、检验时间、检验范围、测量器具。

（4）涉及原材料试验、化验、测试的项目已经合格并有试验报告编号，涉及材料现场试配的项目已经注明通知单编号。

（5）存在质量缺陷、质量问题时已注明缺陷程度，问题概况及处理情况。

（6）不易表述清楚的内容应附简图或照片。经核对证明有欠缺和丢失时，原填写人员（或部门）根据实际情况重新填写后方能签证。

（7）《隐蔽工程验收记录》未经签证时，该项目按未通过验收对待。

隐蔽工程的检查验收是关系到工程内在质量及机组安全运行的重要质量措施之一，各级生产的直接领导者和技术管理人员及全体施工人员，必须给予高度重视。各级质检人员有责任对隐蔽工程施工进行监督，有权制止不按质量标准规范和违反施工程序施工，特别是当有可能造成质量事故时应及时制止，并立即向上级报告，采取相应措施和解决办法。对忽视或违反本规定而造成重大质量事故者，将给予严厉的处罚直至追究法律责任。

（二）检验批与分项工程验收

（1）检验批与分项工程质量验收，由监理工程师组织项目专业工程师和施工单位专业质量技术负责人进行验收；

（2）监理工程师负责签证验收合格的报审表和验收单；

（3）分项工程质量验收合格是所含的检验批均应符合合格质量标准；

（4）分项工程质量验收是所含检验批质量验收的汇总，应检查核对检验批是否缺项，检验批验收记录的内容及签字是否正确齐全。

（三）分部工程验收

分部工程由总监理工程师组织项目经理部、施工单位、建设单位等进行验收；勘察设计单位和施工单位参加地基与基础分部工程的验收；设计单位和施工单位参加主体结构、节能分部工程的验收；分部工程验收要求所含分项工程的质量均验收合格，须核对有无缺漏的分项工程，各分项工程验收记录是否正确，质量验收资料完整，检测结果是否符合检验标准的规定和设计要求。

（四）单位工程验收

单位工程具备验收条件后，施工承包单位在自检合格的基础上提交验收申请交项目经理部，总监理工程师组织各专业监理工程师对工程进行预验收。存在施工质量问题时，由施工单位及时整改，整改完毕后，由施工单位向项目经理部提交单位工程验收申请。项目建设单位收到单位工程验收申请后，即组织监理、施工、设计、勘察等单位项目负责人进行单位工程验收。单位工程验收要点如下。

（1）单位工程所含分部工程的质量均验收合格。主要是检查分部工程验收是否正确，有无缺漏。

（2）质量控制资料完整。重点检查控制资料是否反映了结构安全和使用功能，是否达到了设计要求。质量控制资料的项目应严格按“单位工程质量控制资料核查表”进行核查，做到项目全、资料全、数据全。

（3）实体质量和主要功能核查结果符合有关标准规范的规定。有的项目的检测是在分部工程完成后进行，单位工程验收时不再重复；有的是在单位工程全部完成后进行，核查项目由验收组确定，抽查结果符合有关标准规范的规定。

（4）观感质量验收应符合要求。观感质量检查项目的标准是合格，不合格的项目要进行返修。

（5）涉及安全、节能、环境保护和主要使用功能的分部工程检验资料复查合格。

（五）工程施工质量验收应符合规定

工程施工质量验收应符合下列规定：检验批项目验收合格方可对分项工程进行验收；分项工程验收合格方可对分部工程进行验收；分部工程验收合格方可对单位工程进行验收。

（六）工程施工质量验收“合格”应符合规定

检验批、分项、分部、单位工程施工质量验收“合格”应符合下列规定。

（1）按各检验批的规定，对其检验项目进行全部检查，检查结果符合质量标准，该检验批质量验收合格。

（2）分项工程所含各检验批的验收全部合格、分项工程资料齐全，该分项工程质量验收合格。

（3）分部工程所含分项工程质量验收全部合格、分部工程资料齐全，该分部工程质量验收合格。

（4）单位工程所含分部工程质量验收全部合格、单位工程资料齐全并符合档案管理规定，该单位工程质量验收合格。

（七）工程施工质量不符合处理方式

当工程施工质量出现不符合时，应进行登记备案，并按下列规定处理。

（1）经返工重做或更换器具、设备的检验项目应重新进行验收。

（2）经返修处理后能满足安全使用功能的检验项目，可按技术处理方案和协商文件进行验收。

（3）无法返工或返修的不合格检验项目，应经鉴定机构或相关单位进行鉴定，对不影响内在质量、使用寿命、使用功能的可做让步处理。

（4）经让步处理的项目不再进行二次验收，但应在“验收结论”栏内注明，书面报告应附在该验收表后。

（八）不能进行验收的情况

检验批、分项工程施工质量有下列情况之一者不应进行验收。

（1）主控检验项目的检验结果没有达到质量标准。

（2）设计及制造单位对质量标准有数据要求，而检验结果栏中没填实测数据。

（3）质量验收文件不符合档案管理规范。

因设计或设备制造原因造成的质量问题，应由设计或设备制造单位负责处理。当委托施工单位现场处理也无法使个别非主控项目完全满足标准要求时，经建设单位会同设计单位、制造单位、监理单位和项目经理部、施工单位共同书面确认签字后，可做让步处理。经让步处理的项目不再进行二次验收，但应在“验收结论”栏内注明，书面报告应附在该验收表后。

检验批、分项工程、分部工程及单位工程质量验收文件，应做到检测数据准确，文件收集完整、齐全，签字手续齐备，文件制成材料与字迹符合耐久性保存要求，符合档案管理规范。

施工单位的检验批、分项工程、分部工程及单位工程质量验收使用 DL/T 5210 系列规程中的通用表格。

三、机组调试质量验收

调试规程规定机组调试质量验收，应按分系统试运和整套启动试运两个阶段进行验收。机组调试质量的检查验收，应由调试单位根据合同约定的工程范围，按规程规定编制质量验收范围划分表，经监理单位审核，建设方批准后实施。调试质量验收范围划分表应符合下列规定。

（1）所列单位工程可根据工程实际进行增加或删减，增加或删减的单位工程在“调试质量验收范围划分表”中的工程可续编或缺号，但不得变更原编号。

（2）调试质量验收表中的检验项目与工程实际检验项目不符合的部分，可进行增加或删减。

（3）单位工程中如有多台主要设备，应对全部主要设备分别进行验收。

机组调试质量验收应由监理单位组织项目经理部、设计单位、施工单位、调试单位、生产和建设方等单位参加。

调试质量验收文件应内容齐全，定性项目定性准确，定量项目数据齐全、准确，制成材料和字迹符合耐久性保存要求，质量检验使用的测量表计应经检定合格，并在有效期内。

调试质量验收只设“合格”质量等级，当调试质量出现不符合项时，应进行登记备案，并按下列规定处理。

（1）经返工或更换设备的检验项目，应重新进行验收。

（2）返工后仍不合格或无法返工的检验项目，应经鉴定。

（3）对不影响使用功能及安全运行的项目，可做让步处理。

（4）经让步处理的项目不再进行验收，但应提出书面报告，附在验收表后。

对设计或设备制造原因造成的质量问题的处理，应由设计或设备制造单位负责。当委托调试单位或施工单位现场处理后，仍无法使有关检验项目完全满足标准要求时，建设方应会同项目经理部、设计单位、制造厂商、监理单位、施工单位、调试单位共同书面签字确认。

存在非主要设备或自动、保护装置不能投入运行时，应由建设方组织有关单位分析原因、明确责任单位、提出专题处理报告附在验收表后，并报上级主管单位备案。

分系统调试质量验收：分系统调试的单位工程验收表中的分项验收，应由各单位的专业工程师签字；分系统调试质量的检查验收，应按标准格式编制锅炉、汽轮机、电气、热控、化学五个单项工程的单位工程质量验收表，并填写、验收签证；单位工程（包括单体或单机调试）的施工质量验收合格后，方可进行对应的单位工程的分系统调试。

机组整套启动试运质量验收：各单项工程的全部单位工程试运质量验收完毕后，应填写锅炉、汽轮机、电气、热控、化学单项工程试运质量验收汇总表，并签字验收。

四、不合格品控制管理

（一）不合格品管理范围

凡在施工及调试过程中，发生工程施工不符合国家有关规程规定，或不符合设计要求，或施工偏差超过质量标准的允许范围，均列入不合格项监督和管理。

（二）管理职责

（1）项目采购经理负责工程设备、材料出库前发生的不合格项目管理与控制。

（2）项目专业工程师负责工程设备、材料出库后发生的不合格项目，施工、调试过程中的不合格项目的管理与控制。

（3）监理单位是工程全过程不合格项目的主要管理与控制单位，负责不合格项目的鉴别、分类，不合格项处理方案的审查，不合格项目处理的验证和闭环，建立不合格项目的台账。

（4）不合格项责任单位（施工单位、供应商、调试单位）负责制订不合格项目处置方案，处置或委托相关单位对不合格项目进行处置。

（三）不合格项管理

表 13–7　　不合格项管理内容与要求

不合格项管理分类	不合格项管理内容及要求	
不合格项目的鉴别	项目经理部获取不合格项目的信息，立即确认是否构成了不合格项目	（1）不符合设计文件、技术规范书、规程、标准、合同的原材料、构配件、设备或工程项目； （2）违背管理体系文件、作业指导文件、技术操作规程或施工验收规范及设计文件要求的过程； （3）使用了有缺陷的设计输出文件或作业文件，即使原材料、构配件、设备、工程项目或作业过程满足这些有缺陷的文件要求，这些产品和过程也构成不合格项目
不合格项目的分类	无论是设备材料类不合格项目还是施工类不合格项目，项目经理部首先要确定不合格项目的类别，不合格项目按照处置的性质分为处理、停工处理、紧急处理三类	（1）处理：不合格项目的处置不影响下道工序正常进行； （2）停工处理：不合格项目的产生已使下道工序无法进行，必须先对不合格项目进行处置并验证关闭后，才能进行下道工序的施工； （3）紧急处理：不合格项目需立即处置，否则不合格项目会发展或蔓延，甚至威胁人身、设备的安全或环境保护
不合格项目责任单位的确定	（1）不合格材料的使用单位； （2）不合格设备的采购单位； （3）安装过程造成的设备不合格则责任单位为安装单位； （4）不合格工程或中间工程的施工单位	
不合格项目通知	不合格项目通知内容	所有参与工程建设的单位、部门和人员，发现不合格项目应立即按相关程序报告项目经理部，经确认不合格项目后立即填写不合格项目通知单，经监理单位总监理工程师批准签发后发送责任方，抄送建设单位和工程公司质量主管部门，内容包括： （1）不合格项目名称：利用简明扼要的语言对不合格项目进行命名； （2）不合格项目责任单位； （3）不合格项目发现时间、地点、发现单位或发现人； （4）不合格项目描述：描述不合格项目的状况，必要时可以附图； （5）不符合的文件； （6）不合格项目分类

续表

不合格项管理分类	不合格项管理内容及要求
不合格项目的标识隔离及其他措施	（1）发现不合格项目应立即对不合格项目进行标识，标识可采用标记、标签等方法进行，尽可能采用实体隔离的方法隔离不合格项目，以防不合格项目的非预期使用或交付。 （2）停工处理类不合格项目通知下发的同时，总监理工程师签发停工通知单，要求工程部分暂停施工。紧急处理类不合格项目发生后，由总监理工程师首先召集责任方和相关方有关人员制订并采取措施，以避免不合格项目的进一步扩大或蔓延。并商定不合格项目的处置方案，由责任单位立即安排处置。 （3）紧急类不合格项目通知和不合格项目处置方案可以在事后补办文件手续

（四）不合格项目报告

责任单位收到“不合格项目通知单”，立即启动不合格项目处理程序，组织原因分析，提出处置措施，填写不合格项目报告，包括下述内容：

（1）不合格项目名称，与不合格项目通知单相一致；

（2）不合格项目责任单位；

（3）不合格项目通知单编号；

（4）不合格项目类别，按不合格项目通知单中确定的分类类别；

（5）不合格项目描述及产生原因分析；

（6）责任单位提出处置方案建议。

（五）不合格项目评审和处置

不合格项目的处置分为返工和返修、让步接受、降级、报废和拒收等。需要委托其他方处置的不合格项目，必须由责任单位开具委托单并经项目经理部认可后方能进行，但不合格项目责任单位仍对不合格项目的处置负责。

1. 材料类不合格项目的评审和处置

（1）材料类不合格项目的处置分为返修、让步接受、报废和拒收四种。

（2）报废和拒收的处置方案由项目经理部审核，监理工程师（专业组长）审批建设单位认可。

（3）让步接受的处置方案由监理组长（专业组长）审核，总监理工程师批准，业主认可。

2. 设备类不合格项目的评审和处置

（1）设备类不合格项目的处置分为返修、让步接受、报废和拒收四种。

（2）设备类不合格项目的处置方案由项目采购经理会同设备监理工程师和专业监理工程师（专业组长）审核，总监理工程师批准，建设单位认可。

3. 工程或中间工程（包括构配件）不合格项目的评审和处置

（1）工程或中间工程不合格项目的处置分为返工、返修、让步接受三种。

（2）返工方案由项目专业工程师会同监理工程师审查，总监理工程师审批，建设单位认可。

（3）返修方案由监理工程师审查，总监理工程师审核，设计代表认可，建设单位审批。

（4）让步接受方案由监理工程师审查，总监理工程师审核，设计代表（厂家代表）认可，建设单位审定批准。

（六）不合格项目处置后的验收

不合格项目处置后，由专业工程师按审批的处置方案组织进行验收。设备类不合格项目返修后，需通知设备监理工程师会同验收；委托施工单位进行返修的设备制造不合格项目和安装造成的设备不合格项目处置，需通知建设单位或设备制造商参与验收。

（七）不合格项目统计

项目专业工程师每月应在“不合格项目台账”上填写不合格项目的提出、处理和关闭情况，并写入每月工程月报质量部分内容。

（八）检查与考核

项目不合格项管理的执行情况，由项目经理部对专业工程师检查考核，项目管理部每季度组织对项目经理部检查考核，结果报工程公司分管领导。

相关表格：

（1）不符合项通知单

（2）不符合项报告

（3）不符合项台账

五、工程质量评价

整体工程质量评价是创优工程和工程后评价的必备条件，由机组性能试验评价、单台机组质量评价、工程档案管理评价和奖项加分组成。如图 13–2 所示。机组性能考核试验按照委托管理合同的规定，由建设单位组织进行，项目经理部协调配合。机组 72+24h 试运结束 3 个月内，由建设单位组织完成性能试验及性能试验评价。

单台机组质量评价包括土建单项工程质量评价、安装单项工程质量评价和单台机组调试质量评价三部分组成。

相关表单：

（1）项目经理部质量目标分解表

（2）工程质量情况统计表

（3）单位工程质量验收评定统计表

（4）本月工程质量验收情况一览表

（5）工程质量报验单——检验批

（6）工程质量报验单——分项工程

（7）工程质量报验单——分部工程

（8）工程质量报验单——单位工程

（9）工程质量验收记录——检验批

（10）工程质量验收记录——分项工程

（11）工程质量验收记录——分部（子分部）工程

（12）工程质量验收记录——单位（子单位）工程

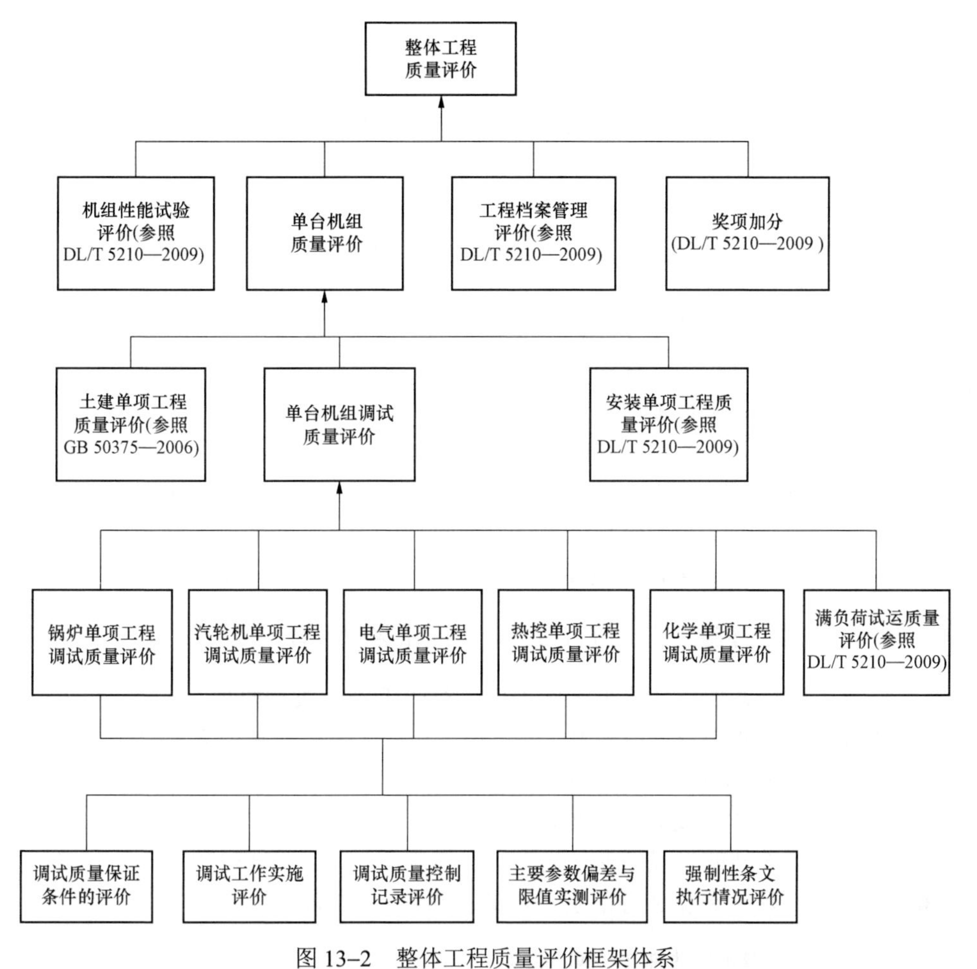

图 13–2　整体工程质量评价框架体系

（13）工程质量控制资料核查记录

（14）工程观感质量检查记录

（15）单位工程质量等级评定记录

（16）设备缺陷处理报验表

（17）设备缺陷处理单

成品、半成品保护管理

成品、半成品保护管理指项目经理部对进场原材料、半成品、中间产品、施工过程已完工序，分项工程、分部工程及单位工程，即从工程开工到工程竣工交付的全过程，实施的成品、半成品保护情况机芯监督管理。

项目经理部副经理是成品、半成品保护第一责任人，施工单位各作业面专业工程师是成品保护区域负责人，专业工程师对成品、半成品保护实施监督检查。副经理下达施工计划时，同步下达成品、半成品保护计划和措施要求。施工单位各作业面专业工程师进行技术交底时，向班组或作业人员提出成品、半成品保护要求，并在施工过程中监督指导作业人员对成品、半成品实施保护。

专业工程师对成品、半成品保护情况进行监督检查，发现问题立即向项目经理汇报并下达整改通知，督促成品、半成品保护措施落实。

项目经理部要求施工承包单位对已完工程的成品保护，制订管理办法和措施，防止对已完工程的破坏和表面的污染。对在已完工工程上造成损坏和有意破坏的，除进行必要的返工外，应给予个人和单位相应的经济处罚。

在建筑、安装过程中，有些分项、分部工程已经完工，其他工程已在施工或者某些部位已经完成，其他部位正在施工，以及由于设计变更、工序安排等多种原因，对已完成成品、半成品如果不采取妥善的措施加以保护，将不可避免地出现对成品或半成品的内在质量、表面工艺造成损坏。这不仅会增加修复工程量、浪费工料、拖延工期，更严重的是有的修复难以达到原设计的要求，造成永久性缺陷。为了尊重他人和自己的劳动成果，对成品或半成品进行有效控制，制订以下保护规定。

一、加强对全体施工人员进行成品、半成品保护教育

（1）施工现场各项目部要组织施工单位对职工进行质量教育，进行文明生产和成品、半成品保护的职业道德教育。教育员工在施工时要尊重他人和自己的劳动成果，珍惜已完成和部分完成的成品或半成品。

（2）项目部组织所属各施工单位在工程项目开工前编制成品保护措施。

（3）对损坏成品或半成品的行为要进行抵制和教育，必要时项目部领导要追究当事人及当事人所在单位领导的责任，处以罚款并张榜公布。

二、科学合理地安排施工作业程序

（1）地下管网和道路路面的施工应遵循“先地下后地上”“先深后浅”的施工顺序，以不至于破坏地下管网和道路面。

（2）装饰工程施工应采取自上而下的流水作业，以使建筑主体工程完工后有一定的沉降期，已做好的屋面防水层可以防止雨水渗漏。

（3）锅炉大件吊装应严格按已批准的施工组织设计确定的吊装顺序。

（4）设备安装一般按“先大管后小管”“先高压后中、低压管”“先主管后支管”“先里侧后外侧”等顺序安装。

（5）电气、热工电缆及仪表管一般在设备及主要系统管道安装完成后进行施工。

（6）管道系统水压试验前应做好检查，支吊架完善并对蒸汽管道进行适当的临时加固措施，水压试验合格后再进行管道的保温施工。

（7）设备和管道油漆工艺必须先进行管道表面清理，清除污泥、灰尘、焊渣、药皮，并除锈后再进行油漆。

（8）热交换器设备的保温应在检修结束及水压完成后进行。

（9）包白铁皮工序应在机、炉设备及管道施工后进行，尽量避免交叉作业导致成品破坏。

（10）润滑油系统、调速油系统、密封油系统等分别循环冲洗到油质合格后方能进行汽轮发电机组的整套启动试运。

三、施工前应做好设计图纸会审、施工技术交底和施工环境调查

（1）施工前应做好设计图纸会审工作并做好施工技术交底工作，防止因工作不细而造成返工或损坏成品及半成品。

（2）施工前应调查了解地下设施及周围环境情况，必要时采取有效的保护、隔离措施。

（3）做好有利于成品、半成品保护的交叉作业安排。

（4）地下管道与基础工程相配合进行施工，避免基础完工后再打洞挖槽安装管道，影响质量和进度。

（5）主厂房零米地面及各层平台上电缆预留套管和土建配合进行施工，避免零米地面及各层平台浇筑完工后再打洞开槽。

（6）除氧器水箱、大型箱罐等大件设备可在厂房结构吊装过程中吊装就位或临时存放在就位位置附近。

四、在施工过程中采取防护和隔离措施

（1）在施工期间做好施工设备的维护保管工作，施工单位编制未安装设备、材料保管措施，施工单位领出后由该单位保管、保护、管理。

（2）搞好施工现场文明施工和安全、保卫、消防工作，防止设备丢失或损坏。

（3）搞好三级质量检查验收管理工作，上道工序未检查验收合格不得进行下道工序的施工。

（4）汽轮发电机组调速油系统管道施工过程中随时用塑料布将管口包好，调速部套检修完后用塑料布包好，防止杂物、灰尘等进入系统内污染油质、损坏设备。

（5）基础混凝土浇灌完后表面应覆盖及适当浇水进行保温、养护。

（6）地面面层施工后应暂封闭，待达到上人强度并采取保护措施后再开放。

（7）屋面防水做完后应临时封闭上屋面的楼梯门或出入口。

（8）隐蔽工程经有关责任部门检查验收后进行封闭。

（9）凝汽器管穿胀工作完成后应在其上方用木板及帆布临时封闭遮挡，保护凝汽器管不被从汽缸排汽口掉下的杂物砸伤并保持管束间清洁无杂物。

（10）各层平台的孔洞采取临时封闭措施，保护人身及设备安全。

五、建筑结构的保护措施

（1）设备和管道搬运和吊装过程中不允许随便在屋面板及各层平台上乱敲打孔

洞，禁止随意切割钢结构的横梁或支撑，以免破坏屋面防水层及减少平台、钢结构的承载能力。

（2）各层平台临时堆放设备、材料应不超过其允许荷载，以免引起变形、损坏。

（3）设备和管道搬运和吊装过程中不允许随便在已成型并未达到强度的地面上托运，防止砸、碰现象发生。墙面涂刷完毕后，禁止任何污染。

六、执行机构的保护措施

（1）检查好电气回路接线正确无误后方可通电。

（2）执行机构临时用塑料布包好，防止水压和试运过程中系统渗漏水使电动头受潮。

（3）不准在执行机构上踩踏或搭设固定脚手架。

（4）施工过程中防止砸、碰、撞、损坏电动头。

七、电缆架、电缆及仪表管的保护措施

（1）施工过程中防止砸、碰、撞和脚踩电缆架、电缆及仪表管。

（2）不准利用桥架管线固定脚手架。

（3）进行电、火焊作业时应注意预防电缆着火，有预防措施。

八、保温层和白铁皮层的保护措施

（1）在施工过程中禁止砸、碰、踩和拆除保温层和白铁皮层。

（2）必要时须经有关领导批准后方可局部拆除并应及时进行修复。

（3）做好系统检查，防止冲洗和试运过程中的渗漏，渗漏到保温层上的油污一定要及时清理干净。

九、油系统循环冲洗过程中和试运期间的防护措施

（1）更换下来的脏滤油纸应及时清理出场，不要乱扔、乱放。

（2）及时清除设备和系统的渗漏油点并清理干净所渗漏的油污。

（3）参加试运的系统应与已投运的系统或正在施工的系统做好隔离（应制订隔离措施）。

（4）搞好试运期间设备的维护管理工作，防止设备质量事故发生，保证设备安全、稳定运行。

创优工程管理

一、创优工程管理目的和要求

（一）创优工程管理目的

为提升建设项目的工程质量水平和管理水平，促进科技创新，技术进步，保障

投资效益，追求卓越绩效，开展工程创优活动。

（二）创优工程管理要求

（1）创优工程项目的各个建设环节和建设理念，符合国民经济发展不同时期的要求及所倡导的发展理念，项目的工程建设质量的综合指标，应达到国内同期、同类机组先进水平。

（2）中国电力优质工程奖是我国电力建设行业工程质量的最高荣誉奖，每年开展一次评选活动，中国电力建设企业协会（以下简称中电建协）负责组织实施，中国电力建设专家委员会负责现场复查工作，中国电力优质工程奖评审委员会（以下简称评审委员会）负责评审工作。

（3）中国电力优质工程奖（含中小型、境外）申报工程的评选，按照《中国电力优质工程奖评选办法〔2015〕》执行。

（三）创优工程条件

（1）建设工程质量符合国家法律、法规和现行有关标准的规定。

（2）工程开工前，应根据工程总体质量目标，制订创建优质工程规划和实施细则，并在工程建设全过程中组织实施。

（3）工程建设期和考核期未发生一般及以上安全责任事故、一般及以上质量责任事故，未发生重大环境污染事故和重大不良社会影响事件。

（4）投产并使用一年及以上但不超过三年的电力工程。

（5）容量和规模即单机容量25MW（含）以上的垃圾及生物质发电工程。

（6）中国电力优质工程奖（中小型）容量和规模：

① 工程造价1.5亿元及以上或建安工作量2000万元及以上的其他电力工程；

② 工程建安工作量1500万元及以上，且具有独立使用功能的单项工程，如燃料、管网、环保、储能、海水淡化、直接空冷、节能减排改造等电力配套工程。

（7）工程已通过达标投产验收。

（8）工程已通过质量评价，并符合下列规定：

① 火电工程按《电力建设施工质量验收及评价规程》（DL /T 5210系列）的规定，进行整体工程质量评价，质量评价总得分85分及以上；

② 输变电、水电、风电、光伏工程按中电建协《电力建设工程质量评价管理办法》，进行整体工程质量评价，质量评价总得分85分及以上；

③ 推荐申报国家级优质工程奖的工程，质量评价总得分92分及以上；

④ 申报的单项工程可不进行质量评价。

（9）已通过新技术应用及绿色施工验收。

（10）工程设计合理、先进。

（11）积极推广应用“五新”及建筑业十项新技术。

（12）工程已获得专利、成果奖等，包括：

① 申报中国电力优质工程奖的工程，至少获省（部）级科技进步、QC 小组成果奖各2项；

② 推荐申报国家级优质工程奖的工程，至少获省（部）级科技进步、QC 小组成果奖各 3 项；

③ 申报中国电力优质工程奖（中小型）的工程，至少获省（部）级科技进步、QC 小组成果奖各 1 项。

（13）工程主要技术经济指标及节能减排指标，应满足设计要求和合同保证值，且达到国内同期、同类工程先进水平。

（14）工程档案完整、准确、系统，便于快捷检索利用。

二、创优工程实施管理

创优工程实施分为机组达标投产和创优工程管理。

（一）机组达标投产要求

（1）全面贯彻落实国家的电力建设方针政策，最大限度地提高建设项目管理和整体移交水平，充分发挥投资效益，达标投产的机组可跨越生产达标阶段，直接进入机组创优阶段。

（2）落实“达标投产”要求的关键是施工承包单位，主要考核对象是项目经理部。施工单位必须在机组建设的全过程中，高度自觉地、全方位地执行。实现达标的要求是在建设过程中“过程达标”，就是要求项目经理部从招标签订合同就开始抓达标，在合同中明确责任，重奖重罚，通过抓“过程达标”，扎扎实实地提高机组的整体移交水平。

（3）为确保“过程达标”，项目经理部要做到：

① 在招标前，编写达标投产规划与《达标投产管理办法》，作为施工组织设计大纲的一个附件提交审查；

② 在审定的达标投产规划基础上，施工单位编制《达标投产实施细则》；

③ 项目经理部在各种招标和签订合同中，必须落实《达标投产管理办法》的有关要求，明确乙方应承担的责任并实行重奖重罚；

④ 项目经理部通过“工程管理评价、安全检查、质量检查、年度考核”等方式的动态管理考核提出整改要求，施工单位及时完善与整改；

⑤ 按《达标投产管理办法》的规定及时组织达标自检、预检和复检。

（二）达标投产措施

工程达标投产需参建各方共同努力，做到设计精确、设备精良、施工精心，从而达到实现工程达标投产的目标。项目经理部紧密结合工程实际，严格执行制订的各项管理要求，对质量目标、工期进度、质量保证措施、安全文明施工、环境管理、质量体系和消防保卫等方面全面进行规划，要求施工单位针对达标投产制订具体措施，保证工程目标的实现。

（1）建立组织机构，明确机构责任。为保证达标投产目标的实现，项目经理部成立达标投产工作领导小组，并规定其职责和权限。

（2）制订考核办法。项目经理部根据达标投产的有关规定及要求，制订工程达标投产工作考核标准和措施，包括：

① 考核项目分质量目标、工期进度、工程质量、安全文明施工、环境管理、质量体系、消防保卫、工程档案八部分；

② “达标投产工作考核标准”执行电力标准的考核内容及实施办法。

（3）依靠科技进步，促进质量提高。在工程中，要推广采用成熟的新设备、新技术、新材料和新工艺，并要有所创新；全面开展QC小组活动，施工单位根据承建的施工任务，建立各种形式的QC小组，进行技术攻关，通过卓有成效的小组活动，选用新材料、采用新技术、推行新工艺，并遵循技术先进、经济合理、安全可靠的原则，使工艺质量始终处于领先水平。

（4）细化质量目标，制订分项工程质量控制措施。要求施工单位对质量目标进行细化，把细化的质量目标落实到责任部门和责任人；与施工单位签订目标管理责任合同书；各施工单位将责任目标进一步分解，落实到施工班组、责任人；施工单位根据施工项目制订具体措施及计划并保证实施，确定目标实现。工程的优质是靠各个分项工程直至每道工序的优质积累而成，因此项目部应把创建每个优质项目作为质量工作重点，根据创建优质工程考核细则，编制切实可行的质量保证措施，实现每个创优分目标，以点带面，以此推动整体工程质量的全面提高，确保工程创优。

（5）推行责任制，保证工艺质量。施工单位执行“质量责任制度”，实行项目质量跟踪管理，落实质量责任制，使各项工作落实到人，做到“凡事有人负责，凡事有据可查”，实现工程质量的可追溯性。为提高建筑安装工程工艺质量，在墙面装修、小径管敷设、电缆接线、油漆保温、平台栏杆等方面开展样板工程活动，以消灭“跑、冒、滴、漏”为重点，确保建筑安装工程工艺质量，保证工艺质量目标的实现。

（6）强化监督体制，加强各项管理工作。检查监督施工单位编制质量管理措施、工期控制措施、安全文明施工及保证措施、消灭质量问题措施、关键工序质量保证措施、检验及监测措施、现场消防保卫交通安全等各项措施。考虑细节、消灭隐患，将质量达标工作这一系统工程的各个影响方面始终保持在受控状态。

（7）加强资料的管理。项目资料主管通过资料室负责对各种验收资料、试验报告、技术资料等进行统一收集整理，并通过计算机系统，实现资源共享和跟踪管理。施工过程中做到凡事有据可查、保证资料与施工的一致同步，为达标投产，机组移交的创优质提供各种证据，包括工程批件、合同、工程资料、监督检查报告、获奖证书、图片资料等各种涉及工程建设痕迹的内容。资料的移交工作应符合电力档案验收管理规定，施工单位在单位工程验收后及时将资料移交项目经理部。

（三）工程创优措施管理

（1）工程创优策划。项目经理部采取有效的质量改进措施，加强对施工过程的控制和管理，提高在建工程的内在质量和施工工艺水平。不断提高工程的质量意识和员工技术素质，使公司所承建的工程项目在安全、技术和工艺质量等方面达到同期国内同行业先进水平，提升顾客满意度。项目经理部编制《创优工程实施规划》，经批准后下发各参建单位。各参建单位按《创优工程实施规划》，编制《创优工程实施细则》，报项目经理部批准后执行。

（2）工程创优目标根据合同约定制订。

（3）保证创优目标实现的措施。

① 组织措施。为保证创优工作顺利进行，项目经理部成立创优工作领导小组，以领导小组为核心在项目经理部、施工单位、专业工地及班组设立创优工作责任人，明确职责和权限。

② 管理措施。选用高素质施工队伍和专业管理及技术人员，通过招标和竞争上岗，严格把关。项目经理部与各施工单位签订施工合同，明确工程创优要求，以经济手段作为约束。

③ 技术措施。项目经理检查监督施工单位以项目总工为首的技术保证体系的运行，要求施工单位按总体创优目标的要求，将质量目标层层分解、步步细化，优化技术方案及创优措施，直至每一道工序，实现对每一分项工程的创优质量控制。在工程建设中推广新技术、新工艺、新材料和新设备的应用，以技术为先导，为质量目标的实现提供可靠的技术保证。

④ 经济措施。开展“创建优质工程考核工作”，根据工程进展情况，分阶段、有重点地检查施工单位“创优工程实施细则”实施情况，分为建筑施工高峰阶段、安装施工高峰阶段、分部试运阶段和达标投产阶段等。根据施工内容考核重点，并依据考核结果实施奖罚，对连续成绩优秀的施工单位进行奖励。

（四）达标投产考核

（1）考核项目包括：

① 安全管理；

② 质量与工艺调整；

③ 试验技术指标；

④ 工程档案；

⑤ 综合管理。

（2）考核程序

达标投产考核分“自检、预检、复检”三个阶段。

表 13–8　　达标投产考核阶段与内容

考核阶段	考核内容
自检	（1）主持单位项目经理部达标领导小组。 （2）受检单位：参建的设计、施工、调试等单位。 （3）时间：考核期内。 （4）内容：必备条件及六项考核项目，逐项逐条全面进行考核，不得抽查。考核完毕后，进行资料整理（认真填写“火电机组达标投产自检结果表”“达标投产申报表”“达标支持性材料”）。 自检合格后，向工程公司达标领导小组提交“达标自检报告”和“达标预检申请报告”

续表

考核阶段	考　核　内　容
预检	（1）主持单位：工程公司。 （2）受检单位：项目经理部及设计、施工、安装、调试等单位。 （3）时间：机组考核期满后一个月内。 （4）内容：必备条件、检查扣分项、整改意见，对六项考核项进行重点抽查。预检合格后，向集团公司达标领导小组提交达标预检报告和达标复检申请
复检	（1）主持单位：投资方。 （2）受检单位：工程公司、项目公司及设计、施工、安装、监理、调试、运行等单位。 （3）时间：机组考核期后两个月内。 （4）内容：必备条件、预检中的扣分项目、整改意见，对六项考核意见进行重点抽查。填写六个考核项目的考核表，检查人和主要迎检人签字。按程序报集团公司达标领导小组审批

（五）中国电力优质工程奖的评选

中国电力优质工程奖的评选分为申报材料预审、现场复查、评审、审定、表彰五个阶段，评选办法执行《中国电力优质工程奖评选办法〔2015〕》。

第十四章 项目交竣管理

项目交竣管理包括试运行管理、竣工验收、项目交付、项目竣工总结等。

项目交竣管理职责与分工

项目交竣即达标验收的各项准备工作由建设单位负责组织，项目经理部组织各参建单位做好相关资料准备，参加和配合项目交竣过程各项验收与检查。

工程公司项目管理部与技术管理部在整个项目的交竣管理过程中，对项目经理部进行指导与监督，确保整个项目的交付满足合同要求。

试运行管理

一、试运行管理总体要求

机组移交生产前，必须完成单机试运、分系统试运和整套启动试运，并办理相应的质量验收手续；应按合同要求进行机组整套启动试运，完成72+24h满负荷试运，机组移交生产。机组移交生产后，必须办理移交生产签字手续。

机组的试运及其各阶段的交接验收及工程的竣工验收，必须以现行的国家法律、法规和强制性标准、电力行业有关标准以及工程的批准文件、设计图纸、有效合同等为依据。为提高建设工程的管理和机组整体移交水平，每台机组都应达到电力工程达标投产相关标准的要求。

移交生产的机组，在完成全部涉网特殊试验项目验收、符合并网及商业运行相关规定并办理相关手续后，可转入商业运行。

电力建设质量监督中心站在机组整套启动前，应到现场进行质量监督检查，由建设单位负责组织各相关参建单位做好各项准备工作，项目经理部应参加和配合。

二、机组的试运

（一）机组试运基本要求

（1）机组的试运是全面检验主机及其配套系统的设备制造、设计、施工、调试和生产管理的重要环节，是保证机组能安全、可靠、经济、文明地投入生产，形成生产能力，发挥投资效益的关键性程序。

（2）机组的试运一般分为分部试运（包括单机试运、分系统试运）和整套启动试运（包括空负荷试运、带负荷试运、满负荷试运）两个阶段。分系统试运和整套启动试运中的调试工作，必须由具有相应调试能力资格的单位承担。

（3）为组织和协调好机组的试运和各阶段的验收工作，建设单位应组织成立机组试运指挥部和启动验收委员会（以下简称“启委会”）。机组的试运及其各阶段的交接验收，应在试运指挥部的领导下进行。机组整套启动试运准备情况、试运中的特殊事项和移交生产条件，必须由启委会进行审议和决策。

（4）机组各设备的单机试运及质量验收，应按照电力行业有关电力建设施工技术规范和质量验收规程进行；分系统试运和整套启动试运中的调试及质量验收，应按照电力行业有关电力建设工程调试技术规范和质量验收规程进行。

（5）机组进入整套启动试运前，必须经过电力建设质量监督机构的监督认可。

（6）机组试运中发生设备损坏、非计划中断运行等事故时，应由总指挥主持，组织工程各参建单位进行事故调查和分析，并制订出相应防范措施。

（7）机组整套启动试运结束后，应由电力建设质量监督机构进行质量监督评价。

（8）机组资料归档移交工作应符合国家和电力行业有关建设项目档案归档的规定，项目经理部组织施工等有关单位，在机组移交生产后 30 天内完成。

（9）机组试运应移交的档案包括：单机试运记录及验收签证，调试大纲，调试方案或措施，调试报告，调试质量验收签证等。

（10）按设备供货合同供应的检修用备品配件、施工后剩余的安装用易损易耗备品配件、专用仪器和专用工具，由项目经理部组织施工单位在机组移交生产后 30 天内移交生产运行单位。如本期工程其余机组安装调试时需要继续使用，由项目经理部向生产运行单位办理借用手续，并按时归还。

（二）机组试运的组织与职责分工

1. 启动验收委员会

启委会的组成：一般应由中环公司、政府有关部门、电力建设质量监督机构、项目公司、监理、电网调度、设计、项目经理部、施工、调试、主要设备供货商等单位的代表组成。设主任委员一名，副主任委员和委员若干名。主任委员和副主任委员由投资方任命，委员由建设单位与政府有关部门和各参建单位协商，提出组成人员名单，上报投资方批准。

启委会的职责期：启委会必须在机组整套启动前组成并开始工作，直到办理完机组移交生产交接签字手续为止。

启委会的职责：一是在机组整套启动试运前，启委会应召开会议，审议试运指挥部有关机组整套启动准备情况的汇报，协调机组整套启动的外部条件，决定机组整套启动的时间和其他有关事宜；二是在机组整套启动试运过程中，如遇试运指挥部不能做出决定的事宜，由总指挥提出申请，启委会应召开临时会议，讨论决定有关事宜；三是在机组完成整套启动试运后，启委会应召开会议，审议试运指挥部有关机组整套启动试运情况和移交生产条件的汇报，协调整套启动试运后的未完事项，决定机组移交生产后的有关事宜，主持办理机组移交生产交接签字手续。

2. 试运指挥部

试运指挥部的组成：一般应由一名总指挥和若干名副总指挥及成员组成。总指挥宜由建设工程项目公司的总经理担任，并由投资方任命。副总指挥和成员若干名，具体人选由总指挥与工程各参建单位协商，提出任职人员名单，上报投资方批准。

试运指挥部的职责期：试运指挥部从机组分部试运开始的一个月前组成并开始工作，直到办理完机组移交生产交接签字手续为止。

试运指挥部的职责：

（1）全面组织和协调机组的试运工作；

（2）对试运中的安全、质量、进度和效益全面负责；

（3）审批重要项目的调试方案或措施和单机试运计划、分系统试运计划及整套启动试运计划；

（4）启委会成立后，在主任委员的领导下，筹备启委会全体会议，启委会闭会期间，代表启委会主持整套启动试运的常务指挥工作；

（5）协调解决试运中的重大问题；

（6）组织和协调试运指挥部各组及各阶段的验收签证工作。

试运指挥部下设机构：试运指挥部下设分部试运组、整套试运组、验收检查组、生产运行组、综合管理组。根据工作需要，各组可下设若干个专业组，专业组的成员，一般由总指挥与工程各参建单位协商任命，并报中环公司备案。机组试运组织机构示意图如图 14–1 所示。

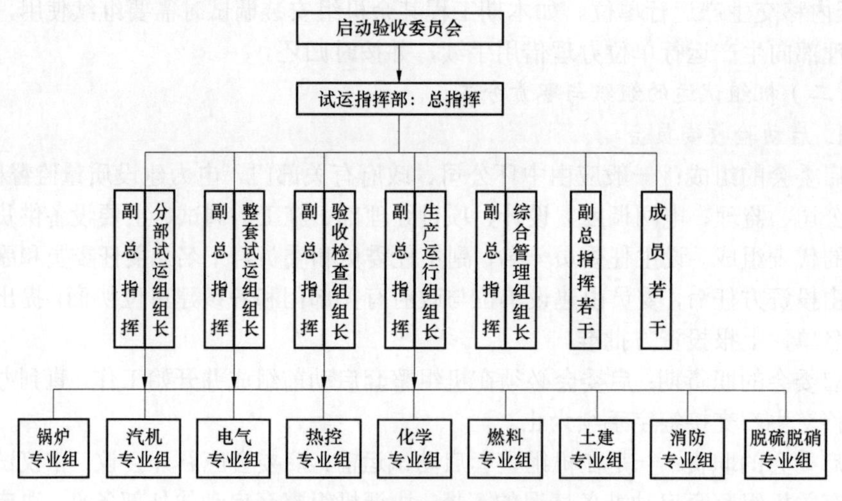

图 14–1　机组试运组织机构

（1）分部试运组。由项目经理部、施工、调试、建设、生产、监理、设计和主要设备供货商等有关单位的代表组成。设组长一名，应由项目经理部出任的副总指挥兼任；副组长若干名，应由施工、调试、建设、监理和生产单位出任的副总指挥或成员担任，其主要职责如下。

① 负责组织提出单机试运计划和分系统试运计划，上报总指挥批准。

② 负责分部试运阶段的组织领导、统筹安排和指挥协调工作。按照试运计划合理组织土建、安装、单体调试工作，为单机试运和分系统试运创造条件。

③ 在单机和系统首次试运前，组织核查单机试运和系统试运应具备的条件，应使用《单机试运条件检查确认表》《系统试运条件检查确认表》进行多方签证。

④ 组织研究和解决分部试运中发现的问题。

⑤ 组织办理单机试运验收签证和分系统试运验收签证工作。

（2）整套试运组。一般应由调试、项目经理部、施工、生产、建设、监理、设计、主要设备供货商等有关单位的代表组成。设组长一名，应由主体调试单位出任的副总指挥兼任，副组长若干名，应由项目经理部、施工、生产、建设和监理单位出任的副总指挥兼任。

（3）验收检查组。由建设、监理、项目经理部、施工、生产和设计等有关单位的代表组成。设组长一名、副组长若干名。组长一般由建设单位出任的副总指挥兼任。

（4）生产运行组。由生产单位的代表组成。设组长一名、副组长若干名。组长一般由生产单位出任的副总指挥兼任。

（5）综合管理组。由建设、施工、生产等有关单位的代表组成。设组长一名、副组长若干名。组长应由建设单位出任的副总指挥兼任。

（6）各专业组。一般可在分部试运组、整套试运组、验收检查组和生产运行组下，分别设置锅炉、汽机、电气、热控、化学、燃料、土建、消防、脱硫（硝）等专业组，各组设组长 1 名，副组长和组员若干名。

在分部试运阶段，组长由项目经理部专业工程师担任，副组长由施工、调试、监理、建设、生产、设计、设备供应商单位的人员担任；在整套启动试运阶段，组长由主体调试单位的人员担任，副组长由项目经理部、施工、生产、监理、建设、设计、设备供应商单位的人员担任。

燃料、土建、消防和脱硫（硝）专业组的组长和副组长，由承担该项目施工、调试的单位和监理、建设单位派人出任；验收检查组中各专业组的组长和副组长由建设、监理、生产和项目经理部、施工单位的人员担任。各专业组的主要职责如下。

（1）在试运指挥部各相应组的统一领导下，按照试运计划组织本专业各试运条件的检查和完善，实施和完成本专业试运工作。

（2）研究和解决本专业在试运中发现的问题，对重大问题提出处理方案，报试运指挥部审查批准。

（3）组织完成本专业组各试运阶段的验收检查工作，办理验收签证。

（4）按照机组试运计划要求，组织完成与机组试运相关的厂区外与市政、公交、航运等有关工程，完成由设备供货商或其他承包商负责的调试项目的验收。

3. 项目经理部的主要职责

（1）负责组织完成试运所需要的建筑和安装工程，以及组织试运中临时设施的制作、安装和系统恢复工作。

（2）负责组织施工单位编制、报审和批准单机试运措施，组织编制和报批单体调试和单机试运计划。

（3）主持分部试运阶段的试运调度会，全面组织协调分部试运工作。

（4）负责组织完成单体调试、单机试运条件检查确认、单机试运指挥工作，组织施工单位提交单体调试报告和单机试运记录，参加单机试运后的质量验收签证。

（5）负责单机试运期间工作票安全措施的落实和许可签发。

（6）负责向生产单位办理设备及系统代保管手续。

（7）参与和配合分系统试运和整套启动试运工作，参加试运后的质量验收签证。

（8）负责试运阶段设备与系统的就地监视、检查、维护、消缺和完善，使与安装相关的各项指标满足达标要求。

（9）机组移交生产前，负责组织试运现场的安全、保卫、文明试运工作，做好试运设备与施工设备的安全隔离措施。

（10）在考核期阶段，配合生产单位负责组织施工单位完成施工尾工和消除施工遗留的缺陷。

（11）单独承包分项工程的施工单位，其职责与主体安装单位相同。同时，应保证该独立项目按时、完整、可靠地投入，不得影响机组的试运工作，在工作质量和进度上必须满足工程整体的要求。

4. 调试单位的主要职责

（1）负责编制、报审、报批或批准（除需要由总指挥批准以外的）调试大纲、分系统调试和整套启动调试方案或措施，分系统试运和整套启动试运计划。

（2）参与机组连锁保护定值和逻辑的讨论，提出建议。

（3）参加相关单机试运条件的检查确认和单体调试及单机试运结果的确认，参加单机试运后质量验收签证。

（4）机组整套启动试运期间全面主持指挥试运工作，主持试运调度会。

（5）负责分系统试运和整套启动试运调试前的技术及安全交底，并做好交底记录。

（6）负责全面检查试运机组各系统的完整性和合理性，组织分系统试运和整套启动试运条件的检查确认。

（7）按合同规定，组织完成分系统试运和整套启动试运中的调试项目和试验工作，参加分系统试运和整套启动试运质量验收签证，使与调试有关的各项指标满足达标要求。

（8）负责对试运中的重大技术问题提出解决方案或建议。

（9）在分系统试运和整套启动试运中，监督和指导运行操作。

（10）在分系统试运和整套启动试运期间，协助相关单位审核和签发工作票，并对消缺时间做出安排。

（11）考核期阶段，在生产单位的安排下，继续完成合同中未完成的调试或试验项目。

（三）分部试运管理

（1）分部试运阶段应从厂用母线受电开始至整套启动试运开始为止。

（2）分部试运包括单机试运和分系统试运两部分。单机试运是指为检验该设备状态和性能是否满足其设计和制造要求的单台辅机的试运行；分系统试运是为检验设备和系统是否满足设计要求的联合试运行。

（3）分部试运应具备条件：

① 试运指挥部及其下属机构已成立，组织落实，人员到位，职责分工明确；

② 各项试运管理制度和规定以及调试大纲已经审批发布执行；

③ 相应的建筑和安装工程已完工，并已按电力行业有关电力建设施工质量验收规范验收签证，技术资料齐全；

④ 具备设计要求的正式电源；

⑤ 单机试运和分系统试运计划、试运调试措施已经审批并正式下发；

⑥ 分部试运涉及的单体调试已完成，并经验收合格，满足试运要求。

（4）分部试运由项目经理部组织，在调试和生产等有关单位的配合下完成。分部试运中的单机试运由施工单位负责完成，分系统试运由调试单位负责完成。

（5）单机试运：

① 单机试运完成、经组织验收合格、办理签证后，才能进入分系统试运；

② 单机试运条件检查确认表由施工单位准备，系统试运条件检查确认表由调试单位准备，单体校验报告和分部试运记录，应由实施单位负责整理和提供。

（6）分部试运项目试运合格后，由项目经理部、施工单位、调试单位、监理单位、建设单位、生产单位等办理质量验收签证。

（四）设备供货商负责的调试管理

供货合同中规定，由设备供货商负责的调试项目或其他承包商承担的调试项目，必须由项目经理部组织监理、施工、生产、设计等有关单位进行检查验收。验收不合格的项目，不能进入分系统试运或整套启动试运。

与电网调度管辖有关的设备和区域，如：启动/备用变压器、升压站内设备和主变压器等，在受电完成后，必须立即由生产单位进行管理。

对于独立或封闭的一些区域，当建筑和安装施工及设备和系统试运已全部完成，并已办理验收签证的，在项目经理部、施工单位、调试单位、监理单位、建设单位和生产单位等办理完《设备或系统代保管交接签证卡》代保管手续之后，由生产单位代管。代管期间的施工缺陷仍由施工单位消除，其他缺陷由项目经理部组织相关责任单位完成。

（五）单机调试管理

施工单位是单机调试的责任主体，项目经理部负责组织施工单位、设备供货商完成单机调试，并完成单机试运计划。组织完成试运措施的编写及审核。调试单位负责配合单机调试。合同规定由设备供货商负责单机调试的项目，必须由监理单位组织项目经理部、施工单位、调试单位、生产单位等检查验收。

1. 项目经理部主要工作

（1）充分发挥工程建设的主导作用，全面协助试运指挥部，负责机组试运全过程的组织管理和协调工作；

（2）组织编制和发布各项试运管理制度和规定，对工程的质量、进度和 HSE 等工作进行控制；

（3）为各参建单位提供设计和设备文件及资料；

（4）协调设备供货商供货和提供现场服务；

（5）协调解决合同执行中的问题和外部关系；

（6）通过项目公司与电网调度、消防部门、铁路、航运等相关单位的联系；

（7）组织调试单位、项目公司对机组连锁保护定值和逻辑的讨论和确定，组织完善机组性能试验或特殊试验测点的设计和安装；

（8）组织由设备供货商或其他承包商承担的调试项目的实施及验收；

（9）负责试运现场的消防和安全保卫管理工作安排，做好建设区域与生产区域的隔离措施；

（10）参加试运日常工作的检查和协调，参加试运后的质量验收签证审查，并根据试运情况，总结设计中的经验教训，以改进和优化设计，监督设计变更的完成情况。

2. 项目公司生产准备部门主要工作

（1）完成单机试运的准备工作，包括生产必需的检测和试验工器具、运行规程、系统图册、各项规章制度等；

（2）审核单机试运方案和试运措施；

（3）参加并监督单机试运情况，负责单机设备试运的启动前检查、启动操作和监护；

（4）对单机试运的各项指标进行记录；

（5）进行单机试运后的质量验收签证审查。

（六）分系统调试管理

在单机调试和单机试运合格后，开始启动分系统调试。调试单位是分系统调试的责任主体，项目经理部负责组织施工单位、设备供货商完成分系统调试，并完成分系统试运计划。调试单位组织完成试运措施的编写及审核。

项目经理部负责组织的分系统调试项目，须由监理单位组织项目经理部、施工单位、调试单位、生产单位等检查验收。

1. 项目经理部主要工作

（1）发挥工程建设的主导作用，协助试运指挥部，负责组织机组分系统试运全过程的组织管理和协调工作；

（2）督促施工单位遵守并执行发布的各项试运管理制度和规定，对工程的质量、进度和HSE等工作进行控制；

（3）为各参建单位提供设计和设备文件及资料；

（4）协调设备供货商供货和提供现场服务；

（5）协调解决合同执行中的问题和外部关系；

（6）通过项目公司与电网调度、消防部门等相关单位联系；

（7）组织建设单位、调试单位对机组连锁保护定值和逻辑的讨论和确定，组织完成机组性能试验或特殊试验测点的增设安装；

（8）组织由设备供货商或其他承包商承担的调试项目的实施及验收；

（9）负责试运现场的消防和安全保卫管理工作，做好建设区域与生产区域的隔离措施；

（10）参加试运日常工作的检查和协调，参加试运后的质量验收签证审查；

（11）根据试运情况，总结设计中的经验教训，以改进和优化设计，监督设计变更的完成情况。

2. 项目公司生产准备部门主要工作

（1）完成分系统试运的准备工作，包括生产必需的物资供应和生产必备的检测、试验工器具及备品备件等的配备，运行规程、系统图册、各项规章制度等；

（2）运行和生产报表、台账的编制、审核和试行；

（3）系统设备正式阀门、开关和保护压板等各种正式标示牌的定制和安置，生产标准化配置等；

（4）审核分系统试运方案和试运措施；

（5）参加并监督分系统试运情况，在调试单位人员的监督指导下，负责分系统试运的启动前检查，启停操作、运行调整、巡回检查和事故处理；

（6）对运行中发现的各种问题提出处理意见或建议，对分系统试运的各项指标进行记录；

（7）分系统试运期间，负责工作票的管理、工作票安全措施的实施及工作票和操作票的许可签发及消缺后的系统恢复；

（8）负责联系分系统试运过程中与电网调度管辖的设备和区域；

（9）进行分系统试运后的质量验收签证审查。

（七）整套启动试运

整套启动试运阶段是从炉、机、电等第一次联合启动时锅炉点火开始，到完成满负荷试运移交生产为止。

整套启动试运应具备下列条件。

（1）试运指挥部及各组人员已全部到位，职责分工明确，各参建单位参加试运值班的组织机构及联系方式已上报试运指挥部并公布，值班人员已上岗。

（2）建筑、安装工程已验收合格，满足试运要求；厂区外与市政、公交、航运等有关的工程已验收交接，能满足试运要求。

（3）必须在整套启动试运前完成的分部试运项目已全部完成，并已办理质量验收签证，分部试运技术资料齐全。主要检查项目如下：

① 锅炉、汽机、电气、热控和化学五大专业的分部试运完成情况；

② 机组润滑油、控制油和变压器油的油质的化验结果；

③ 发电机风压试验结果；

④ 发电机封闭母线微正压装置投运情况；

⑤ 保安电源切换试验及必须运行设备保持情况；

⑥ 热控系统及装置电源的可靠性；

⑦ 通信、保护、安全稳定装置、自动化和运行方式及并网条件；

⑧ 垃圾仓及输送系统；

⑨ 除灰和除渣系统；

⑩ 废水处理及排放系统；

⑪ 脱硫、脱硝系统和环保监测设施等。

（4）整套启动试运计划、重要调试方案及措施已经总指挥批准，并已组织相关人员学习，完成安全和技术交底，首次启动曲线已在主控室张挂。

（5）试运现场的防冻、采暖、通风、照明和降温设施已能投运，厂房和设备间封闭完整，所有控制室和电子间温度可控，满足试运需求。

（6）试运现场安全、文明。主要检查项目如下：

① 消防和生产电梯已验收合格，临时消防器材准备充足且摆放到位；

② 电缆和盘柜防火封堵合格；

③ 现场脚手架已拆除，道路畅通，沟道和孔洞盖板齐全，楼梯和步道扶手、栏杆齐全且符合安全要求；

④ 保温和油漆完整，现场整洁；

⑤ 试运区域与运行或施工区域已安全隔离；

⑥ 安全和治安保卫人员已上岗到位；

⑦ 现场通信设备通信正常。

（7）生产单位已做好各项运行准备。

（8）试运指挥部的办公器具已备齐，文秘和后勤服务等各项工作已经到位，满足试运要求。

（9）配套送出的输变电工程满足机组满发送出的要求。

（10）已满足电网调度提出的各项并网要求。

（11）电力建设质量监督机构已按有关规定，对机组整套启动试运前进行了监督检查，提出的必须整改的项目已经整改完毕，确认同意进入整套启动试运阶段。

（12）启委会已经成立并召开了首次全体会议，听取并审议了关于整套启动试运准备情况的汇报，并做出准予进入整套启动试运阶段的决定。

整套启动试运分为空负荷试运、带负荷试运和满负荷试运三个阶段进行。同时满足下列要求后，即可以宣布和报告机组满负荷试运结束。

（1）机组保持连续运行。对于垃圾发电及生物质发电的机组，按 72h 和 24h 两个阶段进行，连续完成 72h 试运行后，停机进行全面的检查和消缺，消缺完成后再开机，连续完成 24h 满负荷试运行，如无必须停机消除的缺陷，亦可连续运行 72+24h。

（2）机组满负荷试运期的平均负荷率应不小于 90%额定负荷。

（3）热控保护投入率 100%。

（4）热控自动装置投入率不小于 95%、热控协调控制系统投入，且调节品质基本达到设计要求。

（5）热控测点/仪表投入率不小于 99%，指示正确率均不小于 98%。

（6）电气保护投入率 100%。

（7）电气自动装置投入率 100%。

（8）电气测点/仪表投入率不小于 99%，指示正确率均不小于 98%。

（9）汽水品质合格。

（10）机组各系统均已全部试运，并能满足机组连续稳定运行的要求，机组整套启动试运调试质量验收签证已完成。

（11）满负荷试运结束条件已经多方检查确认签证、总指挥批准。

达到满负荷试运结束要求的机组，由总指挥宣布机组试运结束，并报告启委会和电网调度部门。至此，机组投产，移交生产单位管理，进入考核期。

三、机组的交接验收

机组满负荷试运结束时，应进行各项试运指标的统计汇总和填表，办理机组整套启动试运阶段的调试质量验收签证。机组满负荷试运结束后，应召开启委会会议，听取并审议整套启动试运和交接验收工作情况的汇报，以及施工尾工、调试未完成项目和遗留缺陷的工作安排，做出启委会决议，办理移交生产的签字手续（见机组移交生产交接书）。

机组移交生产后一个月内，应由建设单位负责，向参加交接签字的各单位报送一份机组移交生产交接书。

交接验收完成后，45 天内项目经理部负责组织工程要求的归档资料与备品备件移交，4 个月内办理完竣工结算。

四、机组的考核期管理

机组的考核期，自总指挥宣布机组试运结束之时开始计算，时间为六个月，不应延期。在考核期内，机组的安全运行和正常维修管理，由项目公司生产单位全面负责，工程各参建单位应按照启委会的决议和要求，在生产单位的统一组织协调和安排下，继续全面完成机组施工尾工、调试未完成项目和消缺、完善工作。涉网特殊试验和性能试验合同单位，应在考核期初期全面完成各项试验工作。

考核期的主要任务如下。

（1）进一步试验设备、消除缺陷，完成施工及调试未完成的项目，完成电力建设质量监督机构检查提出的整改项目。

（2）完成全部涉网特殊试验项目，提交报告、组织验收、办理相关手续，早日转入商业运行。

（3）组织完成机组的全部性能试验项目。

（4）生产单位应继续维护和保持或进一步提高自动调节品质和保护、自动、测点/仪表的投入和正确率。

（5）全面考核机组的各项性能和技术经济指标。

考核期内，机组的非施工问题，应由建设单位组织责任单位或有关单位进行处理，责任单位应承担经济责任；由于非施工和调试原因，个别设备或自动保护装置仍不能投入运行，应由建设单位组织有关单位提出专题报告，报上级主管单位研究解决。电网调度部门应在电网安全许可的条件下，安排满足机组消缺、涉网特殊试验和性能试验需要的启停和负荷变动。

各项性能试验完成后，建设单位应按照机组达标验收的相关规定和要求，组织完成相关工作。

相关表单：

（1）单机试运条件件检查确认表

（2）系统试运条件件检查确认表

（3）整套启动试运条件件检查确认表

（4）设备或系统代保管交接签证卡

（5）机组移交生产交接书

竣工验收

竣工验收过程包括竣工验收申请、预验收管理、专项验收管理、竣工图编制管理和整体竣工验收管理等。

一、竣工验收申请

包括竣工资料准备、竣工资料组卷、竣工资料审查、竣工资料移交和竣工验收申请办理。

（一）竣工资料准备

（1）建设单位负责组织竣工资料准备工作，主要包括竣工资料编制工作的组织、人员落实、质量和进度管理；

（2）建设单位负责组织设计单位、项目经理部、施工单位和监理单位等进行项目竣工资料的编制；

（3）项目经理部负责指导、检查施工单位竣工文件的工作质量和进度；组织审查施工单位提交的竣工资料；

（4）监理单位应按照行业规范和建设单位的要求，提出竣工资料清单，要求施工单位按竣工资料清单编制竣工资料；

（5）施工单位负责收集施工过程中形成的各种原始记录，并编制项目竣工资料；

（6）工程项目竣工资料的收集、整理、编制、归档及移交，应做到布置施工任务与布置竣工文件编制同步进行、工程进度与竣工文件积累同步进行，工程质量验收、交接验收与竣工文件交接同步进行。

（二）竣工资料组卷

（1）竣工资料组卷要遵循竣工资料的形成规律和成套性特点，保持卷内文件的有机联系，分类科学，符合档案管理“组卷合理，法律性文件手续齐备”的要求；

（2）竣工资料案卷构成包括案卷封面、卷内目录、工程文件、备考表，具体图表及填写说明依据《科学技术档案案卷构成的一般要求》；

（3）建设单位在竣工资料组卷前先成立资料组卷小组，一般由项目公司工程技术部门、档案管理部门、项目经理部各专业专工、资料主管、施工单位资料员组成；

（4）在竣工资料组卷前，资料组卷小组必须确认竣工资料已经过文件所在单位及文件责任人自检且合格。

（三）竣工资料检查

竣工资料检查流程如下：

（1）施工承包商应按其职责分工，在规定的时间内完成归档文件分类、整理及自检工作，自检合格后，通知项目经理部、监理单位进行审查；

（2）监理单位负责竣工资料审查，提出整改意见；

（3）项目公司组织工程档案的会检，由项目公司、项目经理部、监理单位及相关技术人员参加，提出整改意见；在每一级检查验收中，凡不符合质量要求的案卷，退回立卷单位整改，整改合格后方可进行下一级验收。

（四）竣工资料移交

竣工资料移交流程如下：

（1）验收合格后的竣工资料，由移交单位填写《归档材料移交登记表》，附本单位立卷的案卷目录，提交项目公司。

（2）移交的竣工资料经项目公司验收合格后，交、接双方分别在《工程档案交接证书》上签字，《工程档案交接证书》一式两份，交、接双方各留一份备案。

（3）施工单位应在投产后，将验收合格后的档案向项目经理部移交，施工单位应按合同约定的数量，准时提交竣工图资料；由项目经理部编制竣工资料移交案卷文件目录及归档说明。

（五）竣工验收申请办理

（1）机组移交生产后，项目公司技术部门确认工程建设任务和竣工资料已完成，具备竣工验收条件，提出验收申请报告，经项目公司领导审查后报投资方基建管理部门审批。

（2）工程公司项目经理部交接验收完成后，按要求完成竣工资料归档移交、备品备件移交，办理完竣工结算。组织编制《工程项目竣工报告》上报工程公司/项目公司。

（3）建设单位负责组织项目工程整体竣工验收，投资方工程技术中心收到建设单位的工程竣工报告后，对具备竣工验收要求的工程项目，组织勘察、设计、项目公司、项目经理部、施工、监理等单位和其他有关方面的专家组成验收组，制订验收方案。

二、预验收管理

预验收包括竣工资料审查和工程质量检查验收。在工程项目完工后，建设单位组织竣工验收前，由监理单位组织对项目进行预验收。验收内容如下：

（1）建筑工程和安装工程的施工验收；

（2）工艺设备的制造、安装和调试；

（3）竣工决算；

（4）性能考核试验、技术经济指标、达标投产考核等情况；

（5）投产机组生产运行管理；

（6）劳动安全卫生设施；

（7）环境保护设施；

（8）水土保持设施；

（9）消防设施；

（10）工程档案；

（11）工程建设过程中采用的新技术、新工艺、新材料和新设备，以及在工程管理方面取得的效果和经验。

项目公司工程技术部门全程参与预验收，对监理单位的审查结果进行确认。对于存在的问题，责任单位整改完毕后，项目公司工程技术部门应审查经总监理工程师签署的工程竣工报验单。

三、专项验收管理

工程专项验收主要是指应通过国家有关行政主管部门验收的环保、消防、水土保持、档案、劳动安全与职业卫生、特种设备锅炉压力容器、起重机械等工作。

（一）专项验收计划

（1）工程专项验收由建设单位组织实施，项目经理部配合，先进行自查，自查合格后申请有关国家行政主管部门进行专项验收。

（2）专项验收工作贯穿整个项目建设过程，包括项目核准阶段、初步设计阶段、施工图设计阶段、施工阶段、试生产和竣工验收阶段。

（二）工程专项验收应具备的条件

表 14–1　　工程专项验收应具备的条件

类别	应具备条件
水土保持专项验收	（1）建设项目水土保持方案审批手续完备，水土保持工程设计、施工、监理、财务支出、水土流失监测报告等资料齐全。 （2）水土保持设施按批准的水土保持方案报告书和设计文件要求，建成符合主体工程和水土保持的要求。 （3）治理程度、拦渣率、植被恢复率、水土流失控制量等指标达到了批准的水土保持方案和批复文件的要求及国家和地方的有关技术标准。 （4）水土保持设施具备正常运行条件且能持续、安全、有效运转，符合交付使用要求。水土保持设施的管理、维护措施落实。 （5）需委托有资质的单位对上述条件进行技术评估，完成工程《水土保持设施验收技术评估报告》。 （6）编写工程《水土保持设施竣工验收总结报告》
劳动安全与职业卫生专项验收	建设项目竣工、试生产运行正常后，建设单位委托有资质的单位对工程劳动安全和职业卫生分别进行评估，形成评估报告
环境保护专项验收	（1）项目建设前期环境保护审查、审批手续完备，技术资料与环境保护档案资料齐全。 （2）环境保护设施及其他措施等，已按批准的环境影响报告书和设计文件的要求建成或者落实，环境保护设施经负荷试车检测合格，其防治污染能力适应主体工程的需要。 （3）环境保护设施安装质量符合国家和有关部门颁发的专业工程验收规范、规程和检验评定标准。 （4）具备环境保护设施正常运转的条件，包括经培训合格的操作人员、健全的岗位操作规程及相应的规章制度，原料、动力供应落实符合交付使用的其他要求。 （5）污染物排放符合环境影响报告书和设计文件中提出的标准及核定的污染物排放总量控制指标的要求。 （6）各项生态保护措施按环境影响报告书规定的要求，落实建设项目建设过程中受到破坏并可恢复的环境已按规定采取了恢复措施。 （7）环境监测项目、点位、机构设置及人员配备符合环境影响报告书和有关规定的要求。 （8）环境影响报告书提出，需对环境保护敏感点进行环境影响验证，对清洁生产进行指标考核，对施工期环境保护措施落实情况进行工程环境监理的，均已按规定要求完成。 （9）环境影响报告书要求项目单位采取措施，削减其他设施污染物排放，或要求建设项目所在地地方政府或者有关部门采取“区域削减”措施，满足污染物排放总量控制要求的相应措施得到落实。 （10）建设单位申请建设项目竣工环境保护验收前，应会同监理单位、施工单位对相关文件资料和现场环境保护设施进行预检查，并对检查中发现的问题及时进行整改　确保正式验收前所有问题整改结束
消防专项验收	（1）《建筑工程消防设计审核意见书》及相关批复文件。 （2）消防工程施工安装单位资格证书及施工安装记录、隐蔽工程验收记录消防系统的调试记录。 （3）联动控制试验记录和灭火系统的强度试验、严密性试验、冲洗或吹扫记录。 （4）建筑消防设施技术测试合格的报告。 （5）消防产品的出厂合格证、规范规定的进场检试验报告以及消防产品符合法定市场准入规则的。 （6）证明文件消防系统及其主要组件的使用维护说明书。 （7）建筑消防设施操作管理制度和管理、维护人员登记表。 （8）项目竣工后，项目单位应当组织设计、施工、工程监理等有关单位依照工程建设国家消防标准和施工图消防设计文件，对项目消防质量进行自验收。自验收合格后，到公安消防机构领取并填写《建筑工程消防验收申报表》

续表

类别	应具备条件
工程档案专项验收	（1）有运行良好的档案管理体制，对项目档案工作实行统一管理，建立健全项目档案工作各项规章制度。 （2）归档的文件材料齐全完整、签署完备、制作质量良好。符合《国家重大建设项目文件归档要求和整理规范》（DA/T 28-2002）、《科学技术档案案卷构成的一般要求》（GB/T 11822—2008）等中规定要求。 （3）竣工图的编制准确、清晰、规范。符合《火电发电建设工程启动试运及验收规程》（DL/T 5437）、《火力发电厂工程竣工图文件编制规定》（DL/T 5229）的要求。 （4）全部档案已进行系统整理案卷质量、档案编目等符合规范化、标准化的要求。运用计算机辅助档案管理建立项目档案管理库。 （5）档案库房和档案保护设备符合国家档案局制订的《档案库房技术管理暂行规定》的要求。 （6）在项目建设和试运行中，积极主动提供档案利用并取得一定效果。 （7）项目档案专项验收前，建设单位应组织设计、施工、监理、调试及生产等有关人员进行档案自检工作，并在此基础上形成档案工作自检报告。确保正式验收前所有问题整改结束

（三）专项验收的管理及评估机构

（1）建设单位负责各专项验收的组织与管理，项目经理部协助配合。

（2）建设单位委托经国家有关行政主管部门认可的各专项第三方评估机构，编制预验收监测（调查）报告，组织对建设专项进行现场检查，进行预验收并按有关规定上报验收材料至当地国家有关行政主管部门。

四、竣工图编制管理

（一）结构图编制原则

（1）工程公司承担的各项新建、扩建、改建或技术改造等工程项目，在工程竣工后（或合同约定的时间内）应编制竣工图，项目经理部负责竣工图编制工作的组织与协调，项目公司编制《工程竣工图绘制通知单》。

（2）竣工图的编制单位由项目公司委托，由原施工图设计单位负责编制工程设计范围内的竣工图，编制任务可在设计合同中予以明确，也可单独签订竣工图的编制合同，合同内容包括竣工图的编制要求、编制范围、交付时间、份数、费用等事宜。

（3）若施工图在建设过程中已发生修改，则要重新出新图（即对原施工图底图修改后重新出蓝图）作为竣工图，由于施工图的电子版本在设计单位（版权所有），所以修改、印制极为方便，可充分利用原有资源（包括人员、设备、资料等），提高竣工图编制效率和质量。

（4）设计、施工、监理、调试单位和项目经理部在建设过程（包括施工、调试等过程，以下同）中，及时、完整地做好相关事项记录，由项目经理部汇总后，提供给竣工图编制单位进行编制。

（5）竣工图编制以设计单位施工图为基础，并包括由设计、施工、监理、调试、建设单位审核签认的《设计变更通知单》《工程联系单》、设计更改等有关文件内容，复合现场施工验收记录和调试记录等资料。

（6）项目经理部应在工程整套启动试运行结束后，及时组织施工单位提交编制竣工图所需的有关施工等变更资料，竣工图编制单位在收到资料后，应按合同约定的时间完成竣工图的编制工作。

（7）竣工图编制的形式，分为在建设过程中施工图已修改和未修改二类。对于建设过程中发生修改的施工图应重新绘制竣工图，图标仍按施工图图标，但“设计阶段”栏为“竣工图阶段”，由设计人（修改人）、校核人和批准人签署。图纸编号按原施工图图号，其中设计阶段代字“S”改为“Z”。若有新增图纸，其编号在该册图纸的最后一个编号依次顺延；对于建设过程中未发生修改的施工图，应在施工图蓝图上加盖“竣工图”章（见图样）。竣工图章应使用红色印泥，盖在图标栏上方空白处。

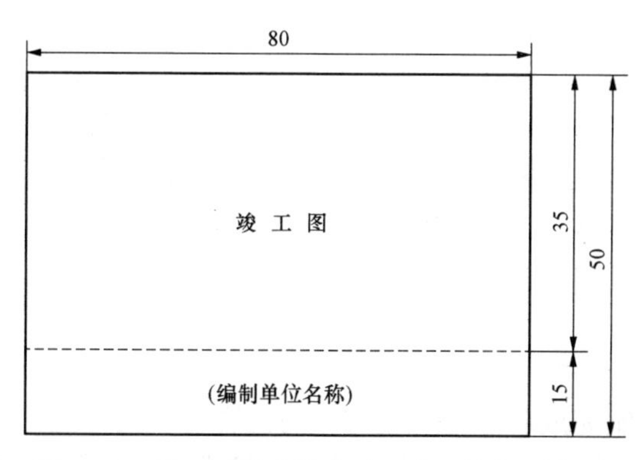

图 14–2　竣工图图章样式及尺寸（单位：mm）

（8）设计单位应编制竣工图总说明及竣工图分册的说明。总说明及分册说明也应像卷册图纸一样予以编号，编号方法同卷册图纸的编号，但其中设计阶段代字用“Z”表示，总说明的设计专业代字用“A”表示（综合部分）。

（9）设计单位应按卷册编制竣工图图纸目录，在竣工图编制范围内的图纸，无论修改与否，均应在图纸目录中列出。

（二）竣工图范围及内容深度

（1）竣工图的编制范围规定，根据图纸级别的划分编制内容，列出的图纸目录仅指常规性的图纸，并不针对某些特定的项目，对特定的项目，其竣工图的编制范围可根据项目具体情况酌情调整，或经合同双方协商，在竣工图编制合同中予以确定。

（2）竣工图的编制范围为一、二、三级图和部分重要的四级图，不包括五级图，各编制单位可根据建设工程项目具体情况和（或）合同约定的内容酌情调整。图纸级别的划分如表 14–2 所示。

表 14–2　　图纸级别划分

一级图	前期工程及初步设计的全部成品，施工图设计的综合性工程总图、各专业主体系统图和布置图、主要单元功能建筑、结构设计总图、重要标准设计总图等
二级图	专业系统图及布置总图，新技术和标准设计的主要图纸等
三级图	专业辅助或次要系统图及布置图，主要的组装图等
四级图	辅助设备、附属机械安装图及设备次要组装图、端子排图等
五级图	零件、一般构件、元件等

（3）因设计图纸修改而引起的修改计算书，不包括在编制竣工图范围内，但该计算书应与修改通知单一并归入原设计单位的内部档案，并注明与原计算书的修改关系。

（4）在竣工图出图范围内的成品深度，应符合施工图设计深度规定的要求。

（5）竣工图内容应与施工图设计、设计变更、施工验收记录、调试记录等相符合，应真实反映工程竣工验收时的实际情况。

（6）各专业均应编制竣工图，专业之间应相互协调，相互配合；在各分册竣工图中，对于发生变更部分的内容，各相关图纸的变更表示应相互对应一致。

（7）隐蔽工程的竣工图，不仅要依据设计工地代表的设计变更通知单、工程联系单，还要依据施工单位、监理单位的施工记录。

（8）竣工图应准确、清楚、完整和规范，并附上必要的修改说明，文字说明应简练。

（三）竣工图的审核

（1）竣工图编制完成后，应对竣工图的内容与“设计变更通知单”“工程联系单”、设计更改等有关文件及施工验收记录、调试记录等的符合性进行审核。

（2）竣工图由设计人（修改人）编制完成后，由竣工图编制单位负责审核，经校核人校核和批准人审定后在图标上签署。

（3）监理单位应对竣工图编制质量进行监督检查。由于竣工图图标仍按施工图图标，目前电力勘测设计行业使用的施工图图标有设计、校核、审核和批准四级签署，而竣工图是由设计（修改）、校核、批准三级签署。作为编制竣工图的依据性资料，在建设过程中，设计、施工、监理等参建各方该需要审核签字的均已完成，而竣工图的审核主要是校核所做竣工图与依据性资料的符合性，因此，竣工图由设计人（修改人）编制完成后，经校核人和批准人签署即可。竣工图的签署人员可由竣工图编制单位按行业有关规定，和（或）按本单位质量管理体系文件的规定执行，由于各竣工图编制单位的组织机构以及管理体系会有所不同，所以对竣工图签署人员规定要有项目公司负责人会签。

（四）竣工图的印制、交付与归档

（1）竣工图由竣工图编制单位负责印制。印制后的竣工图按 GB/T 10609.3 的规定，统一折叠成 A4 幅面（297mm×210mm），图标栏露在外面。

（2）竣工图编制单位应将印制后的竣工图，按照合同约定的份数及时提交给项目公司。

（3）竣工图编制单位在竣工图编制工作完成后，项目公司应将《设计变更通知单》以及施工、调试、监理或建设单位提供的《工程联系单》和设计更改等有关文件、资料按 GB/T 50328 和 DA/T 28 的要求及时归档。

（4）印制后的竣工图编制单位也应存档，以保证编制单位存档文件与现场竣工验收时的实际情况一致。

五、整体竣工验收管理

建设单位负责组织项目工程整体验收，专项验收完成后即进行工程整体竣工验收。

（一）整体竣工验收组织

1. 整体竣工预验收

（1）工程整体竣工验收前，建设单位组织有关专家对工程进行预验收，成立验收专家组，专家组设组长一名，组员若干名，按专业分组进行验收。

（2）预验收分专业对工程建设、运行情况及有关文件、技术指标等进行重点检查和随机抽查，并且检查工程整改完成情况。

（3）工程竣工预验收结束后，专家组应编制《项目工程预验收报告》并提交给竣工验收委员会。

2. 整体竣工验收

（1）建设单位组织成立工程竣工验收委员会，接到预验收专家组提交的《项目工程预验收报告》后，应及时与有关单位协商，确定竣工验收时间、地点及竣工验收委员会单位和委员名单等有关事宜，组织工程竣工验收。

（2）项目建设单位、设计、施工、监理、调试和生产单位作为被验收单位，应参加竣工验收，负责解答竣工验收委员会的质疑。

（3）竣工验收委员会应主持工程竣工验收会议，提出竣工验收评价意见。

（4）工程竣工验收合格后，应办理《项目工程竣工验收证书》，投资方以及项目法人、设计、项目经理部、施工、监理、调试和生产单位各持有《工程竣工验收证书》正本一份。

（二）整体竣工验收应具备的条件

（1）批复设计文件所规定的内容全部建设完成并投入使用。

（2）按《火力发电建设工程机组调试质量验收及评价规程》（DL/T 5295—2013）、《火力发电建设工程启动试运及验收规程》（DL/T 5437—2009）及项目《调试大纲》规定，完成了所有调试质量验收和试验内容，机组性能指标满足设计或合同保证值，同时主要技术经济指标达到相应标准。

（3）专项验收各项工作完成，并取得了验收合格证书。

（4）备品、备件及专用工具清单编制完毕，并已移交给生产单位。

（5）工程建设设计、施工、监理、调试和性能试验总结，及投产后生产总结已编制完成。

（6）施工单位与建设单位签订了工程质量保修书。

（7）达标投产复检工作完成。

（8）工程竣工决算已完成并经审计通过。

（9）建设单位负责在试运营阶段，配合调试单位开展性能指标测试、环保数据收集等验收工作。

（三）整体竣工验收组织流程

（1）建设项目整体竣工验收，是在专项验收及其他各项验收完成后，由建设单位向负责验收的主管部门提出验收申请报告，由投资方主管部门组织验收。

（2）具备整体竣工验收条件后，投资方组织相关部门和人员审查整体竣工验收方案，对验收活动作全过程策划，明确具体时间安排，分工做好各自的准备工作。

（3）建设单位负责组织完成整体竣工验收《项目总结报告》编制，并将报告及验收方案报工程技术中心备案，工程技术中心负责指导和监督建设单位的整体竣工验收活动。

（4）项目经理部按验收方案收集整理相关资料，组织清理工程现场并组织各参建单位进行自检自查，对发现的问题落实责任人、限期完成。

（5）准备工作完成后，建设单位向上级主管部门和地方政府主管部门提出书面申请，进行整体竣工验收。

（6）项目经理部配合建设单位组织各参建单位积极做好迎检工作，确保工程项目按期取得《工程竣工验收证书》。

（7）在验收过程中发现的需进行整改的问题，提出《不合格报告》《整改通知单》，项目经理部组织各单位积极落实整改措施，由建设单位监督执行，实现无缺陷移交。

（8）验收完成后，由建设单位编写整体《竣工验收报告》，并报上级主管部门。

（9）自工程整体竣工验收合格之日起 15 日内，依照规定，向工程所在地的县级以上地方人民政府建设主管部门备案。

（10）项目公司自工程竣工验收合格之日起 15 日内，将整体验收报告及资料报公司基建管理部备案。

相关表单：

（1）工程报竣审批单（见表 14–3）

表 14–3　　工程报竣审批单

<table>
<tr><td colspan="3" rowspan="2">××××工程公司工程报竣审批单</td><td>表格编号</td></tr>
<tr><td></td></tr>
<tr><td>工程项目名称</td><td></td><td>所属专业公司及部门</td><td></td></tr>
<tr><td>合同是否签订</td><td>□是 □否</td><td>工程决算完成情况</td><td>□已与甲方办理完成决算
□已书面与甲方确定好决算思路</td></tr>
</table>

续表

工程款回款情况	1. 应收工程款：		
	2. 已收工程款：		
	3. 未收工程款：________；责任人：________；收回时间：________。		
在报竣前需协调解决的问题			
编制人		编制日期	
审核人		审核日期	
技术管理部审核意见：（是否经过质量三级检验）			
部门负责人：		审批日期：	
项目管理部审核意见：（工程未完事宜）			
部门负责人：		审批日期：	
费用控制部审核意见：（审核工程合同、回款、决算情况）			
部门负责人：		审批日期：	
专业公司审批意见：			
审批人：		审批日期：	
综合管理部意见：			
公司分管领导意见：			
负责人：		审批日期：	

（2）工程竣工单

（3）不合格报告

（4）整改通知单

（5）竣工验收报告

（6）工程竣工验收证书

（7）工程竣工图绘制通知单

（8）竣工资料移交清单（归档材料移交登记表）

（9）竣工资料清单（见表 14–4）

表 14–4　　竣 工 资 料 清 单

××××工程公司竣工资料清单			表格编号	
序号	图册编号	图册名称	份数	备注

接收单位：　　　　移交单位：

接 收 人：　　　　移 交 人：

接收日期：　　　　移交日期：

相关流程：

（1）EPC 工程竣工结算管理流程

（2）施工分包工程竣工结算管理流程

（3）工程资料管理流程（见图 14–3）

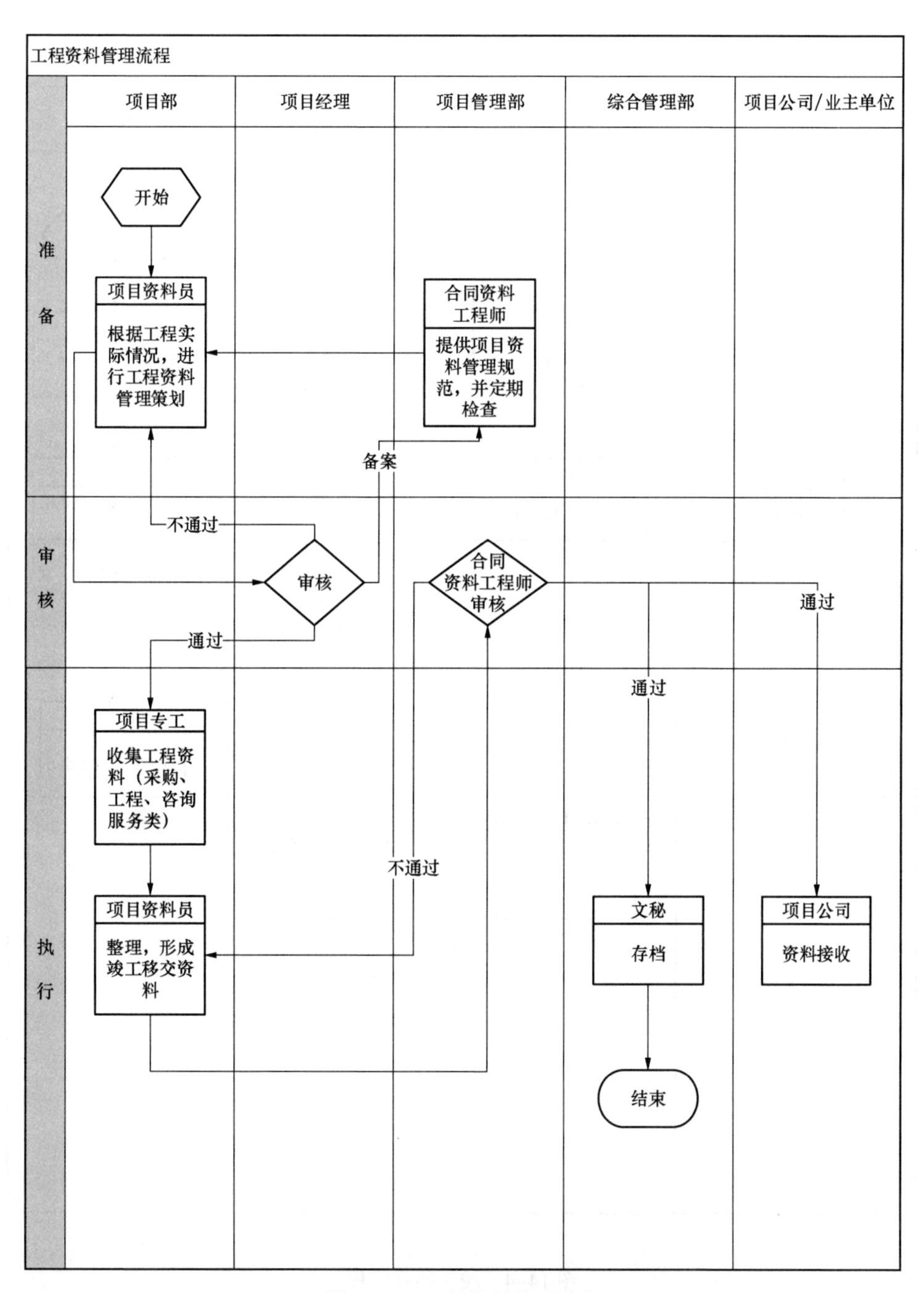

图 14–3　工程资料管理流程

（4）竣工验收流程（见图 14–4）

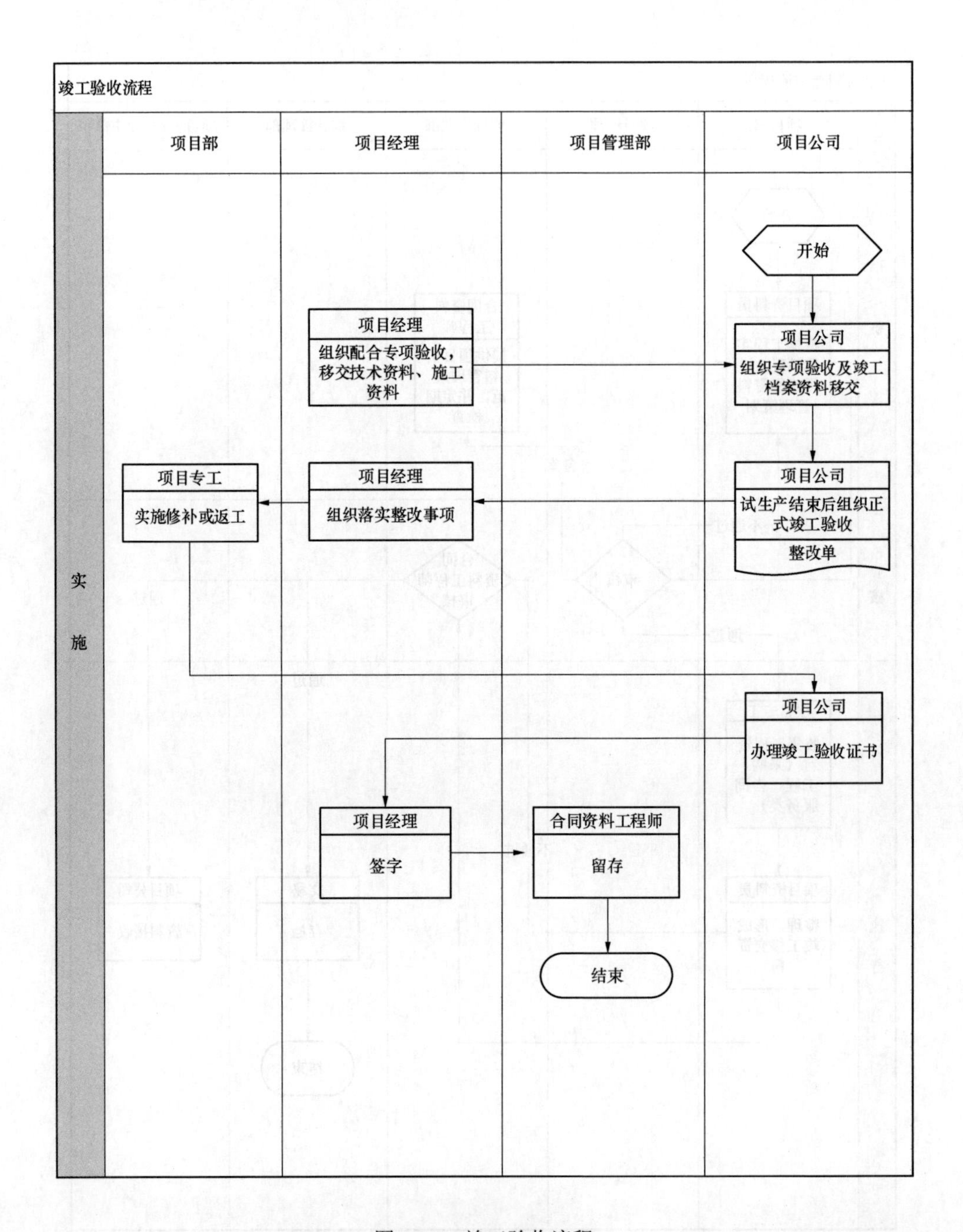

图 14–4　竣工验收流程

项　目　交　付

项目交付包括工程设施交付、竣工资料归档和正式移交生产等工作。

一、工程设施交付

工程设施交付包括审批移交报告，审查完整工程设施移交清单，确保设施完整性。项目公司负责组织工程设施交付，审批工程公司项目经理部提交的移交报告，同造价咨询机构一起，对完整工程设施移交清单进行审查，确保设施完整性。

二、竣工资料归档

竣工资料归档包括审批竣工资料和移交竣工资料等工作。项目公司生产准备部门负责组织和审批各相关单位提交的竣工资料，并在试运完成后 90 天内，将全部技术资料移交项目公司档案管理部门进行归档，需在试运前移交的资料，应提前移交。竣工资料应包括但不限于以下内容。

1. 立项文件

（1）项目建议书及各级批复文件；

（2）可行性研究报告及各级批复文件；

（3）专项评价方面的相关文件；

（4）有关前期工作的文件、会议纪要等。

2. 勘察设计资料

（1）勘察测量资料；

（2）设计资料及批文；

（3）与设计相关的其他文件。

3. 工程管理资料

（1）项目建设招标、投标文件；

（2）总承包合同文件；

（3）土地使用管理资料；

（4）地方政府部门有关项目建设的文件、纪要；

（5）与铁路、电力、通信、水利等部门签订的合同、协议；

（6）项目开工报告及各级批复文件；

（7）项目管理计划与管理实施文件；

（8）专项验收文件；

（9）工程的预算、结算、决算资料等；

（10）项目各阶段的审计资料；

（11）项目 HSE 管理文件；

（12）与项目建设有关的其他文件、纪要等。

4. 物资采购资料

（1）物资采购招、投标及过程文件；

（2）物资采购合同、运输合同、协议等；

（3）物资采购计划与管理实施文件；

（4）引进材料、设备批文及商检资料；

（5）材料、设备验收资料；

（6）材料、设备的检测、试验报告；

（7）材料、设备出厂合格证、使用说明书、安装说明以及维修手册等。

5. 施工资料

（1）EPC总承包商及分包商的执照、资质证明；

（2）施工组织设计、主要施工技术方案、措施及批复文件；

（3）现场施工记录、检查验收资料等施工技术资料；

（4）无损检测资料：包括无损检测方案、无损检测工艺、用于检测的器具及材料的合格证明、无损检测施工记录、无损检测报告等；

（5）工程施工质量检验评定资料；

（6）竣工图、施工总结等。

6. 生产准备及投产试运资料

（1）投产方案、生产准备资料；

（2）投产试运资料；

（3）试运行管理文件等。

7. 监理资料

（1）监理有关项目设计、施工、采购、试运行情况的资料；

（2）资料内容应符合国家颁布的《建设工程监理规范》中的有关规定。

8. 质量监督资料

（1）监督委托协议；

（2）质量监督计划；

（3）单位工程评定报告及项目评价报告等。

9. 反映项目概况和建设特点的声像资料

（1）记录本单位主要职能活动和重要工作成果的照片；

（2）记录本地区地理概貌、重点工程的照片；

（3）其他具有保存价值的照片。

三、正式移交生产

（1）正式移交生产包括设备的移交验收和其他设施验收；

（2）投资方负责组织正式移交生产，项目公司生产准备部门和相关单位　　参加验收工作，并按有关规定进行验收签证；

（3）设备运转、环保设施、主辅系统没有达到设计标准不能组织验收工作，项目公司生产准备部门负责组织进行处理，达到设计标准后再组织验收。

相关表单：

机组移交考核期验收交接书

相关流程：

（1）项目移交流程

（2）竣工验收流程

项目竣工总结

工程竣工总结是工程建设的实践记录和经验总结，是重要的技术资料，是工程管理的一项重要工作，是项目经理部建设管理水平的综合反映，为后续工程的承揽和施工管理提供依据和借鉴作用。

工程竣工总结的编写要抓住重点，对于创新的施工措施和具有借鉴的经验教训要深入分析，做到文字简练，内容翔实、层次分明、数据准确、附图完整，对新技术、新工艺、新流程、新装备和新材料的应用，及具有特色的工艺方法应重点描述，着力提高工程竣工总结中的技术含量。工程公司范围内的所有工程项目，总结时，应按规定的分类、内容、管理与考核要求编写。

项目经理负责组织工程竣工总结的编写，各专业负责人按分工编写本专业内容，项目经理指定专人负责汇总资料并组织内部评审。公司项目管理部负责指导编写工程竣工总结，并组织评审，评审后的工程竣工总结应按规定进行归档管理。

一、工程竣工总结的分类和编写要求

工程竣工总结分为工程总体总结和专题总结两方面内容。

（一）工程总体总结

要求围绕项目策划书实施情况进行编写，编制过程中，对于某些方面成绩较突出的，如某项技术指标，远优于技术标准正常值时，此方面应做重点总结，可从准备、实施、过程、控制、试运等角度进行考虑。工程总体总结的主要内容如下。

（1）项目概述及执行效果。

① 项目概述内容：工程建设规模、主机供应厂家、型号；工程建设总工期、工程投资、执行概算、主要参建单位、组织机构设置及人员配备。

② 项目执行效果：进度、费用执行情况，包括曲线图和控制进度计划对比表；完成的主要工程量和工作量；业主评价。

（2）项目范围管理：项目变更、考核验收情况、经验及教训。

（3）项目费用管理：费用执行目标及执行情况，设计和施工方案优化所取得的技术和经济效益分析。存在的问题和原因分析。

（4）进度管理：进度目标及执行情况，经验教训，存在的问题和原因分析。

（5）质量安全管理。

① 质量情况：包括设计质量评审意见、工程质量评审意见、设备材料评审意见、保证指标性能考核评价；质量控制成功的经验、存在的问题和原因分析。

② 安全管理情况：安全指标执行情况，安全考核评价意见、存在的问题和原因分析。

（6）人力资源管理：项目组织的经验，人力资源消耗和经验总结，团队激励政策经验和教训。

（7）风险管理：风险管理情况，风险管理经验和教训。

（8）合同管理：合同管理情况，经验和教训，项目索赔，经验和教训。

（9）信息管理：文档控制，资料档案归档保管，项目 IT 管理情况。

（10）业主关系。

（11）今后的建议。

（12）专题报告。

① 设计完工报告：工程设计的主要特点、选定的技术路线、采用的新技术；工程设计中有关节地、节水、节油、节材等方面采取的措施；总平面布置原则及特点；设计专题报告和方案比选；设计接口协调；设计变更分析；工程设计存在的问题等。

② 采购完工报告：主、辅机设备招标，包括分批原则、价格及合同执行情况。

③ 工程招标，包括标段的划分原则、标段界限、招标原则、甲供范围、合同计价条件和合同价款的调整办法对工程实施和合同结算有何影响。

④ 施工及调试完工报告：主要工程量；施工组织；施工“三通一平”、开工条件、施工总平面布置等方面的情况及体会；工程施工组织过程中实际的技术经济指标（主要是生活区占地面积及临时建筑面积、施工区占地面积及临时建筑面积、施工用地总面积、单位千瓦施工用地、施工管理人员和施工人员高峰人数、最大施工用水量、最大施工用电量）；主要施工、调试技术方案；施工和调试过程中采用的新材料、新工艺、新设备和新技术。

（13）工程大事记。

工程总体总结应编制相应的图表，对实际工程进度、人力资源、资金使用情况等进行统计分析。统计资料附图、照片、音像资料。

（二）专题总结

（1）专项技术和典型经验的总结，取得突出科技成果，在同类工程中位于国内先进水平。

（2）取得重大社会经济效益的工程，取得重大质量成果的工程。

（3）同时侧重于管理方面的内容，反映将科技转化为生产力这一创造性劳动的过程和成就。

（4）专题总结的内容应包括：工艺特点、设备、设计特点、施工组织与人员分工情况、方案技术经济分析、施工计划调整等方面的分析、结论以及为今后类似项目施工提供好的经验或建议。

二、工程竣工总结管理

在工程开工时制订出需要总结的内容，并指定相关人员收集、补充、编制总结，建设过程中项目经理部可根据工程情况做适当调整。

工程竣工总结应于交工验收后三个月内编写完成，经项目经理审核后，上报至公司项目管理部。项目管理部组织相关专业人员进行评审，并将评审建议或意见反馈至项目经理部进行必要的修改后定稿，经公司总经理办公会批准后，进入归档管理。

三、考核与奖惩

项目经理部应按时完成工程竣工总结的编写，公司将按总结编写的质量评价，给予项目经理部 5000 元至 1 万元奖励。对无特殊原因未按时或未按要求完成工程竣工总结的，将给予处罚或处以 2000 元以下的罚款。

相关表单：

项目总结报告

相关流程：

工程竣工总结流程

第十五章　项目造价管理

项目造价管理包括估算管理、初步设计概算管理、施工图预算管理、进度款管理、工程变更签证管理、工程索赔费用管理、结算管理、竣工决算配合、造价分析配合、造价指标库配合等。

管理职责与分工

费用控制部是项目造价与成本管理的归口部门。项目管理部负责确定项目现场管理费。财务管理部负责成本的会计核算工作，控制项目管理费开支预算并实施监控，配合项目经理部对项目进行全面成本监控。项目经理部按月编制项目成本支出计划，对项目的成本费用控制负责。

一、成本目标特点

项目成本管理的主要特点是集概算管理、预算管理、结算管理、定额管理于一体，具有很强的综合管理职能。成本管理的基础是预算，而预算是单位工程量中的数量和单价组成，因此成本管理更多的是数量和价格的双向管理。

为了在项目建设过程中实施成本管控，公司可委托提供造价服务的中介机构提供咨询服务，以下简称造价咨询单位。

二、成本管理的主要控制点

（1）项目经理部组织人员对设计文件进行审查，对设计、施工方案进行全面分析比选优选，既考虑保证安全、质量和工期，又要考虑降低工程成本。

（2）项目专业工程师负责复核设计图纸中工程量数据，确认正确的工程量，核算施工措施相应的工程量，如支架现浇梁、悬灌梁、安全防护措施等需要计算费用的数量，复核临时工程数量等。

（3）项目经理部造价主管对当地劳务单价、主材、地材、水、电等单价进行汇总、分析和归纳，作为成本预算的基础依据。

（4）项目经理部制订成本控制管理制度，严格把好物资计划关、质量关、定价关、采购关、验收入库关、出库使用关、限额发料关、余料回收关、物资消耗关和盘点核算关等十大关口，加强全过程控制，有效堵塞漏洞。

（5）项目招标时，可根据所承包项目特点及成本目标，合理划分招标标段及招标时间安排；项目造价主管组织编制招标文件中费用控制措施，合理确定付款方式及结算方式，并行之有效地控制工程变更、签证的发生及结算方式。

（6）项目专业工程师按照合同条款约定，搞好工程施工资料的收集、整理、汇总和归档，确保竣工结算资料的准确性和完整性；搞好收尾工作，把竣工扫尾时间缩短到最低；搞好工程结算，催收工程尾款，确保取得足额结算收入。

成本管理内容

一、项目经理部成本管理职责

（1）施工图纸到位后，及时组织对施工图纸的审查、校核，并组织相关施工单位、监理单位及设计单位进行图纸会审和交底。

（2）负责成本报表收集、汇总和上报。

（3）配合费用控制部对当地劳务单价，主材、地材、水、电等单价或成本资料进行收集。

（4）做好物资验收入库、出库使用、限额发料、余料回收、物资消耗、盘点核算等工作。

（5）负责项目竣工资料的收集并与项目建设方进行资料交接。

（6）负责设备、材料、施工/劳务分包的招标采购。根据所承包项目特点及成本目标，合理划分招标标段。将招标采购总体计划及月度计划抄送相关业务部门。

（7）负责物资定价、采购、计划和质量验收等工作。

（8）负责项目实施过程中的全面成本控制，编制项目实施的成本指标控制报告。

（9）组织编制项目执行概算。

（10）负责项目成本分析，每月编制成本分析报表（从合同收入和支出及项目费用等方面进行分析）。

（11）负责项目工程款支付、工程签证、工程变更费用等的审核工作。

（12）负责组织编制项目的施工图预算、变更和签证审核工作，对项目成本费用的节超进行分析。

（13）配合项目管理部编制招标文件及费用控制措施，合理确定付款方式及结算方式，控制工程变更、签证的发生及结算方式。

（14）项目技术主管负责确定项目设备材料的技术参数，造价主管负责汇总项目管理费和测算项目直接成本费用，形成《项目成本报表》。

（15）造价主管根据成本报表核算利润指标，经项目经理审查后制订成本指标，经工程公司审批后，由项目经理组织执行和落实。

（16）项目造价主管做好成本资料的收集，根据合同约定及收集的现场造价资料，做好工程竣工结算。

（17）项目造价主管负责组织审查各承包单位的项目竣工结算，并根据公司承包范围，编制《收入竣工结算》。

二、公司其他管理部门成本管理职责

（1）费用控制部负责成本指标编制过程中历史性参考数据的提供，参与对成本指标的评审，并出具专业评审意见。

（2）项目管理部负责确定项目现场管理费。

（3）综合管理部人力资源经理确定人员工资费用。

（4）财务管理部负责成本的会计核算工作，控制项目管理费开支预算并实施监控。财务管理部配合项目经理部对项目进行全面成本监控。

（5）财务管理部按月编制项目成本支出统计分析表，配合项目经理部对项目的成本费用节超进行分析。

相关表单：

（1）施工图预算

（2）项目成本报表

（3）收入竣工结算

相关流程：

项目核算流程（见图 15–1）

工程造价管理

一、管理要求

在集团公司垃圾发电板块内，基建项目各阶段上报造价文件，应按照《垃圾发电工程建设项目造价构成划分导则》中的项目，编排次序，依序编制，项目投资汇总表按统一格式上报。上报的单项工程造价指标应参考《垃圾发电工程建设项目造价构成划分导则》执行。

二、工程造价构成

垃圾发电工程建设项目总投资包括工程费用、工程建设其他费用、预备费、特殊项目费用、建设期利息和铺底流动资金。工程费用、工程建设其他费用和基本预备费之和形成静态投资；静态投资与涨价预备费、建设期利息之和形成动态投资。

工程费用是建设投资的主要组成部分，按照费用属性划分为建筑工程费用和设备及安装工程费用。根据垃圾发电工程特点，设备及安装工程考虑工艺的系统性按工艺系统划分，建筑工程考虑厂房的整体性按单项工程划分。为保证和设备及安装工程划分的一致性，各建筑单体分列于工艺系统中。同时，导则确定了各分项包含的内容和边界，兼顾当前垃圾发电工程实际情况，以满足工程造价指标统计的需要。

主辅生产工程按照工艺流程，划分为垃圾焚烧和发电系统、垃圾接收处理及助燃系统、除灰渣系统、烟气净化及飞灰固化系统、水处理系统、供水系统、电气系

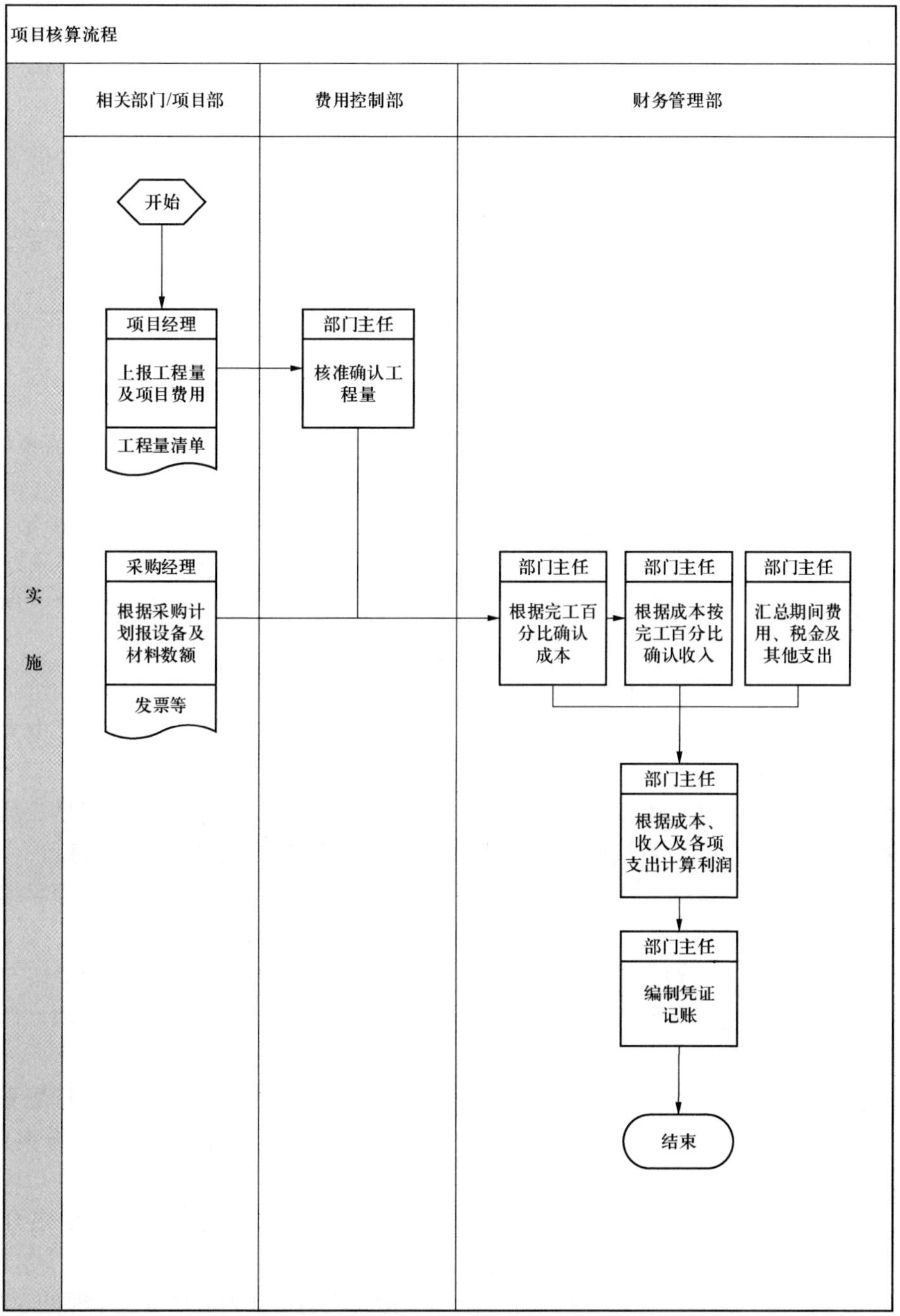

项目核算流程

实施

相关部门/项目部	费用控制部	财务管理部

开始

项目经理：上报工程量及项目费用（工程量清单）

部门主任：核准确认工程量

采购经理：根据采购计划报设备及材料数额（发票等）

部门主任：根据完工百分比确认成本

部门主任：根据成本按完工百分比确认收入

部门主任：汇总期间费用、税金及其他支出

部门主任：根据成本、收入及各项支出计算利润

部门主任：编制凭证记账

结束

图 15–1　项目核算流程

统、热控控制系统和附属生产工程。

（1）垃圾焚烧和发电系统。包括垃圾焚烧系统、汽轮机发电系统、烟气净化系统、排烟系统、除臭系统、汽水管道、热网系统等。

（2）垃圾接收处理及助燃系统。包括垃圾接收系统、垃圾预处理系统、燃油系统、水力清扫系统、掺烧系统等。

（3）除灰渣系统。包括除灰渣装置、厂内除灰系统、运输装置、石英砂储备系统等。

（4）烟气净化及飞灰固化系统。包括烟气净化系统、空压机站、SNCR 系统、飞灰固化系统等。

（5）水处理系统。包括预处理系统、锅炉补充水处理系统、给水炉水校正系统、循环水系统、渗滤液处理系统和厂区管道等。

（6）供水系统。包括水冷却系统、供水系统防腐和水质净化系统等。

（7）电气系统。包括发电机电气、变压器系统、配电装置、主控及直流系统、厂用电系统、电缆及接地、通信系统等。

（8）热工控制系统。包括全套系统控制、机组控制、辅助车间控制、电缆等。

（9）附属生产工程。包括辅助生产工程（空压机系统、车间检修、综合水泵房等）、附属生产工程（实验室、劳保监测站、环保与监测装置等）、消防系统、雨水泵房等。

与厂址有关的单项工程一般包括：交通运输工程、灰渣场工程、厂外补给水工程、地基处理工程、厂区施工区土石方工程和临时工程、大件运输措施费、电力接入系统、热网工程等。

工程建设其他费用主要包括：建设场地征用及清理费、项目建设管理费、项目建设技术服务费、整套系统启动试运费、生产准备费和大件运输措施费等。

可行性研究投资估算和初步设计概算阶段，按照《火力发电工程建设预算编制与计算规定》（2013 版）和国家相关取费规定，计算工程建设其他费用。

（1）预备费。根据项目外部条件等特点，可行性研究阶段基本预备费率按 5%，初步设计概算阶段基本预备费率按 3%，价差预备费仅在汇总表中保留一项，但不计取费用。

（2）特殊项目费用。为工程费用及工程建设其他费用中未能覆盖的项目配套工程。垃圾发电工程中，主要包括电力接入和热网工程，电力接入一般按接入方案（或实际批复情况）为准，热网工程一般以实际方案为准。

（3）建设期利息。应按照项目具体的融资计划进行测算。计算公式为：各年应计利息=（年初借款本息累计+当年借款额/2）×当年年利率。

（4）流动资金。按照分项详细估算法计算，铺底流动资金为流动资金全额的 30%。

三、项目划分表

（1）总投资构成划分表见《垃圾发电工程造价构成汇总表》。

（2）设备及安装工程项目划分表见《设备及安装工程项目划分表》。

（3）建筑工程项目划分表见《建筑工程项目划分表》。

（4）工程建设其他费用划分表见《工程建设其他费用费用划分表》。

四、估算管理

估算管理是指工程设计阶段的投资估算管理。投资估算是可行性研究报告的主要组成部分，是进行项目决策的依据，是对BOT协议或项目建议书的细化和明确。是初步设计按概算编制的指导性文件。

五、初步设计概算管理

初步设计概算是建设项目开工建设前，在投资估算的控制下，根据确定的设计方案和设计文件，对建设项目从筹建到交付使用所需全部费用的详细测算，且应控制在集团批复的可行性研究投资估算范围内；项目分为两期建设的，初步设计须一次完成，并明确一、二期工程的接口，设备、材料及概算书须分别成册，并出具总概算的汇总表；经批复的初步设计概算将作为编制项目建设期间执行概算的依据。

（一）项目构成

同工程造价构成。

（二）费用构成

初步设计概算由工程费用、工程建设其他费用、预备费用、建设期利息和流动资金构成。其中工程费用、工程建设其他费用、基本预备费为静态投资，价差预备费、建设期利息、流动资金为动态投资。

（三）价格规定

（1）基础价格应按照概算编制年的有关政策、规定及市场价格水平进行编制。

（2）人工预算单价由行业定额标准主管部门定期发布的指导价。

（3）建筑材料价格按照工程所在地造价管理部门定期发布的价格或者市场价格加采购地点至工地的综合运杂费计算。

（4）机械使用费根据火力发电行业发布的最新的年度施工机械价差文件，按各地区机械调差表进行调整。

（5）设备价格的规定：

① 由采购管理部门负责提供主要设备价格包含三大主机价格；

② 装置性材料执行中国电力企业联合会发布的中电联技经〔2014〕142 号文《关于发布〈发电工程装置性材料综合预算价格（2013 年版）〉的通知》；

③ 设备价格可采用近期同类工程订货的合同价及《全国电力工程建设常用设备》中的价格信息；

④ 机电设备如果有因运输超限设备而发生的桥涵加固、信号等改移等铁路、公路改造而发生的措施费用，则列入大件运输措施费；

⑤ 进口设备，应根据合同分别计算国外段运杂费、保险费、关税及进口相关

费用后，按照国内设备价格计算国内段运杂费等费用。

（四）初设概算报表设置

表 15–1 初设概算报表设置

表格依据	名称	表编号（示例）
公司《设计概算管理办法》	《总概算表》	表 1–1
	《建筑工程专业汇总表》	表 1–2
	《设备及安装专业汇总表》	表 1–3
	《建筑工程概算表》	表 1–4
	《安装工程概算表》	表 1–5
	《其他费用概算表》	表 1–6

（五）已批准概算的管理

（1）概算是整个工程造价控制、投资计划编制的依据和指导文件，必须由项目经理部专人管理。

（2）项目经理部应及时进行概算、合同及合同实际费用支付的分解，并做好登记工作。

（3）对批准概算的管理进行分析研究，重点将建筑安装工程费用和其他费用进行分解，原则上划分为三个部分：用来控制施工招标的部分；需发生的其他委托（如设计、监理、造价咨询等）；公司掌握的费用。

（4）在设备、施工招标后，将招标结果按概算栏目回归，工程公司掌握的费用，在执行过程中与概算切块部分进行对照。

（5）对设备、施工的结算价款，其他委托项目的结算价款，以及项目公司掌握的费用的执行结果，进行总结性对照分析。

（6）根据以上对照分析结果，对概算分解进行动态调整。

（7）技术主管根据工程公司项目经理审批权限表，对超执行概算额度的变更的技术可行性及合理性进行审核。

六、施工图预算管理

施工图预算是在施工图设计完成后、单项工程开工前，根据已审定的施工图纸，在施工组织总设计或施工方案已确定的前提下，按照国家或工程所在地颁发的现行预算定额、费用标准、材料预算价格等有关规定或施工合同约定，确定单位工程造价的技术经济文件。

（一）施工图预算编制

在施工图设计完成后、单项工程开工前，项目经理部组织编制施工图预算。

项目管理部须委托具有相应资质的工程造价咨询机构负责编制，其编制及审查主要负责人员必须具有造价工程师资格，并根据工程项目规模按持证专业承担相应的编审工作。在预算编制过程中，费控管理部会同技术、采购、合同及项目管理等部门跟踪检查、积极配合，保证造价咨询机构如期提交满足合同要求的施工图预算成果。

（二）施工图预算项目划分

同初步设计概算的项目划分，分为建筑工程、装饰装修工程、安装工程。建筑工程按单位工程编制，装饰装修工程按单位工程编制，安装工程（通风空调、照明、给排水等专业安装）按系统分单位工程进行编制。

（三）施工图预算成果文件

1. 预算书

（1）预算书包括：施工预算封面、签署页及目录、编制说明、单位工程施工图预算汇总表、单位工程施工图预算表、补充单位估价。

（2）施工图预算汇总表，首先按土建和安装两类单位工程分别汇总，其次按建设项目的各单项工程构成进行汇总。

（3）单位工程施工图预算纵向应按照预算定额的定额子目划分，细分到预算定额子目层级；横向可分解为序号、定额编号、工程项目（或定额名称）、单位、数量、单价、合价等项目，其中安装工程含主材费。

（4）建筑及安装工程施工图预算费用由分部分项工程费和措施项目费组成。

（5）建筑及安装工程预算的分部分项工程费，应由各子目的工程量乘以单价汇总而成。各子目的工程量应按预算定额的项目划分及其工程量计算规则计算，价格中应包括人工费、材料费、机械费、管理费、利润、规费和税金。

（6）措施项目费应按下列规定计算：可以计量的措施项目费与分部分项工程费的计算方法相同；综合计取的措施项目费，应以该单位工程的分部分项工程费和可以计量的措施项目费之和为基数乘以相应费率计算。

（7）对预算定额中缺项的子目，应依据预算定额的编制原则和方法编制补充单位估价表。

2. 报告

报告应包括工程概况、主要技术经济指标、编制依据、建筑及安装工程费用计算方法及其费用计取的说明及其他有关说明等。

（四）施工图预算审查

（1）编制完成的施工图预算，经项目经理部造价主管审核，造价主管对施工图预算编制和执行情况定期进行分析并出具执行情况报告。

（2）项目经理部造价主管发现施工图预算超过执行概算的部分，提出改进的建议，由技术部门和施工管理部门提出改进措施并落实，在改进措施和方案未获得审批之前，该部分工程暂停施工。

（五）施工图预算归档

（1）项目经理部负责督促造价咨询机构出版审定版施工图预算（含电子版），并提交给工程公司费控管理部。

（2）项目管理单位的归档文件中，包含施工图预算全部工程量计算、设备及材料询价记录等过程文件和资料，一级最终成果文件，过程资料与结果文件应分类归纳存档。

（3）施工图预算编制成果文件自归档之日起保存期应为 10 年，编制过程文件保存期为 5 年，归档的施工图预算成果文件应包含纸质原件和电子文档。

（六）施工图预算管控

项目经理依据施工图预算，指导项目经理部成员及参与工程施工各单位控制工程费用支出。在施工过程管理中，严格控制各阶段预算控制指标，严格执行按设计图纸施工，实行全面预算管理。遵照集团公司审定的技术原则及控制造价的有关规定，保证限额设计和施工图预算的实施。

积极推行优化设计，推广应用成熟可靠的新技术、新材料和新工艺。借鉴国外和先进垃圾发电厂好的设计经验及预算管控经验，实现技术经济指标的完成。

相关表单：

（1）垃圾发电工程造价构成汇总表

（2）设备及安装工程项目划分表

（3）建筑工程项目划分表

（4）工程建设其他费用划分表

（5）总概算表

（6）建筑工程专业汇总表

（7）设备及安装专业汇总表

（8）建筑工程概算表

（9）安装工程概算表

（10）其他费用概算表

工程计量管理

根据施工承包合同要求，项目造价主管与造价咨询机构对施工承包商实际完成的图纸工程量、设计变更、现场签证等进行客观、公正、合理的计量审核。

施工承包单位按照合同约定时间，向项目造价主管报送当期实际完成的工程量清单内项目的数量和施工图预算书、变更和委托，以及签证发生的工程量清单外项目的数量。项目造价主管会同造价咨询单位审查工程计量文件，与施工承包单位对工程的相关部位进行量测计算，量测计算后签字确认。项目技术主管按照工程合同约定的工程计量周期，对项目完工工程量进行计量。项目技术主管将现场量测计算后的清单工程量，上报费用控制部进行审批。费用控制部审批并备案项目经理部每月底审核过的当期计量文件。工程计量文件是工程款支付的重要依据，需要工程款支付就必须计量。不符合合同文件要求或因施工承包人原因造成返工的工程量，不予计量；施工承包单位超出施工图范围的工程量无报批手续，不予计量。招标工程量清单中出现的缺项、工程量计算偏差，工程变更引起的工程量增减变化，应据实调整，正确计量。

合同履行期间，当计算的实际工程量与招标工程量清单出现偏差，应根据实际工程量计量。

单价合同及总价合同计量参见《造价管理手册》。

进度款管理

一、进度款管理要求

（1）项目经理部按照合同约定的时间、程序和方法，配合项目管理部向建设方提出工程预付款、工程进度款或设备材料款支付申请；项目造价主管负责编制《付款申请表》，经项目经理批准后交项目监理审核。

（2）监理单位按合同或工程进度，完成工程量计量确认后报建设方审批。项目财务主管配合项目管理部办理完成批准后的付款手续。

（3）项目经理组织审核采购主管提出的设备材料款支付申请，项目采购主管负责办理设备进度款的支付手续。

（4）按照合同约定和项目技术主管对项目已完工的计量结果，项目经理组织审查施工单位提出工程预付款、工程进度款、设备材料款支付申请，项目经理部各专业工程师负责复核施工单位的工程进度款的工程量并出具专业意见。

（5）项目经理组织审查工程进度款支付及预（结）算，处理与施工单位的工程费用问题。项目经理审核施工单位《付款申请表》同意后，由项目合同主管交工程公司各相关部门审批。

（6）项目造价主管是项目设备款支付、施工进度款的审核与纠偏的责任人，监督、指导、管理造价咨询机构工作。

（7）项目财务主管按照项目进度计划安排，依据审核完成的付款手续，完成设备材料款与施工承包商的进度款支付。

（8）未经工程计量的工程进度款不予支付。

二、进度款支付

（1）项目经理部按照合同约定的时间、程序和方法，根据工程计量结果，办理期中价款结算，支付进度款。进度款支付周期与合同约定的工程计量周期一致。

（2）施工单位或其他参建单位提出工程预付款、进度款或其他费用支付申请，填写《付款申请表》。

（3）项目经理部应在收到施工单位进度款支付申请后的 14 天内，由项目经理组织项目技术主管、造价主管、采购主管会同监理单位和造价咨询机构，根据计量结果和合同约定，对申请内容予以核实会签，项目财务主管依据会签批准结果，向承包人出具进度款支付通知书。

（4）若双方对清单的部分项目计量结果出现争议，项目财务主管应依据会签批准结果，对无争议部分的工程计量结果向承包单位出具进度款支付通知书。

（5）财务管理部应在签发进度款支付通知后的 14 天内，按照支付通知书列明的金额向承包人支付进度款。

（6）财务管理部发现已签发的任何支付通知书有错、漏或重复的数额，应立即予以修正，承包单位也有权提出修正申请。经双方复核同意修正的，应在本次到期的进度款中支付或扣除。

相关表单：

付款申请表

工程变更管理

一、工程变更的总体要求

（一）工程变更的定义

（1）工程变更是指招标发包工程签订合同至工程正式验收前，在工程施工过程中，发生设计变更或变更现场工程施工的活动。在项目实施全过程中，针对合同文件约定与合同执行发生变化而引发的任何更新行为。这类行为相对于合同签订时的条件发生了变化，有可能引起合同标的、数量、质量、价款、工期和工法等的变化，且将导致合同费用的增减。

（2）工程变更可分为设计变更、变更设计和现场工程施工活动的变更。

（3）设计变更、变更设计：指项目实施过程中，对合同明确的有效施工图纸发生的实质内容变化而引起的变更。

（4）现场工程施工活动变更包括：工程施工方案变化引起的变更、增加、减少或取消合同中的任何一项工作，引起的变更，改变合同中任何一项工作的施工作业标准或性质，改变合同中任何一项工作的完工日期或批准的工作顺序以及追加合同等范围外的额外工作。

（二）工程变更的处理原则

（1）工程变更所遵循的原则是优化设计、不降低原设计的使用要求，尽量减少或少增加工程成本，并按分类、分级的原则快速、准确、有序地解决。

（2）变更指令是实施变更的唯一途径，有指令才能实施变更，无指令不能实施任何变更。所有工程变更由项目经理部组织审核并报公司批准后，会同监理人下发变更指令，施工单位按照变更指令进行工程变更。任何工程变更均不能使原施工合同作废或无效。

（3）由于施工单位过失、违约或毁约、施工方法或工序安排引起的变更，由此增加的费用由施工单位承担，工期不得顺延。

（4）所有工程变更必须采取书面形式通知，禁止口头承诺。特殊情况下，事后必须在 7 日内补办工程变更通知单。

（5）由于各种原因引起工程变更造成的工程费用较大增加（在项目控制价范围内，项目经理部具有不超过 5 万元单项工程量变更权，具有累计不超过建安合同额 1%工程量变更权），应注明增加部分费用的处理意见。

（6）各专业的工程变更应加强相互联系，避免信息不通造成新的变更和费用增加。

（7）工程建设过程中，应尽量避免和减少变更，不得已发生的变更，应尽量控制在工程技术层面，尽量维持在单一工序、单位专业、单一工程节点上，避免由于一个环节的变更，带来一个单位工程或整个工程发生变动，影响工程的建设进度。

（8）变更费用应按照合同条款的约定进行调整，纳入工程竣工结算的范围。

（三）工程变更产生的原因

（1）发包人的原因造成的工程变更。如发包人要求对设计的修改、工期的缩短或调整及增加合同外的“新增”工程。

（2）监理人造成的工程变更。监理工程师根据工程的需要对施工工期、施工顺序提出的工程变更。

（3）设计的原因造成的工程变更。如设计深度不够，设计质量粗糙等导致工程不能按图施工，不得不进行的设计变更。

（4）自然原因造成的工程变更。指不可抗力造成的附加工作、灾后修复等。

（5）承包人原因造成的工程变更。一般情况下施工单位需按图施工，但施工单位提出的合理化建议（以减少投资为主），经设计单位同意后，可对原设计进行变更。

（四）工程变更管理要求

（1）严格工程设计变更（含变更设计）管理，严把变更关，将工程预算控制在概算内。

（2）严禁通过设计变更扩大建设规模，提高设计标准，增加建设内容等行为；严格实行“分级控制，限额签证”的制度，随时掌握、控制工程造价的变化情况。

（3）因工程变更引起已标价工程量清单项目或工程数量变化，应调整合同价款。

（4）设计变更（含变更设计）的总金额不得超过基本预备费的三分之一。设计变更必须要求先做工程量和造价的增减分析。

（5）对影响项目经济、技术性能指标的变更，及有悖于初步设计原则的变更，均应报工程技术中心批准。

（6）加强现场签证管理，严格按图施工，控制现场签证、额外用工及各种预算外费用。对必要的变更，应先测算费用，后施工。

二、工程变更的内容与范围

（一）工程变更的内容（见表15–2）

表15–2　工程变更的内容

完善设计	指由于勘察深度不够，或环境变化导致设计文件漏项或内容欠周，必须进行增加、合并或局部修改的变更
优化设计	指由于通过现场勘察、核对、分析、论证和比选，在不降低技术标准、使用功能和工程质量的前提下，采用新工艺、新技术、新材料对原设计进行优化，可达到节省投资、提高质量、缩短工期的变更
新标新规	指由于国家颁布新标准、新规范、新规程后，必须按规定实行的变更
突发事件	指由于政治、救灾、抢险、应急等因素引发，必须无条件实施的变更
补救措施	指由于不按施工技术规范和有关规程施工，造成不良后果所引起的变更属于施工补救措施，其增加的工程费用由承包人负责，但其变更程序按本办法执行

（二）工程变更的范围

（1）地质资料不准确引起的变更；

（2）原设计错漏或改变引起的变更；

（3）工程施工方案变化引起的变更；

（4）工程材料改变、代用等引起的变更；

（5）增加或减少或取消合同中的任何一项工作引起的变更；

（6）新工艺、新技术、新材料的应用引起的变更；

（7）改变合同中任何一项工作的标准或性质；

（8）改变工程中有关部分的标高、基线、位置或尺寸；

（9）改变合同中任何一项工作的完工日期或批准的工作顺序；

（10）追加合同范围外的额外工作；

（11）其他变更。

三、工程变更的分类

工程变更的分类如表15–3所示。

表15–3　工程变更的分类

工程变更类别	划分界定	说　明
变更以增减工程造价额大小划分	一次或累计变更超过50万元（含）为重大变更	—
	一次变更5万～50万元为一般变更	—
	一次变更在5万元以下，累计不超过50万元为普通变更	—

续表

工程变更类别	划分界定	说明
变更在技术层面上划分	变更设计核定	是指在施工中由施工单位提出的小型变更设计的核定
	一般设计变更	是指不改变初步设计原则，即对工艺流程、运行方式、检修条件、施工方案和施工工作量不造成重大变动
	重大设计变更	是指对初设审定内容、设计原则、系统方案和布置发生变化，或施工方案和工程量发生重大变动，概算费用在 30 万元以上的设计变更
工程签证	零星用工	施工现场临时发生，内容不同，基本没有规律性与主体工程施工无关的用工，如合同费用以外的搬运拆除、环境打扫用工等
	零星工程	零星工程不包括在中标通知书及清单中，不好利用计算规则和定额进行计价的造价相对较小的单项工程
	临时设施增补项目	—
	窝工即非施工单位原因停工造成的人员、机械经济损失	如停水、停电，业主材料不足或不及时，设计图纸修改等
	议价材料价格认价单，需要在施工前确定材料价格	—
	工程量与合同发生变化等其他需要签证的	—
	非施工单位原因停工造成的工期拖延	—

四、工程变更的管理

（一）工程变更的提出

工程变更可由各相关单位提出。工程项目中，无论是哪个参建单位提出的变更，均由项目经理部判定变更类别及进行费用测算后组织申报材料，并对申报材料的真实性和准确性负责。根据工程公司管理规定报批实施，若未按照公司规定报批的，此变更产生的费用在结算时不予以结算。

承包方提议的工程变更，由承包方提交《工程变更事项申请表》；对承包方提议以外的工程变更，由项目管理公司提出《工程变更事项申请表》；申请需阐述变更所必需的理由、依据、文件、内容、范围、要求材料等；当需要或发生变更时，需要所涉及的相关单位确认，并作为将来处理费用或结算的依据。

《工程变更事项申请表》由设计单位、施工单位、监理单位、造价咨询机构、项目经理部签署确认。项目经理部上报至工程公司技术管理部、费用控制部、项目管理部审核。

由项目经理部提议的工程变更，由项目经理部提出《工程变更事项申请表》，阐述变更所必需的理由、依据、文件、内容、范围、要求材料等，所有的变更指令由监理单位审核后下发。若已达到重大设计变更标准，须报工程公司与建设方审核批准。

项目造价主管负责审核工程变更费用变动预算，负责审核报监理单位审核的有关造价部分的工程变更资料。工程变更涉及单位、各相关单位应予以确认，并作为将来处理费用或结算的依据。

各类工程变更审批通过后，由项目经理部通知相关单位，需要设计出变更设计图纸时，由相关的设计部门进行变更施工图设计。监理在接到项目建设方的变更通知和变更图纸后及时下达变更指令。

施工承包单位接到变更指令后，及时组织施工并根据变更内容和相应的合同条款编制变更费用，报项目经理部进行工程变更费用的审批/公司签批。

变更文件的组成如下：

（1）变更建议书（若有）；

（2）工程变更洽商纪要（若有）；

（3）工程变更事项申请表（必须有）；

（4）工程变更事项审批表（内部）；

（5）工程变更通知单（必须有）；

（6）工程变更图纸（必须有）；

（7）工程变更费用核算（必须有）；

（8）其他资料（若有）。

（二）工程签证管理

工程签证是指工程变更的确认和闭环，是工程结算的依据，由施工单位编制《工程签证单》，监理单位/项目经理部等多方确认，造价咨询机构审核，由项目公司或项目经理部报公司费用控制部备案。签证内容包含原始概况图，实施后的概况图，施工方案或正式施工图，影像资料等支撑性文件。

相关表单：

（1）工程变更通知单

（2）工程变更事项审批表

（3）工程变更事项审批表

（4）工程签证单

结 算 管 理

一、结算管理要求

（1）项目结算指项目经理部根据施工承包合同与已完工程量，办理工程价款清算，以及项目设备材料采购和设计等其他费用的结算。

（2）竣工结算指工程公司按照合同规定的内容，全部完成所承包的工程，经验收质量合格，并符合合同要求之后，向建设方（项目公司）进行的最终工程款结算。

（3）加强结算管理，对各承包商合同实行预结算制度，对已结算完成的工程项目经确认后作为总结算的依据，不得任意调整，及时掌握和预测工程造价的控制指标。

（4）《竣工结算书》是一种动态的计算，是按照工程实际发生的量与定额（根据合同约定的）来计算的。经审查的工程竣工结算是核定建设工程造价的依据，也是建设项目竣工验收后，编制竣工决算和核定新增固定资产价值的依据。

（5）对工程预算外的费用严格控制，未按图纸要求完成的工作量及未按规定执行的施工签证不能办理项目结算。凡合同条款明确包含的费用，属于风险费包含的费用，未按合同条款履行的违约等一律删减费用，严格把好审核关。

（6）加强对施工总承包造价的管理，加大分析、检查和考核力度。

（7）项目经理部负责审核、处理经监理单位审核的施工费用索赔申请。

二、结算管理

工程验收合格后，应在规定的时间内（项目管理部出具的项目任务书规定的时间内完成）编制完成工程结算，将结算资料装订成册后，送相关单位进行审查。

项目经理部制订工程结算工作计划，完成勘测设计、施工分包及其他费用的结算。

同时，对结算的工程量情况及工程变更、现场签证等结算资料的齐全性、完整性、正确性及真实性进行审查，组织专业工程师及造价咨询单位完成项目结算的初步审查后，报费用控制部进行结算审核。

费用控制部根据现场发生的工程量、设备、材料费用及其他费用发生的金额，结合合同文本、相关规定对结算金额进行审计，审计结果报工程公司领导审批。

三、工程竣工结算管理

项目经理部负责组织项目的竣工结算的编制和报审。项目造价主管负责审核施工单位提交的《竣工结算书》，并组织造价咨询单位竣工结算的审核，并组织竣工结算。

（一）项目经理部竣工结算的管理内容

（1）在日常工作中，做好造价资料的整理编制准备工作，确保工程造价资料与工程同步、齐全有效。

（2）在达到项目具体结算条件后，15 日内完成项目结算的资料收集，组织审核完毕后报费用控制部进行审核。

（3）协助解决结算办理过程中存在的问题和争议。

（4）制订年度结算计划，检查结算计划落实情况。

（5）掌握工程施工中的基本情况，检查造价资料，提出专业整改意见，加强内部结算管理。

（6）办理项目结算，随时向公司领导汇报结算的有关情况。

（7）收集项目结算相关的分析资料及结算报告。

（8）负责收集整理竣工资料，编制竣工结算书，并与项目业主进行竣工结算的核对。

（9）根据工程公司的批复意见调整工程竣工结算，报公司费用控制部审核，公司批准后报投资方备案。

（二）工程竣工结算的编制原则

（1）项目工程验收合格，取得了建设主管部门出具的工程验收合格证书，质量监督报告，并办理了竣工验收备案手续。

（2）具有完整的竣工图、图纸会审纪要、工程变更资料、现场签证及工程验收资料。

（3）工程档案资料已移交，并办理了移交手续；工程遗留问题已处理完毕。

（三）收入合同结算原则

（1）实行 EPC 总承包的，实行概算包干或部分概算切块的项目，直接发包或非概算包干的项目，按照中标合同价款及相关的合同规定进行结算。

（2）一般按照单个合同进行结算，合同完成后及时办理结算手续。

（3）发生变更、现场签证的，变更和签证要及时进行费用的核算，根据合同规定对其进行变更费用核算，并在完工结算时加上变更签证的费用。

（四）施工合同竣工结算原则和设备、材料采购结算原则

施工合同竣工结算原则一般按照单个合同进行结算，工程竣工后及时办理结算手续，整个项目完工后办理完工结算。设备、材料采购结算原则，按照合同价或合同价加增补合同协议价进行结算。

四、工程竣工结算的程序

工程验收合格后，应在规定的时间内（项目管理部出具的项目任务书规定的时间内完成）编制完成工程结算，将结算资料装订成册后，送相关单位进行审查。形成《工程结算审批表》《结算费用汇总表》和《竣工结算款支付申请表》。

项目经理部对结算的工程量情况及工程变更、现场签证等结算资料的齐全性、完整性、正确性及真实性进行审查，审查完成后，报费用控制部进行评审（30 个工作日内完成）。

项目经理部负责收集竣工结算资料，检查相关的资料是否齐全，并检查其完整性、正确性和真实性。根据合同规定及公司的相关规定，对工程结算进行审查。

费用控制部根据现场发生的工程量、设备、材料费用及其他费用发生的金额，

结合合同文本、相关规定对结算金额进行评审，完成后报公司审核。

五、工程竣工结算应提供的资料

合同文本资料包含协议书、中标通知书或委托书、合同专用条款、合同通用条款、投标文件澄清纪要、投标文件及附件、招标文件及澄清书、施工许可证、计划批文和其他资料等。工程竣工资料及电子文档构成如下。

（1）结算书封面、编制说明、费用汇总表及分项概算附表。

（2）合同工程量清单结算造价计算书及电子文档。

（3）工程变更、现场签证造价（一单一算）计算书及电子文档。

（4）工程造价计算书及电子文档。

（5）工程量计算书及电子文档。

（6）竣工图（经施工单位、项目经理部、监理单位、项目公司签字盖章，提供正式版的 CAD 图和竣工蓝图）。

（7）相关会议纪要。

（8）工程开、竣工报告，批复的施工组织总部署、施工组织设计或施工方案。

（9）图纸会审（交底）纪要（经施工、监理、设计、项目公司或项目经理部签字盖章）。

（10）工程验收证书（含分部工程验收证书）。

（11）工程质量监督部门出具的质量检验、监督报告。

（12）计量资料。

（13）经采购管理部、费用控制部确认的材料认价单。

（14）工程变更、签证、委托单原件至少 2 份（具体根据项目调整）。

（15）工程量清单、分包商的报审记录、监理、造价咨询的审查记录。

（16）工程施工过程中的图纸会审纪要、施工方案、洽商变更、现场签证和工程联系单。

（17）设备、材料规格型号、品牌、数量和价格等确认单。

（18）材料、设备到场进出库记录。

（19）竣工结算书两正两副。

（20）招投标文件、合同文件。

（21）其他相关资料。

六、工程竣工结算资料的具体要求

（1）工程竣工资料必须实事求是、真实准确、不得弄虚作假。

（2）工程竣工结算书封面采用统一的格式，封面必须加盖单位公章，编制人、负责人、审核人均应签字，必须装订成册。

（3）工程变更、现场签证结算时必须提供原件才予以确认，工程变更、签证必须编号、归类。

相关表单：

（1）竣工结算书

（2）工程结算审批表（见表 15–4）

表 15–4　　**工 程 结 算 审 批 表**

××××工程公司工程结算审批表	表格编号
申请部门：	经办人：
项目名称：	装机容量：
开工日期：	竣工日期：
项目执行概算数额：	项目合同数额：
申请竣工结算数额：	遗留问题是否解决：
项目经理部审查意见：	
费用控制部审查意见：	
项目管理部审查意见：	
技术管理部审查意见：	
采购管理部审查意见：	
财务管理部审查意见：	
公司领导审查意见：	

（3）结算费用汇总表

（4）竣工结算款支付申请表（见表 15–5）

表 15–5　　竣工结算款支付申请表

××××工程公司竣工结算款支付申请（核准）表	表格编号

工程项目名称	
标段	
编号	

致：　　　　　　　　　　　　　　　　　　　　　　　　（发包人全称）

我方于　　　　至　　　　期间已完成合同约定的工作，根据施工合同的约定，现申请支付竣工结算合同款额为（大写）：　　　　（小写）：　　　　，请予核准。

序号	名称	申请金额（元）	复核金额（元）	备注
1	竣工结算合同价款总额			
2	累计已实际支付的合同价款			
3	应预留的质量保证金			
4	应支付的竣工结算款金额			
—				

造价人员		承包人代表		承包人（章） 日　期：

复核意见：	复核意见：
□与实际施工情况不相符，修改意见见附件。 □与实际施工情况相符，具体金额由造价工程师复核。 其他： 监理工程师：　　　日　期：	你方提出的竣工结算支付申请经复核，竣工结算款总额为（大写）　　　（小写） 扣除前期支付及质量保证金 应付（大写）：　　　（小写）： 造价工程师：　　　日　期：

审核意见：

□不同意

□同意，支付时间为本表签发后的 15 天。

说明：

发包人（章）

发包人代表

日　　期

注：1　在选择栏中的“□”内打“√”。

2　本表一式四份，由承包人填报，发包人、监理人、造价咨询人、承包人各存一份。

相关流程：

（1）EPC 工程竣工结算管理流程

（2）施工分包工程竣工结算管理流程（见图 15–2）

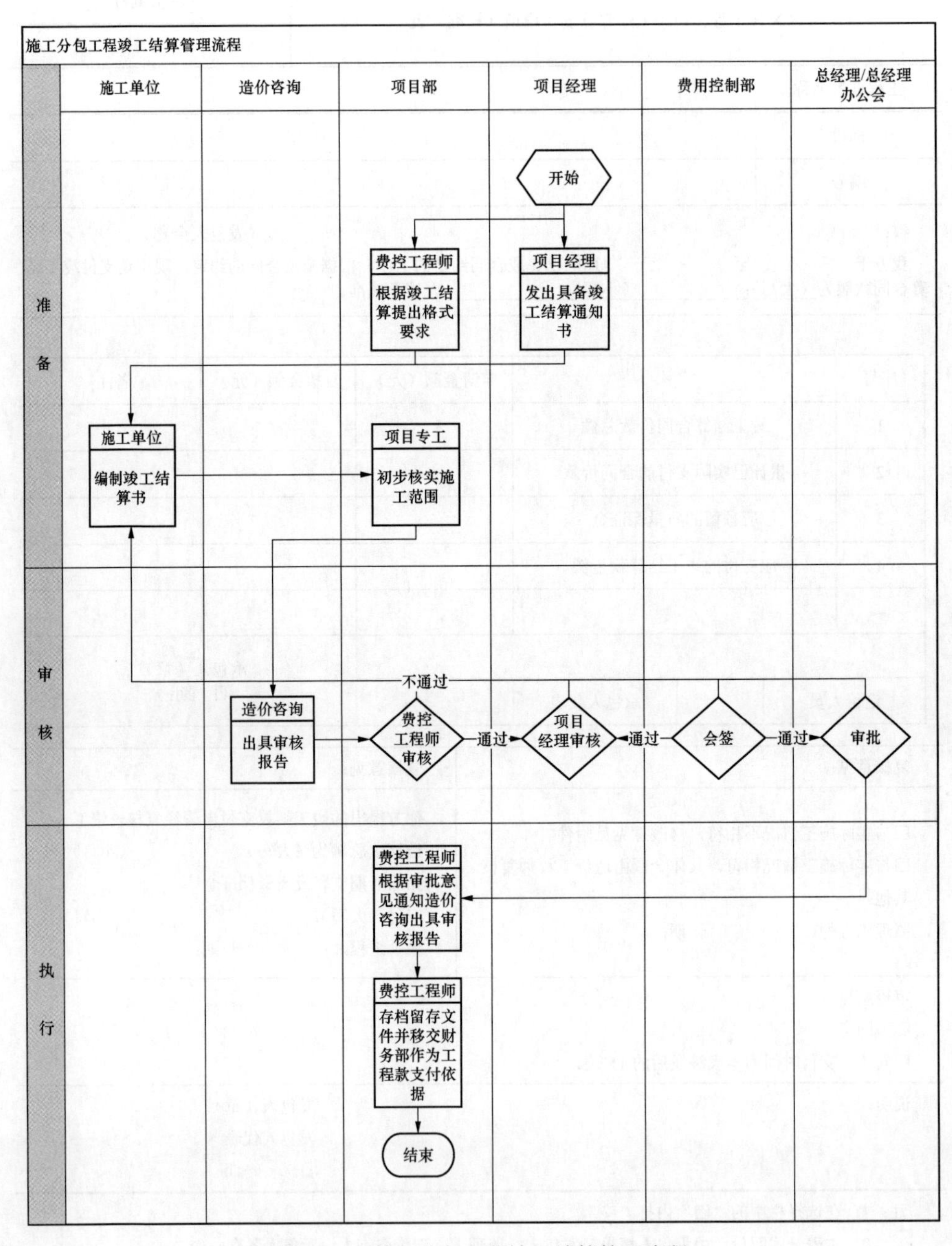

图 15–2 施工分包工程竣工结算管理流程

相关制度：

（1）《工程竣工结算管理办法》

（2）《造价管理办法》

竣工决算配合

项目经理部负责编制的反映建设项目实际造价和投资效果的文件，包含从项目策划到竣工投产全过程的全部实际费用，并配合建设方财务、审计部门完成工程财务决算、审计以及财务稽核、固定资产转固等工作。

相关表单：

造价分析报告模板

相关流程：

项目管理策划书审批流程

造价分析配合

在竣工结算完成后，项目经理部配合费用控制部向公司提供所辖工程造价分析基础资料，整理汇总后向投资方报送本单位造价分析报告。同时，配合项目公司或其指定的咨询机构开展造价分析工作，配合编制工程造价分析报告。

定额工作配合

项目管理部正确使用相关概预算定额及相关计价文件，分析所辖工程计价资料的基础数据并报工程公司。

第十六章　项目综合管理

项目经理部综合事务管理包括综合事务管理、办公秩序管理、生活服务管理、法律事务管理、项目 VI 形象管理、资产管理、接待及重大活动管理、人力资源管理、工程档案管理、项目信息收集及上报管理、检查与考核机制。

办　公　管　理

一、公文管理要求

（一）项目经理部公文种类

表 16–1　　项目经理部公文种类

公文种类	内　容
通报	适用于表彰先进，批评错误，传达重要精神或情况
报告	适用于向公司或有关部门汇报工作，反映情况，答复公司或有关主管部门的询问
请示	适用于向工程公司或项目管理有关部门请示批准的事项
批复	适用于答复下属单位的请示事项
意见	适用于对重要问题提出见解和处理办法
函	适用于平行的或不相隶属单位之间商洽工作，询问和答复问题，请求批准和答复审批事项
会议纪要	适用于记载、传达会议情况和议定事项
通告	适用于在一定范围内公布应当遵守或周知的事件

（二）项目经理部行文规则

（1）项目经理部向公司、建设单位的请示或报告，用项目经理部名义行文。

（2）需对外发文时，由项目经理部起草、报公司项目管理部/综合管理部审核、有审批权限的领导签发后以公司组织名义对外发文。

（3）行文根据隶属关系和职权范围确定，分层管理，逐级行文，项目经理部不得越级行文，因特殊情况越级行文的，应当抄报越过的单位。

（4）“请示”公文，应一文一事，主送应为一个单位，需要同时送其他机关的，应该用抄送形式，但不得抄送下级单位；不得在非请示性公文中夹带请示事项。

（5）除上级部门负责人直接交办的事项外，不得以项目经理部名义向上级部门负责人报送“请示”“意见”和“报告”等正式公文。

（6）“请示”应当逐级上报，不得越级，“报告”不得夹带请示事项。

（7）项目经理部向承包商的“批复”类重要行文，应抄报公司项目管理部。

（8）不相隶属单位之间一般以“函”商洽工作。

（9）公文应根据需要确定主、抄送单位，不得滥发。

（10）项目经理部向领导请示和汇报工作，反映情况，报告交办事项办理结果以及重要公文的起草过程、有关事项的背景、承办单位的意见和建议时，应使用“签报”。

二、收文处理

（1）项目经理部接收公文时，应认真核查来文单位、件数、时限要求，确认无误后方可签收。

（2）综合主管负责登记编号，按来文单位、时间、内容、密级、收文编号进行登记。

三、公文管理规定

（1）项目公文由项目经理部综合主管统一收发、审核、用印、归档和销毁。

（2）文件传递过程中，必须办理登记、签收、注销等手续，并按照收文簿检查归档，以防遗漏。

（3）公文复印件作为正式公文使用时，应当加盖复印单位证明章。

（4）公文被撤销，视作自撤销之日起不产生效力；公文被废止，视作自废止之日起不产生效力。

（5）加强文件保密纪律教育，严禁将机密文件带往公共场所或家中。

（6）工作人员调离工作岗位时，应当将本人暂存、借用的公文按照有关规定移交、清退。

（7）项目管理中形成的文书，包括文件、会议记录、决议、照片、图表、录音带、光盘等有保存价值的资料，都必须由承办人收集齐全，分类整理，移交文书或有关人员核对整理后，按要求时间送交项目综合主管归档，经办人不得自行留存归档文件。

（8）无存档价值和存档必要的公文，经过鉴别并经项目经理部负责人批准，可以登记销毁。销毁秘密公文应当到指定场所由二人以上监销，保证不丢失、不漏销。

（9）项目经理部撤销时，需要归档的公文整理后，按有关规定移交公司综合管理部档案部门。

四、印章管理

（1）项目经理部印章由公司统一制发，不许自行刻制本单位印章，须按公司规定启用和废止印章。

（2）项目经理部填写《印章刻制申请单》，批准后由综合管理部统一办理有关手续，统一制发。新刻制的项目经理部章由综合管理部留存印模，存档备案。

（3）拟启用的印章由综合管理部通知项目经理本人领取，并签署《项目经理部印章保管与使用承诺书》，签署后公司出具《关于项目经理部章启用的函》即代表项目经理部章正式启用。

（4）印章存放须有一定的安全措施，不得随意放置，做到随用随取，人走章收，收章即锁。严禁出现印章乱放，任人使用，无人监管的现象。

（5）印章由项目综合主管人员专门保管，因休息、人员调动等原因不在岗时，须交接监管印章，并严格履行交接手续，填写印章交接单，明确责任。

（6）印章如发生丢失、损毁、被人伪造或被盗的情况，项目综合主管应在知道或应当知道后的两小时内报告项目经理，项目经理报告公司综合管理部主任。综合管理部按有关规定应对处置，并采取有效的防范措施（如登报公告），避免其他影响和经济损失。

（7）因项目经理部撤销、名称改变或业务变动等原因，印章不能继续使用时，综合管理部应及时将废止的印章收回封存或销毁。销毁印章时要填写《印章销毁备案单》要重留印模，记录日期，并由销毁人、监销人共同签字后存档备查。

（8）不论工程项目是否还有用印需求，项目经理部章须在工程项目竣工验收后三十日内交还综合管理部。在此之后，若项目经理部还有用印需要，凭用印单用印，由综合管理部代为盖印。

五、印章的使用

（1）印章的使用要有完备的审批手续，未经批准，不得擅自用印。用印结束后，用印申请人需将加盖印章的资料进行复印并按顺序放置于用印单后，进行装订后交还项目综合主管进行编号存档。

（2）用印盖章位置要准确、恰当，印迹要端正清晰，印章的名称与用印件的落款要一致，不漏盖、不多盖。有存根的两联介绍信、证件等，应在落款和间缝处同时加盖印章。

（3）不得在空白公文纸、介绍信、合同、凭证上加盖印章，特殊情况需加盖印章时，应按相应用印审批流程履行批准手续后，方可予以盖章。

（4）项目综合主管须妥善保管盖印留存的全部文件，不得以搬迁等任何理由遗失任何文件，并须在交还项目经理部章时，连同所有用印文件一次性移交公司综合管理部。

（5）项目综合主管应妥善保管好印章，如因各种原因外出或请假期间，应交项目经理保管，不得将此项工作自行委托他人，可由项目经理书面同意临时授权。

（6）可作为用印凭证的材料有发文稿纸、签报、用印单、项目经理签字底稿。

（7）项目经理部章的使用范围仅限于项目的施工技术资料及竣工验收资料使用，不得用于项目的工程签证、工程洽商、费用结算、商务采购等。

（8）项目经理部综合主管（监印人）职责如表16–2所示。

表16–2　　项目经理部综合主管印制管理职责

监印人	监印人审查后可直接用印	监印人不能直接用印，必须以签报形式按程序审批
印章保管人员为所持印章的监印人，在监印中应严格审查，遵章办事，坚持原则，不徇私情	（1）凡各类正式文件，经审查符合文件签发制度要求，可予用印； （2）凡输有编号和存根的介绍信、便函，经审查存根有项目经理的签字，可用印； （3）涉及工程各业务的施工技术资料及竣工验收资料	（1）涉及财务管理方面的如报送的预决算、统计、财务报表、年度报表等； （2）诉讼事项等文件； （3）有关工程内容的协议

（9）项目综合主管违反本办法，私自用印或疏于审核草率用印，造成损失，视情节轻重给予批评或行政处分，情节严重的依法追究责任。

（10）项目经理部章按公司规定，授权项目经理使用和管理，如发生超出印章使用范围内的盖印行为，项目经理负直接责任，并承担由此引起的经济和法律后果。

（11）项目竣工后按照公司印章管理规定上交印章。

办公环境管理

一、员工着装管理

工作日及工作期间，项目经理部全体员工要求统一着正装，保持衣着整洁大方，端庄得体。正装主要指公司统一制作发放的工作服装（即工装）。穿长袖衫衣时不应卷起袖口，穿长裤时不应卷起裤腿。男职工不得穿无领衫（含圆领衫），不得穿前部开口的凉鞋。女职工不得穿无袖衣裙、超短裙或短裤，不得穿拖鞋式凉鞋。

二、办公区域管理

（1）办公桌面要摆放整齐有序，不得堆放多余杂物，以与整体办公环境协调为准。

（2）办公桌面上摊放的文件、票据要及时清理。

（3）办公桌面上放置书籍、杂志、报纸、文件等要整齐。各种资料分档处理、整理入袋，临时文件应放置在文件架中，保持桌面整齐干净，以与其他文件协调、美观、大方为准。

（4）办公桌下要保持清洁，不得放置纸篓外的其他物品。

（5）项目综合主管负责及时将使用后的会议室进行清理，及时关掉电源，保持会议室（洽谈室）的洁净。

三、办公设备管理

（1）使用传真机、打印机或复印机后，使用者需将稿件带走，并同时清理所产生的错误报告、废纸等，不得堆放于办公设备上或其附近。

（2）办公室内最后离开的员工，要检查办公室窗户及照明设施、空调、饮水机、打印机、复印机、碎纸机等用电设备的关闭情况。

四、办公秩序管理

（1）禁止在办公区域内吸烟、打麻将、玩扑克、大声喧哗或闲聊，避免影响其他同事的工作。

（2）非因工作需要，不得在上班时间使用音箱或耳机播放音乐、观看影像等。因工作需要而使用音箱时，需将音量控制在不打扰他人工作的限度内。

（3）手机铃声的音量应调整适当，音量不得过大，不应影响他人工作。

（4）提倡帮助周围不在座位的同事接听电话，并记录来电信息。

（5）综合主管负责监督办公秩序，定期进行检查，对违反规定的员工处以10～50元的罚款。

（6）项目经理部建立人员考勤制度、办公室防火防盗制度、办公室加班管理制度、办公设施管理等规定，对项目经理部办公环境进行有效管理。

（7）项目经理部对办公环境进行日常的监督检查及月度考核评价。

五、办公设备使用管理

办公设备专为保障业务工作得以顺利进行而配备，均由综合管理部统一编号、配发，必须严格按规定使用。不准随便将设备更换位置，不准私自交换设备，不准私用，更不准将设备带离办公地点。每年12月对公司内所有办公设备进行盘点核查。

办公设备自然损坏的，须由保管人或使用人填写《维修申请表》，经过审批后，由项目综合主管统一办理维修业务。违规操作或使用不当及无故或故意造成设备、财产损坏或损失的，将按处罚条例对责任人进行处理。

（一）传真机使用管理

（1）传真机是公司与外部交流的重要工具，由综合主管负责保管。

（2）为确保公司传真机畅通，未经许可，任何人不得使用传真机挂拨电话。

（3）使用传真机，须由使用人填写《传真文件记录表》后，方可进行。

（二）复印机/打印机/扫描机使用管理

（1）项目经理部要求申请复印机/打印机/扫描机时，须填写《办公设备领用申请单》，经过审批后，由综合管理部统一配置。

（2）复印机/打印机/扫描机由综合主管负责保管，使用复印机/打印机/扫描机、应遵守操作规程，注意爱护。

（3）在使用过程中应注意节约用纸、用墨，如非特殊文件，严禁单面打印。

（4）领用纸张和墨盒等耗材，须由使用人填写《办公设备领用申请单》，经过审批后，由综合主管统一发放。

（三）电脑使用管理

（1）电脑由公司统一配备，由使用人负责保管，使用人要按规范要求正确使用，严防病毒及木马侵入，严禁非使用人员擅自使用，严禁个人随意调换、处理电脑部件及附属设备，严禁随意修改网络及注册信息。

（2）因公事要求申请电脑，须由个人填写《办公设备领用申请单》，经过审批后由综合管理部统一发放并安装。

（3）电脑是公司员工教育学习、处理信息和整理资料的重要工具，只能用于工作和学习，严禁上班时间利用电脑玩游戏、看影碟、上网聊天等与工作无关的活动和访问不健康的网站。

（4）爱护电脑设备，做好机器的保养工作，注意防尘、防水、防静电、防磁场、防暴晒，下班前应注意检查电脑所处状态，做到及时关机（含显示器），并保持高度的安全责任意识，做好数据的保存和防盗工作。

六、办公用品管理

（一）办公物品的申请

项目经理部根据办公物品需要以及消耗水平，填写《办公物品采购申请单》，由项目经理、分管领导签字后交综合管理部。如果办公物品需要指定某种特定规格，或者未来某种办公用品的需要量将发生较大变化，也一并提出。凡指定办公物品规格、数量、购买单位或超出统一配发标准的，须由项目经理部以书面形式提出申请，报分管领导审批，综合管理部审核。

（二）办公物品的采购

项目经理部物品由项目经理指定人员按照统一标准和数量进行采购。凡指定办公物品规格、数量、购买单位的，持分管领导签字后的申请书和采购预算表，按照成本最小原则采购。办公用品采购后，指定专人对品种、规格、数量、质量进行检查验收，经核对无误后在《办公用品采购单》上签字领取。

（三）办公物品的领取

项目经理部办公用品采购后，领用人员在《办公用品领用》上签字领取。

（四）办公物品的费用支出

项目经理部办公物品费用统一预支，纳入工程建设成本，项目竣工时予以结算。

（五）办公物品的保管

办公物品按照项目经理部办公用品及物品管理规定的要求进行日常管理和使用。

（六）办公物品的盘存

项目经理部办公物品应由综合主管定期清点，清点要求做到账物一致，如果不一致必须查清原因，然后以书面形式向分管副总经理进行汇报，重新调整在用物品清单，使账物保持一致。工程竣工后项目经理部解散时，应指派专人负责登记、检查、检收和管理。

（七）办公物品的报废处理

对决定报废的办公用品，要填写《办公物品报废申请书》，注明办公用品名称、价格、数量及报废处理的其他有关事项，由分管领导签字及总经理签字后，按照有关规定进行处理。

七、车辆的管理和使用

（一）车辆管理

（1）项目经理部车辆日常管理由综合主管具体负责，建立车辆管理档案，对车辆的使用、维修、加油、里程、安全、违章违纪等情况进行登记、考核和备案。

（2）每日车辆出车情况实行动态管理，做好出车登记。

（3）车辆发生擦剐、碰撞等轻微交通事故或其他重大交通事故，驾驶人都必须及时向综合主管报告，由项目经理安排人员协助处理事故，必要时联系保险公司。

（4）凡没有行车任务的所有车辆，一律停放在停车场内。

（二）车辆使用派车原则及程序

（1）车辆须由专职司机或指定的专人负责驾驶。

（2）因公使用公司车辆，用车人必须填写《用车申请单》，并在《车辆派车登记表》内登记，写明使用日期、事由、到达地点、用车部门、车牌号、出车时间、驾驶员等相关信息，经项目经理签字同意后方可使用，并由综合主管统一安排出车。

（3）驾驶员出车前，须仔细检查车辆是否存在外观损毁或其他缺陷，并将检查结果及时告知综合管理部。

（4）所派车辆返回后，驾驶员应及时告知综合主管，司机在《用车申请单》内填写里程数，在《车辆派车登记表》内填写还车时间，及时交回车钥匙。

（三）车辆维修、保养

车辆维修保养实行申报制，由专职驾驶员填写《车辆请修（保养）报告单》，按审批权限进行审核批准后，方可进行车辆的修理或保养。车辆在修理单位进行修理时，驾驶人或指派专职（机动）驾驶员随车前往修理厂现场督促和查验，修理完毕检查所修项目是否修妥，并签字确认。

（四）车辆加油管理

（1）公司车辆实行定点加油，驾驶员统一使用油卡到定点单位加油，平时油卡由综合主管负责保管，如遇出差需要油卡由驾驶员携带，出差完毕后应及时交还综合主管。

（2）公司车辆原则上用卡加油，一般不得用现金支付，不能使用油卡地区可以使用现金支付，但必须由随行负责人证明并经综合主管审核登记后方可履行报销手续。

（五）车辆费用报销（见表 16–3）

表 16–3　　车辆费用报销规定

车辆费用报销类别	内　　容
费用报销	凡可报销的费用，按照公司费用报销程序审批
可报销的费用	车辆的保险费、养路费、油费、路桥费、泊车费等凡因公发生的费用
不可报销的费用	违反交通规章（如闯红灯、超速、违章停车、违反限行要求行车等）或证件不全而造成罚款的不予报销，由违规驾驶人承担责任，并准时缴纳罚款
费用管理	严格车辆的加油费用管理和修车费用管理，违反者一律不予报销

公务车辆的配置按上级公司相关规定执行。

八、会议管理

项目综合主管按项目经理要求通知各种会议。会前，负责会议准备，饮水杯、投影仪、座位安排、签到表等，需要会议签到的组织到会人员签名并保存签到记录；会中，做好会议记录；会后，按时完成有关会议决定、决议事项的催查办工作。此外，按工程公司规定做好其他会议的接待及服务工作。

九、接待及重大活动管理

项目综合主管根据项目接待及重大活动的需要研究方案，制订接待或重大活动管理计划，确定责任人、时间、规格、安全措施、现场布置等内容，重要的接待及活动管理计划应报项目经理审定批准。

重要接待或活动在正式启动前，应对准备工作进行验证或预演。制订应急方案以防重要接待及仪式突发性变化。

接待及活动结束后应将照片、影像、签名、提词、绘画、礼品等资料整理归档。

十、费用报销管理

费用报销管理内容包括工程项目发票报销、本部零星采购报销、管理费用报销、个人费用报销等。

（一）业务招待费

业务招待费是指与公司业务直接相关的商务活动支出，主要包括餐饮费及其他费用等，业务招待费开支必须坚持“厉行节约、从严控制”的原则。具体规定如下。

（1）业务招待费实行“谁使用谁报销”的原则，不得代为他人报销。

（2）报销发票必须与实际就餐情况相符，报销发票后须附本公司参与人员清单。

（3）娱乐、礼品发票不予报销。

（二）交通费及用车费

（1）原则上员工上下班交通费一律不予报销，但经项目经理批准的加班，可报销从办公地至住宿地的交通费。

（2）公务用车所发生的费用，由综合主管专人负责报销。

（3）如公务用车无法满足公务需求时，办事人员应事先征得项目经理的同意，乘用并报销市内交通费。

（4）报销时除应填制费用报销单外，还必须填制市内交通费用明细表，列明事由、出发地、目的地及金额。

（三）办公费

（1）项目经理部印制名片和需用信封、信纸、复印纸均由综合主管统一购买，综合主管应建立实物领用登记簿。

（2）办公用品应由综合管理部统一采购，如专业用品需由使用人采购并报销的，由项目经理验收，并按照详细物品名称登记后，才能办理报销手续。

（3）办公设备采购及维修保养，应由公司综合管理部负责办理，报销时发票后应附明细清单，清单上应加盖供货单位财务章或发票专用章。

（4）单笔超过1000元的办公用品报销，应附明细清单。

（四）培训费、员工福利等

（1）职工因工作需要，参加各类业务学习、培训班，需经项目经理同意，且学业期满取得合格证书后，报销培训费。未经批准，个人参加学习的，费用自理。

（2）员工福利严格按公司行政管理制度执行。

（五）工程项目发票报销

仅作报销，不涉及付款，由项目综合主管收票，经项目经理批准后统一交财务管理部办理。

（六）差旅费报销管理

1. 差旅费报销单据要求

（1）仅适用于员工商务差旅及按公司行政管理制度所享受的探亲差旅。

（2）报销之前有借款，请在预借金额处填写当时借款金额。

（3）若报销金额超出借款金额，请将超出金额填写在补领金额处，若借款未用完，余款请填写在退还金额处，若借款刚好用完，请在补领金额和退还金额处均填写“0”。

（4）当事人须严格保证报销事项的真实性及所附发票的真实有效性，财务管理部将不定期抽查发票验别真伪，如发现假发票、无效发票，将视情节严重性向公司提请相应处罚。

（5）禁止利用不相关发票替代，发票遗失或因发票本身原因导致无法报销的，原则上由当事人自行负责，所需签字按公司签字权限流程表。

2. 差旅费管理

（1）普通员工出差原则上不得乘坐飞机，特殊情况需事前经公司主管领导批准；外地交通费凭票据实报销；自驾车出差，凭有效票据报销往返的用车费用，但不得再报外地交通费。

（2）交通工具标准。如图表 16–4 所示。

表 16–4 交通工具标准

项目 职务	交通工具	
	火车	飞机
董事长、总经理	软卧车/一等座	经济舱
其他高层管理人员	软卧车/一等座	经济舱
中层管理人员/项目经理	软卧车/二等座	经济舱
普通员工	软卧车/二等座	经济舱

（3）伙食补助及住宿费标准：伙食补助用于员工出差期间公务用餐，原则上员工不得再报个人用餐费用；出差住宿标准见表 16–5，出差期间无住宿费发票时，一律不予报销住宿费。

表 16–5 出差住宿标准

标准 级别	北京市外一般地区		北京市外特殊地区	
	伙食补助（元/天）	住宿标准（元/天）	伙食补助（元/天）	住宿标准（元/天）
董事长或总经理	200	500	200	600
其他高层管理人员	200	400	200	500
中层管理人员	100	300	100	400
常驻项目员工	160	200	160	300
非常驻项目员工	100	200	100	300

注：特殊地区专指北京、上海、广州、深圳、珠海、厦门、汕头市和海南省，住宿费凭发票限额报销。

（4）常驻项目人员报销规定：根据公司业务性质，公司需派出员工出差常驻项目现场，常驻现场员工按实际出勤天数、出差补助标准与实际发生的路费等其他费用合并报销差旅费。公司常驻现场员工名单、每月实际出勤天数由公司综合管理部根据公司人力资源情况定期调配确定。

（5）常驻项目现场员工发生的差旅费及出差补贴不得跨年度报销，报销频次根据员工往返项目驻地、公司驻地（北京）情况灵活掌握，原则上报销的费用不要超过两个月，常驻项目现场员工出差补贴在补贴实际报销当月并入工资总额缴纳个人所得税。

（6）为简化报销手续，常驻项目现场员工因设备催货、监造、材料询价、项目考察等原因需要从项目所在地出差的，出差完毕当月只报销出差发生住宿费、路费等费用，不报销出差补贴。

（7）非常驻项目人员报销规定：公司非常驻项目现场员工按每次实际出差天数计算出差补贴，与出差发生的住宿费、路费等其他相关费用合并，在出差完毕的当月报销。

（8）出差期间对方单位接待并负责食宿的，不得再报销任何相关费用；出差期间发生业务招待费的，按照业务招待费相关要求单独办理报销。

（七）项目费用报销要求

（1）项目发生费用的报销需经综合主管办理，报项目经理审批，报销按照公司授权限的规定执行。

（2）各种报销单据必须用蓝色或黑色钢笔或圆珠笔填写齐全（包括附件的份数），除另有规定外，还需项目经理审批，财务负责人审批，领款人签字。否则不予以报销。

（3）购买材料、设备、办公用品、劳动保护用品、低值易耗品等实物资产的，采购由相关部门负责办理，需按照《办公用品采购单》进行采购，有合同的，依合同条款办理，对零星采购的，必须填写入库验收单，由保管员负责验收后，在入库单上如实填写实收数量并加盖印章，采购经办人和实物验收人为同一人的，财务不予以报销。

（4）技术资料费（含书籍、图纸复印等）、汽车修理费等的报销，一律凭原始发票，结算明细表办理。

（5）对已投入使用的机器设备、房屋、办公器具的修理、更新与改造，由综合管理部向归口管理部门打签报，经批准后，按照规定进行。

（6）业务招待费根据审批流程进行审批，如有手续不全者，财务不予报销。

（7）其他相关费用的报销参照《财务报销管理制度》。

生活服务管理

项目经理部对员工宿舍、食堂、小卖部、浴室、厕所等生活服务设施进行有效管理，建立人员入住登记管理、防火防盗管理、卫生防疫管理、巡视检查、物业管理等方面的制度，保证生活服务的质量与效率。同时，做好安全保卫工作，安排专人负责清理垃圾，打扫环境卫生；做好食品卫生管理，预防疾病和防止食物中毒；对生活环境进行日常监督检查及月度考核评价。

法律事务管理

一、法律文书管理

（1）项目中涉及合同与合作协议的评审、签订须经公司法律顾问审核后上报领导审批。

（2）涉及合同文本，包括附件、变更或解除的协议，有关信函、资料、视听材料等，有关的票据、票证，质量标准的法定或约定文本、样品、鉴定报告、检测结果等，发生法律事务方面的证人、证言及其他有关材料，应妥善保管，专人负责。

（3）合同双方协商变更、修改合同条款的补充协议、文书等是合同的组成部分。合同双方履行合同过程中的各种书面往来文件（包括传真、图表、单据、确认书、对账单等）是合同的组成部分，也属于法律文书的资料保管范围。

（4）重大合同的谈判，应有法律等专业人员参加。

二、法律纠纷管理

（1）合同发生纠纷时，承办人协商和或调解不能达成协议时，可依合同约定选择仲裁或诉讼方式解决纠纷。

（2）由承包商或分包商原因引起的变更，导致不能按合同工期竣工，或质量不能满足设计和规范的要求或达不到合同约定的质量等级，或不能按合同约定及时提供报表、报告、申请，或不按合同约定履行各项义务或发生其他使合同无法履行的行为，承包商或分包商应承担违约责任，项目经理部应通过法律顾问处理赔偿因违约给项目造成的名誉与经济损失。

（3）项目经理部就主合同及分包合同制订索赔与反索赔策略及方案，明确相关人员签证索赔的职责及技巧。发生重大签证索赔应由项目经理牵头，组织工程公司合同主管部门和公司法律顾问/律师研究处理方案、措施。

（4）法律纠纷处理方案需经公司总经理/总经理办公会审批，结果通报领导班子成员。

三、法律服务支持

所聘用的法律顾问应积极提供项目经理部有关法律、法规的咨询服务，能够积极配合项目经理部合同纠纷的协商解决、仲裁和诉讼活动，其他相关部门参与和配合。律师应以法律、法规和国家政策为依据，力争和对方当事人友好协商解决。如协商未能达成一致意见，还可通过调解方式解决。

项目经理部应进行全员法律法规的普法教育和培训，建立健全与项目建设相关的项目法律法规清单。

项目 VI 形象管理

一、项目 VI 形象管理要求

项目 VI 形象，即企业品牌视觉形象，是集团公司品牌建设中的重要组成部分，由基础要素和应用要素两大部分组成。基础要素包括集团公司品牌标识、标准字、色彩、辅助图形、字体等应用标准和规范，使用者应严格遵循标准使用，不得进行更改。应用要素应包括基础要素、施工环境、施工标牌、宣传警示标牌、办公区标准化设置、生活区标准化设置、施工设备、施工旗帜、施工文件、施工用品、施工车辆等应用标准和规范，使用者可参照使用。

项目经理部建设新的生产厂区、施工工地等设施以及布置施工现场内外环境等，要严格按《施工企业 VI 手册》执行。项目 VI 的使用者原有施工环境已经充分体现集团公司标识，但不符合《施工企业 VI 手册》要求的，可根据实际情况继续使用，逐步修改至符合要求。严禁将企业 VI 使用在不庄重场合或设施上。

二、项目 VI 形象使用管理

色彩是除了品牌标识之外，最能强化集团公司品牌形象的重要设计元素。在进行与品牌相关的传播活动时，尽量使用色彩概念中的颜色，以保障集团公司品牌视觉形象的一致性。色彩采用集团《施工企业 VI 手册》品牌标准色色值规范（印刷制作时参考使用）。

（一）项目现场工地大门设置要求

项目现场工地大门分为无门楼式和门楼式两种形式，如表 16–6 所示。各单位可自行选用。

表 16–6　现场工地大门设置要求

类型	无门楼式 （在施工现场，一般采用无门楼式大门）	门楼式大门
材质	大门为金属管焊制或为薄铁板	门柱为不锈钢球形网架或普通钢管构造，可在普通钢管外包薄铁板或其他板材
规格	大门形式为对开门或四开门，总宽度为 6～8 米；高度为 2 米；每扇门面积为 3 米×2 米或 2 米×2 米（宽×高，后同）	门柱截面尺寸建议为 1 米×1 米，总高度为 6.5 米，其中门楣高度为 1.5 米，大门净高度为 5 米
色彩	大门颜色为白色或不锈钢本色	门柱若包有薄铁板，从地面起 5 米高为蓝色；门楣为白色，标识为蓝色或过渡色，字为蓝色

续表

类型	无门楼式 （在施工现场，一般采用无门楼式大门）	门楼式大门
文字组合及其他	每扇门正腰安装一块面积为1米×2米或1米×3米（宽×高）的薄铁板或宝丽板，上面直接书写“集团公司”专用字体字样，颜色为节能蓝色（C100 M15，以下简称蓝色），如门为铁板制成，则正腰上面直接书写“集团公司”专用字体字样，颜色为节能蓝色，面积同上	标识尺寸为1米×1米，文字内容分为两排，上排为施工的企业全称，下排为承建×××工程。此为非标准组合，只限于门楣上使用，未经允许，严禁在其他场合使用
门柱	门柱截面尺寸建议为0.8米×0.8米，高度为2.2米，其中 0.2 米为柱帽高度，柱帽为梯形，顶面积为0.6米×0.6 米。门柱通体为蓝色。两柱帽上方可加灯箱，各单位根据需要自行决定	门柱与无门楼式要求相同

（二）施工现场围墙设置要求

施工现场围墙分为一次性使用的砖砌和可重复使用的金属式两种类型，如表16–7所示，各单位可根据情况选定。

表16–7 现场围墙设置要求

类别	要求
围墙规格	砖砌式：高度为2.2米，颜色为蓝色。其中围墙上端0.2米高，为蓝色
	金属式：一般为彩钢板或金属栅栏，高度为2米
	围墙如高于2米，可在2米围挡板下按要求制作增加部分（底座）
围墙标准组合	砖砌式/铁艺围墙/铁板式围墙：标志主图案为集团公司标识或组合标识和“集团公司”、施工企业简称专用字体字样组合，围栏颜色使用为蓝色。标语组合可由施工企业自拟。标语组合可由施工企业自拟

注：如施工当地的政府在规格、字体有要求，规格按当地政府规定制作，字体选用简体专用字体字样。

（三）项目现场施工图牌制作安装要求

现场施工图牌主要包括集团公司企业理念、工程简介、施工平面布置图、组织结构、工作制度、安全制度等，各单位可根据实际情况自行增减。

（1）图牌应置于显要位置，并注意安全，防止碰坏。

（2）图牌应为长方形，竖式组合，高宽或长宽比例为3:2，可选用不锈钢管支架，亦可镶于墙上或悬挂于玻璃橱窗内。

（3）图牌标准组合形象图牌为单体组合，牌面为白色；组合形式在施工图牌左侧（或右侧，根据现场适宜摆放的位置决定）单独置一VI图牌，绘制B式组合规范。底色为白色，标识和字为蓝色。内容为蓝色或黑色（黑体字）。

（4）按国家有关规定：施工现场进口处必须设置由当地建设行政主管部门统一规定的“五牌一图”。

（5）“五牌一图”标牌规格统一、位置合理、字迹端正、线条清晰、表示明确，并固定在现场内主要进出口处，严禁将“五牌一图”挂在外脚手架上。

（6）按图例制作管理人员名单及监督电话牌。

（四）项目现场主要施工图牌内容

1. 竣工名牌

图 16–1　竣工名牌示例

2. 工程概况牌

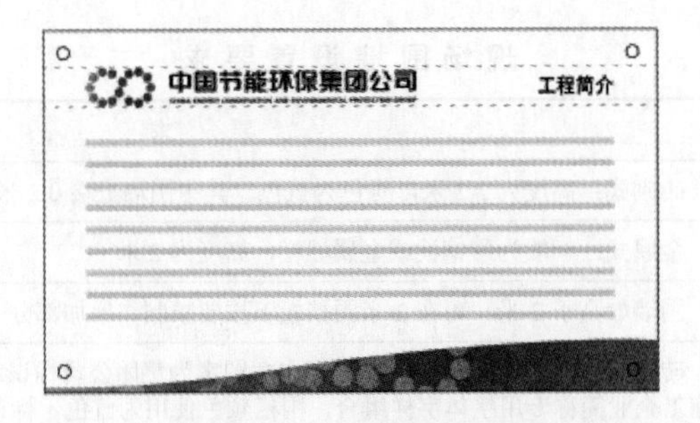

图 16–2　工程概况牌示例

3. 制度牌（文明施工牌可制成文明和环保制度牌）

图 16–3　制度牌示例

4. 施工平面布置图

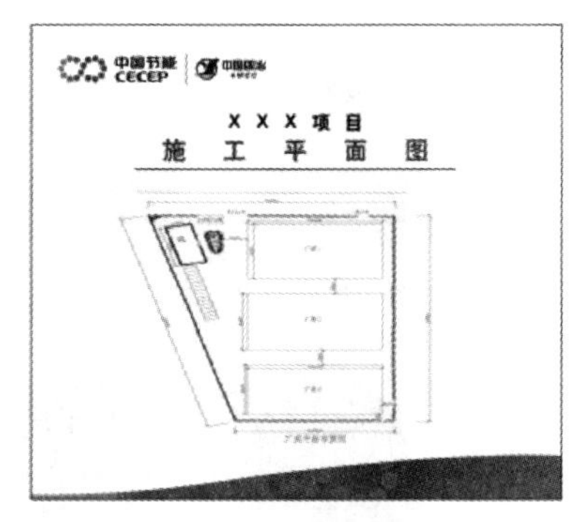

图 16–4　施工平面布置图示例

5. 告示牌

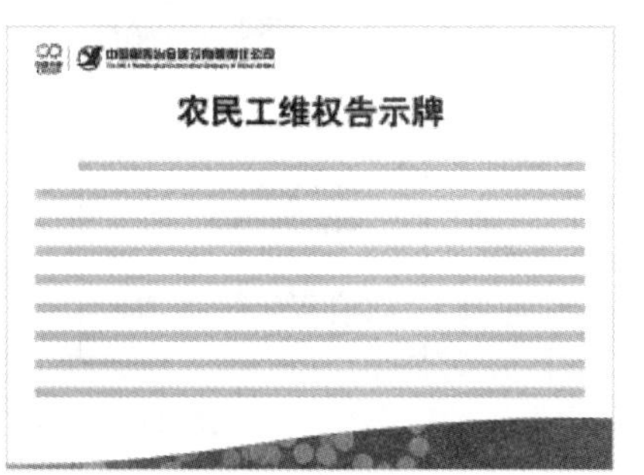

图 16–5　告示牌示例

6. 施工组织机构牌

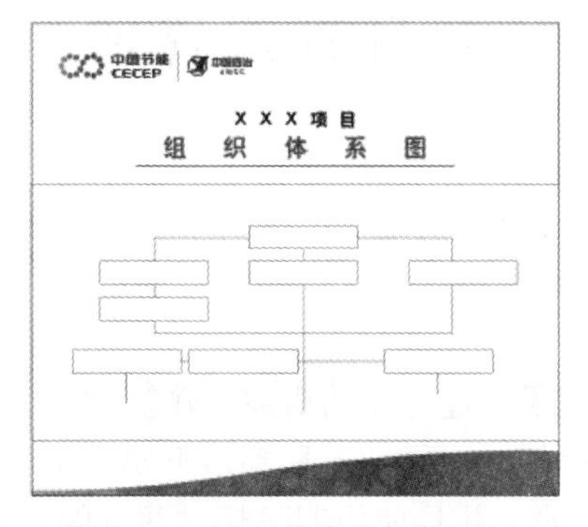

图 16–6　施工组织机构牌示例

（五）工地安全帽配置要求

工地现场安全帽按颜色区分使用人员。

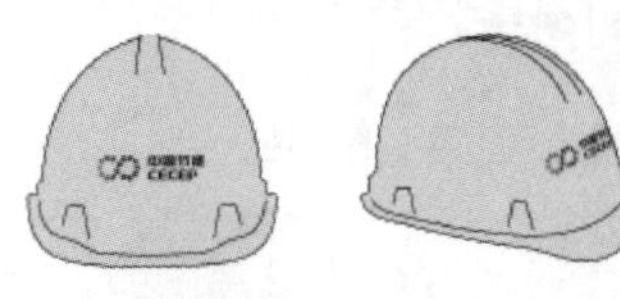

图 16–7 普通施工人员佩戴（黄色）

图 16–8 特种作业人员佩戴（蓝色）

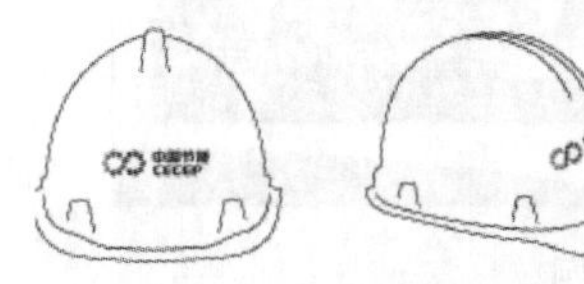

图 16–9 项目管理人员佩戴（白色）

图 16–10 上级领导、来访嘉宾佩戴（红色）

（六）胸卡与出入证制作

图 16–11 胸卡与出入证示例

项目现场其他 VI 形象标准制作及详细制作规定，参照投资方或工程公司相关规定和标准。

项目资产管理

项目综合主管负责项目经理部固定资产的购置、登记、保管、使用、维护、保养维修、处置等日常管理工作，固定资产的日常管理工作一定要符合内部控制和责任划分原则，公司财务管理部按照规定程序进行固定资产日常核算和对实物的定期盘点、稽核。

固定资产是指使用期限超过一年的房屋、建筑物、机器、机械、运输工具以及其他与生产经营有关的设备、器具、工具等，不属于生产、经营主要设备的物品，单位价值在 2000 元以上的，并且使用期限超过两年的，也应当作为固定资产。只要符合上述条件，无论是购入的、自制的、接收的、捐赠的、调拨来的，都应列为固定资产。项目经理部固定资产分类如表 16–8 所示。

表 16–8　项目经理部固定资产分类

类　别	内　容
房屋建筑	包括办公室、仓库、职工宿舍及相关建筑物及屋内配套设施
办公设备	包括计算机、复印机、打印机、传真机、扫描仪、摄像机、照相机、录音笔、投影仪等
办公家具	包括办公桌及沙发、保险柜、文件柜、灯具等
车辆	包括购买或租赁车辆

（一）固定资产的购置原则

（1）购置固定资产必须事先编制详细的预算。

（2）重要的固定资产购置和工程建造，必须采取招标的方式，招标由购置部门、财务管理部、采购管理部、费用控制部负责。

（3）固定资产购置和工程建造的质量标准必须符合国家标准和行业标准。

（4）固定资产购置和工程建造的价格，应以国际市场和国内市场价格为参照，并接受财务管理部的监督和检查。

（二）固定资产的使用

（1）公司的固定资产必须由综合管理部统一管理，负责日常维修、保养。

（2）各类固定资产的购置费用和维修费用标准，都必须严格按照年度预算执行。

（3）非正常的损坏所需维修，须报公司领导批准后方可实施。

（三）固定资产的管理

固定资产管理分实物管理和财务管理，项目经理部的实物管理由项目综合主管负责，财务管理由公司财务管理部负责。固定资产实物管理要求如下。

（1）项目经理部在取得固定资产同时，由综合主管办理登记建账手续。

（2）财务管理部根据固定资产分类设立项目经理部明细台账，并配合综合管理部定期盘点项目经理部固定资产。

（3）项目经理部固定资产盘点由公司综合管理部组织项目综合主管进行，财务管理部配合，每年进行一次，时间定为 12 月中旬，根据固定资产卡片记录与借用记录，对固定资产的数量、规格、型号、实物状况等进行清点，与财务管理部固定资产明细账核对，对盘亏、报废和丢失的固定资产负责查明原因和责任人，提出处理意见。

（4）对不需用固定资产，失去正常使用性能或技术上属于淘汰阶段的固定资产，由项目经理部提出处理意见，报送公司项目管理部审核后送交综合管理部。

（5）固定资产报废时，由项目管理部填写项目使用固定资产报废清单，写明报废原因，已使用年限及已提折旧，报综合管理部。

（6）项目经理部无权处理、变卖、出售、置换及对外投资的固定资产，违反规定者必须受到责任追究。

人力资源管理

一、人力资源规划管理要求

（1）根据工程建设实际需要，项目经理部根据对工程未来所需人力资源的规划，并有效地组织人员进场时间和进场顺序，确保项目组织机构中需要的时间内和关键岗位上，能够实现人力资源的准时配备。

（2）项目经理编制人员配备计划及《项目主要项目管理人员到位表》，对项目人员管理包括人员选聘、培训、考核、激励和信息统计等。

（3）项目经理部副经理、专业工程师、安全经理等由项目经理提请用人计划报项目管理部（项目经理可对本项目经理部人员进行提名），项目管理部根据公司整体工程建设情况及人员分布情况，统筹调配，并由综合管理部进行调动。

（4）项目经理部临时用工人员可以自行组织招聘，由公司人力资源主管与其签订劳务合同并备案，临时用工人员工资由公司综合管理部负责发放。

（5）项目经理享有对本项目经理部全部岗位人员使用的否决权，对无法满足本项目岗位需要的人员有权退回，并要求人力资源主管部门重新选派调入。

（6）由综合管理部人力资源主管负责项目管理人员公司级培训的组织与实施，项目经理部负责其他培训的组织与实施。

（7）项目经理部中公司派出的其他管理人员，由公司各主管部门负责评价与考核，项目经理部参与。

（8）项目经理部负责生产管理及项目其他人员的考核与评价，对项目全员实施一体化管理。

（9）由项目综合主管负责定期将人员信息统计报综合管理部人力资源主管，并报项目管理部备案。

（10）项目经理依据项目建设要求和项目管理人员的实际配置，组织编制本项目的《岗位说明书》《项目管理责权划分表》等，经项目管理部、人力资源主管部门审核后，由公司分管领导审批。

二、正式员工招聘程序

项目经理部根据工作需要明确岗位招聘要求，编写《人员需求计划》经分管领导审核、总经理批准后，综合管理部根据批准的人力资源需求，组织、实施完成公司人力资源招聘工作。

项目经理部对于因员工流动、离职等原因造成人员短缺的临时需求，在确定内部无法调剂的情况下，提交《人员需求申请表》和招聘人员条件至项目管理部交分管领导及总经理审批，审批同意后综合管理部负责发布及更新招聘信息并对简历进行筛选。

针对项目经理部短期聘用员工（包括司机、厨师、资料员和物料管理人员等）需要，按照公司规定，由综合管理部配合完成。

（1）项目经理部提出短期人员需求计划。

（2）综合管理部对项目经理部提出的短期人员需求计划进行审核后，由项目经理部系统组织、实施完成招聘工作，并填写《应聘人员面试评价表》。

（3）经综合管理部、分管领导审核，总经理审批后，到项目经理部办理入职试用手续，填写《项目经理部短期聘任人员备案表》等相关资料并签订《短期聘用合同》，交综合管理部备案。

试用期届满员工，综合管理部提前1周通知试用员工填写《员工转正考核鉴定表》，经项目经理、分管领导、总经理批准后由综合管理部办理试用员工转正手续。

三、临时用工录用管理

项目经理部临时用工在公司定编定员的前提下，坚持按照“以岗选人，宁缺毋滥”的原则，由项目经理事先与综合管理部联系商定，并办理临时用工申请手续。

临时用工由公司综合管理部归口审批，项目经理部必须在核定的临时用工控制指标内申请使用，不得擅自或超指标雇用、安排临时工，凡未按照规定程序办理的部门，由此产生的一切责任由相关部门责任人负责。

（一）录用条件

（1）思想品德端正、作风正派，无不良嗜好，具有较强的工作责任心。

（2）符合国家法律规定的劳动年龄即年满18周岁至55周岁。

（3）身体健康，能够胜任所从事的工作。

（4）具有大专以上文化程度。

（5）特种作业人员，应持有国家相关部门颁发的有效特种作业操作证。

（二）聘用管理

（1）对于聘用的临时人员（特别是专业性要求强的人员、特种作业人员等）必须坚持先培训，后上岗，对达不到要求的，不得安排上岗工作。

（2）凡经考核录用的临时工，报到时须携带本人身份证及相关证书复印件。

（3）综合管理部负责为新录用的临时工办理手续，并与其签订《短期聘用合同》，明确双方责任、权利和义务。

四、临时用工管理

（1）临时工在工作期间，由综合主管负责其教育和管理。在合同规定的服务期限内，如发生异常情况，应及时报综合管理部。合同期满，应及时向综合管理部办理清退手续。

（2）临时工在工作期间，如需请假，按照《考勤管理办法》相关规定执行。

（3）对于进入生产场所工作的临时工，项目安全经理必须对其进行安全和法规教育，指派一名正式员工负责指导其工作，经常检查、督导和纠正其不规范操作和不安全行为，必要时可宣布停止其工作。

（4）若非工作安排原因，在工程项目工作没有完成之前，临时工擅自离开项目，自离开项目之日起，项目经理部不负担该临时工发生的一切费用，双方自动解除劳动合同，项目经理部要将处理情况上报公司综合管理部。

五、离职管理

项目经理部和综合管理部代表工程公司，共同对项目经理部员工离职相关的日常事宜行使管理权。

（一）离职员工所在部门职责权限

（1）离职申请的批准权及工作交接期限的确定权。

（2）工作交接的监督权及离职手续办罄的确认权。

（3）负责本部门离职人员各项问题的内部处理，与各部门协调处理本部门离职人员的遗留问题，并向综合管理部提交离职人员遗留问题处理报告。

（4）负责本部门离职人员遗留问题有关资料的收集与汇总工作，为综合管理部和财务管理部提供处理依据。

（二）综合管理部职责及权限

（1）负责离职人员的个人档案材料的收集整理和归档工作。

（2）对离职人员的离职手续办理情况的审核确认。

（3）配合收集整理离职人员有关证据材料。

（4）负责与离职人员及相关部门协调解决有关遗留问题。

（三）员工离职类别（见表 16–9）

表 16–9 员工离职类别

类别	内容
合同期满离职	员工履行劳动合同期满，双方无续签意向而离职
辞职	在合同期内，由员工提出提前终止劳动合同关系，经双方协商同意可解除劳动关系
辞退	辞退员工，必须事前通告其本人，并向员工出具辞退通知单，被辞退的正式员工在收到辞退通知的一个月内，仍属公司员工，须照常上班，并在规定时间内完成工作交接
预告期	试用期内，可以随时提出；正式员工应提前 30 日告知
公司减员	公司因经营战略发生重大变化，而原有员工不再适用或其他不可抗力等原因，公司提前与员工解除劳动关系

（四）员工离退职方式（见表 16–10）

表 16–10　员工离退职方式

类　别	内　　容
试用期辞职	试用期内双方均可提前三天通知对方解除劳动合同，并不作任何赔偿
合同期内辞职	员工在合同期内辞职，需提前一个月向所在部门负责人递交《员工辞职申请书》，部门负责人需于当日或次日，向综合管理部转交《员工辞职申请书》并按程序获批
合同到期解职	劳动合同到期，任何一方不再续签劳动合同
辞退	因员工严重违反公司规章制度，按公司相关管理办法规定解除劳动合同
退休	按国家规定的法定年龄办理退休

（五）离职手续的办理

（1）员工离职，需填写《员工离职申请表》交综合管理部，综合管理部负责将处理意见按程序报批，并将批示意见通知员工所在部门或项目经理部。

（2）部门负责人负责督促离职员工填写《员工离职移交清单》，移交工作及经办的事务，移交所有属于公司的财产等。

（3）移交事项需经相关部门负责人签字确认。

（4）综合管理部负责关闭离职人员的公司邮箱、OA 等信息系统账号，并根据签字确认的《员工离职申请表》和《员工离职移交清单》为离职员工结算薪资。

（5）对于所遗失、损坏的财物须作价赔偿。若有借款、欠款则从薪资中扣除，离职员工薪资的发放日期同公司发薪日。

（六）离职补偿及工资发放

（1）辞职、辞退员工领取工资、离职补偿及享受福利待遇按以下规定执行。

① 由公司辞退或员工本人辞职的，工资结算至最后工作日。

② 根据劳动合同法规定公司应当向员工支付补偿金的，不满半年者发给半个月工资的补偿金，超过半年不到一年者，发给一个月工资的补偿金；每满一年者，发给一个月工资的补偿金，但最多不超过十二个月的工资（经济补偿金的月工资标准按员工解除劳动合同前 12 个月的平均工资计算）。

③ 公司与员工之间的账务关系应在其离职时全部结清。

（2）离职员工如应扣除费用大于应支付的费用，则在收回全部费用后才予办理离职手续。

六、员工培训管理

（1）为了提高项目经理部人员素质，倡导持续学习、终身学习、全员学习的理念，创建学习型组织，更好地适应项目管理需要。

（2）员工培训坚持需求导向、学以致用、注重成本、突出实效的原则。

（3）综合主管负责项目经理部员工培训工作的归口管理，其管理职责包括：开展培训需求调查分析，提出培训计划，发布培训信息；组织实施各类普及性培训、通用知识技能培训和领导指定的培训项目；管理培训专项经费；建立员工培训档案，考核培训效果。

（4）项目经理部应积极配合综合管理部开展培训需求的调查，于每年年初通过部门讨论、内部访谈等确定培训需求。根据项目管理业务发展和人才培养需求，制订《部门年度培训计划表》提交综合管理部。

（5）项目经理部结合项目管理业务开展相应培训，将具体培训方案报综合管理部，经公司领导批准后实施，对培训效果较好的课程，申请公司对主讲人员进行奖励，奖励按课时计算，标准为：100 元/小时。

（6）公司鼓励员工利用业余时间接受学历教育，考取与岗位工作对口专业的从业资格证书或职称证书。员工考取与从事岗位工作相关专业从业资格证书的，报销100%的考试费用；考取岗位工作相关专业中级职称证书的，报销 80%考试费用；考取岗位工作相关专业高级职称证书的，报销 90%考试费用。员工个人申请与从事岗位工作无关的学习培训，其所发生的培训费不予报销。

（7）培训的效果评估采取科学合理的考试、考查方式，开展学习纪律、学习表现和学习效果的考核评价，考核评价结果要记入员工的培训档案，作为员工考核和晋升的重要依据之一。

七、职位变动管理

（1）任何职位变动均需填写《员工岗位变动表》和《工作交接清单》，并严格遵循人事变动原则和流程，同时薪资也按调动后的情况做出调整。

（2）空缺职位应在尽可能的情况下，从公司内部予以选拔。员工有责任让部门负责人了解其对工作调动的兴趣；部门负责人有责任根据员工的兴趣指导员工的职业生涯发展。空缺职位人选的最后确定，由该职位的部门负责人在听取综合管理部及总经理的建议后决定，真正做到人尽其才，才尽其用。

（3）员工接到调职通知后，应在规定时间内办妥移交手续前往新任职部门报到。

（4）调任员工在接任者未到职前，其职务由项目经理派适当人员暂行代理。

八、考勤管理

综合管理部是公司考勤管理的主管部门，项目综合主管负责项目经理部员工考勤休假的日常管理工作。

项目经理部按月做好员工考勤统计，并于每月 24 日前将项目经理签字确认后的考勤统计表交人力资源，员工考勤起止时间：上月 24 日至本月 23 日。

（一）考勤要求

（1）公司员工必须严格遵守劳动纪律。

（2）在工作时间内须听从指挥，服从分配，坚守工作岗位，提高工作效率，集中精力做好本职工作，不得从事与工作无关的活动。

（3）考勤记录要公开，考勤记录与申请表要相符。考勤登记表不得随意改动，如需改动，更改人必须在更改处签字，并简要说明其情况。

（4）考勤员必须每天认真负责做好考勤工作，不得徇私舞弊、弄虚作假。

（5）各级领导要带头遵守考勤制度，重视考勤管理，支持考勤员工作。

（6）员工请假（包括病假、事假、婚假、丧假、工伤假、公假、年休假、项目人员休假等）需提前或当天由本人在考勤员处进行备案，填写相应的申请表，经批准后方能离开工作岗位。

（7）请假应按级申请，一般不得越级请假。

（8）因特殊情况未能事先办妥请假手续的，应打电话至考勤员进行口头请假，事后补办手续。

（9）凡被批准的申请表应交综合管理部作为考勤依据。

（10）员工请假期满或未满，回公司上班后，当天应由本人在考勤员处办理销假手续。对于逾期不能返回者，需提前办理续假手续，逾期不办理续假手续者，按旷工处理。

（11）员工上班时间因公外出须填写外出登记表经项目经理批准方可外出。

（12）项目经理部人员因工作需要而往返本部和项目经理部，需到考勤员处进行登记。

（13）员工因公出差，需事先填写出差审批表，由项目经理批准。

（14）所有员工出差时，均应通知考勤员，并将经批准的出差审批表复印件交考勤员作考勤备查，否则按旷工处理。

（二）考勤内容（见表 16–11）

表 16–11　考勤管理内容

类别	要求
迟到、早退	凡超过规定的时间未到岗或提前离岗，即为迟到或早退
旷工	（1）员工未经请假无故缺勤或请假未准擅自不到岗者； （2）假期已满无正当理由，未经批准而又不能如期到岗者； （3）请假原因与事实不符者； （4）员工因违反治安条例或违法违纪行为，被公安、司法机关拘留、传唤者； （5）对旷工行为的违纪处理视情节予以曝光、诫勉谈话、警告处分、记过，直至解除《劳动合同》
病假	员工因病不能坚持正常工作需要治疗或休养的，按病假处理。病假的有关规定如下。 （1）一天以内病假由分管领导审批，一天以上病假凭医保定点医院开具的假条请假。 （2）员工在婚、丧、产假期内患病，不另给病假。 （3）员工因病或非因工负伤，需要停止工作进行医疗时，根据劳动部《企业员工患病或非因工负伤医疗期规定》给予三个月至二十四个月的医疗期。医疗期满尚未痊愈者，可解除劳动合同，并按规定给予经济补偿。医疗期满病愈要求上班者，必须有定点医院病愈证明并进行试工。试工期为连续 1～3 个月全日工作。试工期因病不能坚持工作继续休息者，将前后时间合并计算病假。 （4）打架斗殴造成伤病休息者，休息时间按事假处理，一切医疗费用由个人自理。 （5）毕业生见习期内病休一个月以上者，见习期顺延

续表

类　别	要　求
事假	员工因私事假的有关规定： （1）特殊情况下，一天以内事假可电话向部门负责人请假，随后补办请假手续。 （2）员工因酗酒、打架斗殴、家庭邻里纠纷等不能上班者，视情况按事假或旷工处理。 （3）事假全年累计不应超过 10 天
婚假	员工结婚持结婚证书，给予三天婚假。双方均为初婚并都达到晚婚年龄（男 25 周岁，女 23 周岁以上）的，另增加七天婚假
丧假	员工亲属（父母、公婆、岳父母、配偶和子女）死亡时，给予三天丧假。如赴外地，另给路程假，途中车船费自理
生育假	根据《北京市企业员工生育保险规定》和《北京市人口与计划生育条例》规定，符合育龄期的女员工可以享受生育假
工伤假	根据《工伤保险条例》（北京市人民政府令第 140 号），员工因工负伤必须治疗和休养的，经综合管理部认定后，填写《工伤事故报告表》报公司领导批准后，给予工伤假
公假	有下列情况的给予公假： （1）员工参加子女所在学校召开的家长会，凭开会通知可按公假处理； （2）员工因房管部门施工而家中留人时，每次可准半天或一天； （3）员工参加不脱产自学考试，每门功课考试准假半天
带薪年休假	（1）与本公司签订劳动合同或劳务合同期内，且连续工作 1 年以上的员工，享受带薪年休假。 （2）公司单位根据工作的具体情况，并考虑员工本人意愿，统筹安排年休假。 （3）员工在年休假期间享受与正常工作期间相同的工资收入。 （4）员工累计工作年限已满 1 年不满 10 年的，年休假 5 天。 （5）员工累计工作年限已满 10 年不满 20 年的，年休假 10 天。 （6）员工累计工作年限已满 20 年的，年休假 15 天。 （7）员工年休假原则上当年有效，一般不跨年度安排。 （8）确因工作需要而不能安排员工年休假的，经员工本人同意，分管领导和总经理批准，可以不安排员工年休假。因工作需要而造成年休假应休未休的，公司将发放未休假补贴，对应员工应休未休的年休假天数按该员工日岗位工资的 300%支付年休假工资报酬，不同时享受休假补贴。 （9）员工年度内累计病事假超过两个月者，不享受年休假

（三）项目人员休假

（1）项目现场实行两月休假一次制，每次休假最多不超过一周（含往返路程时间）。

（2）年度报销 6 次往返火车票（从项目驻地到居住地），火车票为硬卧或高铁二等座以下。

（3）法定节假日不再安排休假，休假时间尽量在不影响工程进度的情况下自行调节。

（4）休假实行计划和审批制，项目经理部人员休假需填写《项目人员休假申请表》经项目负责人批准后，方可休假，项目负责人休假要经分管领导和总经理批准后，方可休假。

（四）加班管理

（1）公司提倡高效率的工作，鼓励员工在工作时间内完成工作任务，但对于因工作需要的加班，公司支付相应工作日加班费或者假日加班费。

（2）假日加班者，员工需在实际加班前的最后一个工作日下班前，将项目经理部和分管领导批准的加班申请交到综合管理部。

（3）假日加班必须要提前申请，如果不能在规定时间交出加班申请的员工，其实际加班时间将视为无效。

（4）假日的加班申请表上，需要注明预计需要工作的时间，实际加班时数与计划不能相差太远，项目经理和分管领导需要对加班时间进行监控和评估。

（5）如果员工提出申请时，需要签字的领导适逢外出，员工首先要按照规定时间把未曾签字的加班申请表交考勤员，由考勤员打电话与领导确认。

（6）员工应当首先考虑将实际加班的天数直接折换为调休天数，员工可根据工作安排申请调休，员工调休需事先填写《调休申请表》，在实际调休前的最后一个工作日下班前，将项目经理和分管领导批准的调休申请交到综合管理部。

（7）确因工作安排无法完成调休的，公司将按照工作日加班支付其本人工资150%的加班费；周六、日加班支付其本人工资200%的加班费；国家法定节假日加班支付其本人工资300%的加班费。

各类休假期间及员工旷工的薪酬管理，详见《工程公司员工薪酬管理办法》。

档　案　管　理

一、工程档案管理要求

（1）项目档案管理包括将工程立项、设计、管理、施工、和竣工验收以及改建、扩建、维修等活动中形成的、应归档保存的文字、图表、声像等不同形式和不同载体的文件材料归档管理。

（2）公司项目管理部对项目工程档案的形成过程进行指导和监督，项目经理部负责本项目工程档案的归口管理，并负责对各施工单位档案资料过程监督，以及最终档案的组卷、移交工作。

（3）项目经理部资料主管是项目档案管理的责任人，资料主管负责项目文件的收集、接收、标识、分发、更新、记录、保管、借阅和归档等工作。建立工程文件接收、分发台账，保证文件流转顺畅。收集施工技术档案，编制竣工文件资料，承担施工技术文件档案的形成、整理、校核及汇总外来文件（图纸、资料、说明书、技术文件等）并组卷，定期移交建设方和公司综合管理部档案室。

（4）工程前期依据性文件（立项、审批、征地、合同、会议纪要文件等），由建设单位资料室组卷，施工单位负责本单位施工范围内施工文件的收集、汇总、组卷并按时移交项目经理部。

（5）技术管理部负责初步设计评审相关文件的资料的收集，督促设计单位完成工程竣工图的编制，并按归档要求移交项目经理部。

（6）采购管理部负责采购范围内设备、材料招标采购过程文件的收集和归档。

（7）费用控制部负责对竣工结算资料进行监督检查。

（8）凡列入工程档案内容的资料，都必须经各级各专业技术负责人审定签字，所有资料、文件都应如实反映情况，不能擅自修改、伪造和补做。

二、工程档案管理范围

（一）须经项目经理部档案管理流转的工程文件范围

（1）对外提出的工程文件必须经过档案室进行流转。

（2）需要在管理过程流转的正式工程文件应通过档案室流转。

（3）接收到的外部工程文件，必须经过档案室进行流转。

（4）分包单位对外提出的工程文件必须经过档案室进行流转。

（5）上级单位或部门对工程或项目经理部提出的文件，必须经过档案室进行流转。

（二）工程文件份数要求

（1）不归入工程竣工资料的文件原件为三份：提出、主送单位各一份。所有工程文件要抄送一份给建设单位。

（2）需归入工程竣工资料的文件原件为六份，提出单位存三份、项目经理部、建设单位、监理各一份，不得使用复印件。

（3）“工程竣工签证书”“设计变更通知单”“变更设计单”闭环后抄送咨询单位一份。

（三）文件流转要求

（1）各单位文件管理人员应每日到项目经理部集中领取文件。

（2）急件由项目经理部档案室电话通知领取。

（3）各单位文件管理员要严格把关，接到各单位和各部门提交的工程文件时，认真核对文件的格式、编号等是否正确，如未按规定要求编制、编写，有权拒收并予以退回。

（4）不符合工程文件编码规则的工程文件，项目经理部不予接收。

（四）文件的回复

（1）需回复的工程文件必须在指定的工作日内完成回复，原则上重要文件在当日或次日回复，普通文件在三日内回复。

（2）需回复文件未在指定日期内回复的，文件编制人应及时进行跟踪，保证工程事宜顺利进行。

（3）项目经理部对未及时回复的文件进行定期盘点，对问题严重的提出考核。

（五）工程档案的主要内容

表 16–12　　工程档案管理内容

工程建设综合	（1）建设工程所有前置审批和备案手续； （2）与设计、制造、建设等单位来往文件； （3）会议纪要（含工程前期、设计、制造、施工等与工程相关的会议纪要）； （4）工程阶段性汇报、考核； （5）工程简报
工程管理文件	（1）承发包合同、协议书、招标、投标、租赁文件； （2）施工单位营业执照、资质证书、施工安全许可证、特种设备作业人员证等； （3）质监站监督检查报告
施工文件	（1）开工报告、工程技术要求、技术交底、图纸会审纪要； （2）施工组织设计、施工作业指导书、施工技术措施、施工安全措施、施工工艺措施； （3）原材料及构件出厂证明、质量鉴定； （4）建筑材料试验报告； （5）设计变更、工程更改洽商单、材料零部件、设备代用审批单代用核定审批单； （6）施工定位测量、地质勘查； （7）土、岩试验报告、基础处理、基础工程施工图； （8）焊接试验记录、报告、探伤记录及设备、电气、仪表调试、整定记录； （9）施工记录、大事记； （10）隐蔽工程验收记录； （11）工程记录及测试、沉陷、位移、变形观测记录、事故处理报告； （12）主要设备、材料出厂证明、设备强度、密闭性试验报告及电气、仪表性能测试和校核； （13）分项工程质量检查、评定、事故处理报告； （14）中间交工验收记录、工程质量评定； （15）施工总结、技术总结； （16）竣工报告、竣工验收报告； （17）72+24 小时机组整套设备启动记录
调试文件	（1）整套启动调试大纲、各种试验方案措施； （2）整套启动试运记录和调试报告； （3）试运阶段的缺陷、故障分析记录与处理意见
竣工文件	（1）项目竣工验收报告； （2）竣工图； （3）项目质量评审材料、质量验收签证； （4）工程声像材料； （5）项目竣工验收会议文件； （6）工程总结； （7）安全\环保\消防\职业卫生\规划\建设\档案竣工验收资料

（六）工程档案的编制要求

（1）工程资料的积累，必须从工程的准备开始，就组织精心的汇集工作，并贯穿于整个施工过程，直到工程竣工验收。要求做到“三同步”，即：工程开始就要与建立档案工作同步进行；工程建设过程中要与竣工资料的积累、整编、审定工作同步进行；工程竣工验收要与提交整套合格的竣工资料同步进行。

（2）项目经理部应在开工前，与工程所在地建设及档案管理部门沟通，确定对工程档案资料的要求，并将工程所在地要求报公司项目管理部备案。

（3）工程资料的来源，主要是依靠工程技术人员以及有关管理部门，在工程施工当中形成并积累起来的各种载体的文件材料，经整理向项目经理部资料主管移交，由资料主管统一组织归档。

（4）项目经理部应在开工前汇编工程表单，并报项目管理部批准。工程表单汇编应包括工程档案的编制范围规定的所有内容，以及工程过程管理所需的所有表单。各类工程资料的格式，按照下列优先顺序执行：

① 工程所在地建设或档案管理部门的要求；

②《电力建设施工质量验收及评定规程》（白皮书）的规定格式；

③ 公司规定的格式；

④ 项目经理部根据现场需求编制的格式。

（5）组卷前要详细检查项目文件是否按归档要求做到了齐全、完整、准确、系统，签章手续完备；其内容真实、可靠与工程实际相符合。

（6）工程档案文字材料应字迹清楚，图样清晰，图表整洁，其载体、书写材料一律使用档案要求的书写墨水，严禁使用圆珠笔书写。

（7）项目文件应为原件，因故无原件归档的合法性、依据性、凭证性文件等需永久保存的，提供单位应在复制件上加盖公章。原件与复印件的掌握要特别注意如下几种情况：

① 凡合同、协议、试运后签证、机组启动验收交接书、机组移交试生产交接书、移交生产交接书等文件材料均应为正本归档，签字方不能用副本或复印件归档；

② 施工技术记录、工程签证单、试运记录、材料半成品试验单、设计修改通知单（含工程联系单）等表式和数据，均应用合格的书写材料书写并原件（如表式为复印件，数据虽用合格书写材料书写也不能作为原件；验收签证单中的各方人员必须签全名，不能以盖章或打印代替签名）归档；

③ 调试措施、方案和报告等均应为激光打印机打印件，不能用复印件或普通色带打印件，以保证字迹的耐久性；

④ 主送和抄送本单位的文件材料，均应以红头文件（不能用复印件）归档；

⑤ 引进技术工程的设备订货合同及其附件、招投标书等重要依据性文件材料应字迹耐久、清楚，不能用复印件归档；

⑥ 竣工图应是新蓝图，图面整洁、线条字迹清楚，图纸反差性良好，能满足缩微和计算机输入要求。

（8）照片档案应符合如下要求：

① 主体明确、影像清晰、画面完整、未加修饰剪裁；

② 要体现出工程建设过程中及竣工后的外观、设计特点、地域位置；

③ 使用数码相机拍摄的，其影像不能进行后期加工。

（9）书写规定：

① 书写字迹工整，图样清晰；

② 书写墨水应为碳素墨水，严禁用圆珠笔或铅笔书写；

③ 文件书写格式应用横行排列，文件段落，章节编排，按有关文件编写要求；

④ 汉字简化应符合国家颁发的有关规定。

（10）所有需归档的工程资料，需配套完整电子文档一并移交建设单位。

（七）工程文件的收发

（1）各参建单位提供给项目经理部的工程文件（工程技术文件、图纸资料等），由项目经理部资料主管统一接收、记录、登记，建立接收、发放台账，实现计算机文件检索。

（2）登记完毕的工程文件，应及时予以处理，在保证归档份数后，应按项目经理部领导审定的工程文件数量，及时分发给有关单位和部门。

（3）项目经理部应于月进度款审核前，将本月核算所需图纸、变更、签证连同目录及时提交给公司负责该项目的费控主管。

（4）资料主管对接收的工程文件资料，必须进行数量和外观质量检查，发现问题应及时通知寄发单位补发。

（5）设备文件，项目经理部会同有关部门对设备开箱验收后，及时将设备资料交由资料主管统一管理，由资料主管统一归口发放给有关单位。

（6）对接收的密级文件资料，要严格按保密规定妥善收存，并认真执行密级文件资料的借阅规定。

（7）由提出单位在文件上说明主送、抄送、抄报单位，文件上不能注明主送、抄送、抄报单位的，提出单位向项目经理部说明文件分发方案。

（8）资料主管接收到文件后进行登记，发放时进行发放登记。

（9）各分包单位应建立工程文件收发台账，对往来工程文件进行登记。

（八）施工图纸分发

（1）接收设计院送至的施工图蓝图后，资料主管按设计院交图清单进行核对，确认无误后签收、登记。

（2）资料主管收到图纸当天，通知各用图单位和部门领取图纸，并做好图纸发放记录。

（3）各单位在接到图纸领取通知后，应及时到项目经理部领取图纸。

（4）资料主管收到升版的施工图后，按施工图接收程序执行，并及时替换原旧版施工图，旧版图纸必须加盖“已升版”章，隔离保存备查，工程竣工（结算）完毕后统一处理。

（5）各单位在领取升版蓝图后，必须立即停止使用旧版图，并对旧版图纸做收回、标识处理，工程竣工后连同图纸清单统一交项目经理部资料主管处理。

（九）施工图变更

项目资料主管收到闭环的《设计变更通知单》后，及时在相对应的施工图上加盖“设计变更专用章”，以标识图纸变更的有效状态和依据，并把《设计变更通知单》分别附在相对应的施工图后面。

（十）工程联系单、签证单管理

（1）工程联系单、工程签证单作为工程结算的支撑性材料，签字、审核确保严谨，确认完成的工程联系单、工程签证单等统一由项目经理部资料主管进行管理、归档，并做好记录，流转过程不齐全，内容不规范的工程联系单、工程签证单资料主管不能予以接收。

（2）工程联系单、工程签证单等原件制单份数，本着参建各方各执一份原件的要求，同时为满足项目尾期结算工作要求，可适当增加原件份数。

（3）工程签证单由施工单位报送，经现场专业工程师和项目经理审核批准后，签证有效，方可作为结算的依据。

（十一）设备厂家资料

设备到货开箱后，物资代保管单位负责，对到货设备资料进行收集、整理，经代保管单位、项目采购经理检查其完整性，交项目经理部资料主管发放。

（十二）文件归档管理

（1）项目经理部资料主管应按照规定将文件整理后归档。

（2）归档的文件应完整、准确、系统，其制成材料应有利于长久保存，图文字迹清楚，一律使用档案要求的书写墨水或钢笔（严禁使用圆珠笔书写），应使用激光打印机打印文件。

（3）归档的文件应为原件，因故无原件的可将具有凭证作用的复制件归档，非纸质文件应与其文字说明一并归档，外文（或少数民族文字）材料若有译文的，应一并归档，无译文的要译出标题和目录后归档。

（4）收集的各种门类、各种载体的文件材料均需编制移交清单，并建立各种台账和检索工具，分类确切，编目清晰明了，保管期限划分正确，并按不同类别存放在专用档案柜内，排列整齐，存放有序，做到账物相符。

（5）各种档案案卷内不应有铁钉，以免生锈损伤档案，档案均应放在铁柜内，且档案柜外面应有编号。

（6）档案库房要求做到八防（防盗、防火、防尘、防潮、防虫、防鼠、防光、防有害气体）。

（7）档案借阅要建立多种检索工具，便于档案的提供利用，工程资料借阅需填写外借资料登记表，经项目经理签字批准，外借资料要求借阅人妥善保存，不得损坏、勾画、删改、加注、拆页等，更需防止丢失，借阅时间要求在两周以内，借阅人如需继续使用应办续借手续。

（8）工程档案做到三同步，即工程开始就要与建档工作同步进行；工程建设过程中，要与竣工资料的积累、整编、审定工作同步进行；工程交工验收时，要与提交整套合格的竣工资料的验收同步进行。

（十三）工程文件资料、档案移交

（1）工程资料验收是工程竣工验收的重要内容之一，在工程竣工验收的同时，必须先提供一套工程竣工资料，资料移交前，项目管理部将组织有关部门参加的检查组进行审查、验收。

（2）为确保工程竣工资料的编制质量，提交合格的竣工档案，项目管理部要成立竣工档案验收、评定小组，小组成员应由项目管理部、有关部门负责人和各专业的技术负责人组成。

（3）工程竣工资料的移交，要确保在工程竣工72+24小时试运成功后1个月内，向当地档案管理部门及建设方、工程公司档案管理部门移交。

（4）移交工程档案，要按照接收单位的规定办理移交手续，填写移交目录，一式三份，接收单位一份，另两份随工程档案移交档案管理部门归档。

（十四）竣工资料内容（见表16–13）

表16–13　竣工资料包括的内容

立项文件	（1）项目建议书及各级批复文件； （2）可行性研究报告及各级批复文件； （3）专项评价方面的相关文件； （4）有关前期工作的文件、会议纪要等
勘察设计资料	（1）勘察测量资料； （2）设计资料及批文； （3）与设计相关的其他文件
工程管理资料	（1）项目建设招标、投标文件； （2）总承包合同文件； （3）土地使用管理资料； （4）地方政府部门有关项目建设的文件、纪要； （5）与铁路、电力、通信、水利等部门签订的合同、协议； （6）项目开工报告及各级批复文件； （7）项目管理计划与管理实施文件； （8）专项验收文件； （9）工程的预算、结算、决算资料等； （10）项目各阶段的审计资料； （11）项目HSE管理文件； （12）与项目建设有关的其他文件、纪要等
物资采购资料	（1）物资采购招、投标及过程文件； （2）物资采购合同、运输合同、协议等； （3）物资采购计划与管理实施文件； （4）引进材料、设备批文及商检资料； （5）材料、设备验收资料； （6）材料、设备的检测、试验报告； （7）材料、设备出厂合格证、使用说明书、安装说明以及维修手册等
施工资料	（1）EPC总承包商及分包商的执照、资质证明； （2）施工组织设计、主要施工技术方案、措施及批复文件； （3）现场施工记录、检查验收资料等施工技术资料； （4）无损检测资料：包括无损检测方案、无损检测工艺、用于检测的器具及材料的合格证明、无损检测施工记录、无损检测报告等； （5）工程施工质量检验评定资料； （6）竣工图、施工总结等
生产准备及投产试运资料	（1）投产方案、生产准备资料； （2）投产试运资料； （3）试运行管理文件等
质量监督资料	（1）监督委托协议； （2）质量监督计划； （3）单位工程验收及质量评价资料； （4）各阶段质监站监检验收报告
反映项目概况和建设特点的声像资料	（1）记录本单位主要职能活动和重要工作成果的照片； （2）记录本地区地理概貌、重点工程的照片； （3）其他具有保存价值的照片

项目信息上报管理

工程信息统计、分析上报，主要是根据项目管理策划，对进度、成本、安全、质量、招标采购及合同等相关情况进行汇总分析，主要以项目周报、月报形式体现。

项目管理部是工程信息报送工作的归口管理部门，负责《工程周报》《工程月报》模版的制订；负责日常工作的联系、沟通、指导和协调；根据收到的统计报告，对各项工作进行检查控制及共享推广。项目经理为信息报送工作责任人，另外确定一名信息员，负责信息报送工作，确保信息报送工作的正常开展。

工程信息分为工程周报、月报、年（半年）报及简报等。

（一）工程周报的主要内容

（1）工程进度：本周工程进度完成情况；本周设计进度完成情况；本周采购进度完成情况；进度偏差原因分析。

（2）安全管理：本周在安全生产方面存在的重大风险；专题安全会议、专项安全培训情况；安全隐患排查和治理情况；安全九条禁令及安全红线执行情况；其他项目安全信息。

（3）质量管理：现场质量检查及整改闭环情况；质量活动开展情况。

（4）需协调解决的问题。

（5）现场图片。

（二）工程月报的主要内容

（1）项目概述：项目名称、项目规模、业主名称、合同形式、工期目标、质量目标、设计单位、监理单位、参建单位等。

（2）工程进度：里程碑节点计划完成情况统计；EPC 垃圾焚烧发电项目总体进度对照表；本月设计进度完成情况；本月采购进度完成情况进度偏差说明。

（3）质量管理：质量管理活动；质量情况记录；质量验收情况；质量监检情况；下月质量控制重点。

（4）职业健康安全与环境管理：项目安健环管理目标完成情况；项目安健环监督监管体系的人员到位情况；本月安健环管理方面采取的主要监管措施；区域属地管理分工情况及安全考核情况；施工分包方的安全措施费提取、使用情况；项目安健环监管中暴露出的主要问题和不足之处；需公司层面协调解决的安全生产事宜；下月施工中存在的重大安全风险及拟采取的安健环监管措施。

（5）成本控制：项目资金收入情况；项目成本支出情况；成本分析。

（6）本月未完成需公司协调解决的问题。

（7）下月计划：施工进度计划；设计进度计划；采购进度计划及资金计划。

（8）工程图片。

（三）工程年（半年）报主要内容

（1）项目建设情况概述：项目总体建设情况；实现的目标及取得的成果等。

（2）本年度（上半年）工作总结：工程进度情况；质量管控情况；职业健康安全环境管控情况及现场文明施工情况；成本管控情况；项目建设其他情况；项目建设管理过程中存在不足和建议。

（3）本年度（下半年）工作计划：进度计划；采购计划；图纸供应计划及资金使用计划及要达到的建设目标及其他专项工作规划等。

除周报、月报、年报以外，需向公司进行报送的工程信息可以简报的形式上报。简报涵盖各项目经理部在工程建设过程中组织的专项活动、项目的主要工程节点信息、取得的阶段性工作成果等内容，简报力求简洁明了，需附支撑性文件及图片。

工程周报于每周一中午 12 点前报送至项目管理部；工程月报于每月最后 1 个工作日前上报至项目管理部，工程年报结合公司年度绩效考核，按通知要求时间上报至项目管理部，由项目管理部统一报公司综合管理部。

检查和考核机制

一、监督检查

项目监督检查为工程整个建设期，监督检查分为定期检查、专项检查及临时检查，检查结果将作为年终考核的基础数据，纳入考核当中。项目管理部负责组织制订监督检查指标并组织对各工程项目定期进行监督检查与考评。

定期检查每两季度进行一次，项目管理部可根据工程进展情况、专项检查情况、现场实际情况确认每次检查范围，原则上每个项目年度检查不少于 4 次。检查结合各项目节点考评工作共同进行，内容包括进度、质量、安全、资料管理等几方面。定期检查由项目管理部统一组织，成立考评小组，进行资料及现场检查，综合评分并组织评比。

专项检查根据工程项目的不同施工阶段、专项活动或有特殊要求时进行，主要专项检查控制点包括工程各阶段质监活动、质量月活动、资料标准化工作、项目开复工、专项安全工作、季节性检查等进行，专项检查可与定期检查联合进行。

监督检查工作中需要注意的问题如下。

（1）针对某些突发事件或临时活动，可进行临时检查，检查避免走过场，确保检查效果。

（2）项目管理部在监督检查过程中应与项目经理进行沟通和交流，及时通报相关待整改事宜。

（3）针对监督检查中发现的重大问题，项目管理部应以“整改通知单”等形式书面通知项目现场进行限期整改。因故不能立即整改的，应采取临时措施，并制订整改措施计划，分阶段实施。

（4）所有监督检查及整改工作必须坚持“定人、定时间、定任务”及“闭环管理”的原则。

（5）监督检查活动均应形成书面记录，对检查通报、整改通知、照片及影像等文件应按要求进行存档备案。

（6）考核结果的运用：每个考核期结束，项目管理部根据考核情况，对本次检查情况进行总结排名，排名第一且考核分数在90以上者，给予5000～20 000元奖励，考核分数在70分以下者，给予2000元罚款。

（7）项目监督检查评定所获奖金原则上由获奖项目部项目经理进行分配，分配范围包括整个项目建设团队。

二、考核与评价

（1）为规范项目管理标准，提升项目管理水平，对项目管理目标进行全面考核和评价，并本着“定指标、定任务、完成奖励、滞后处罚”的原则，进行相应的奖惩。

（2）公司实行项目经理负责制，项目考评对象为项目经理部管理团队，项目经理是被考评的主要负责人。

（3）项目考评以公司与项目经理签订的《项目管理任务书》中各项任务目标为核心，依据项目目标，对最终实现的结果和项目各项管理进行考评。考评结果与项目经理及项目经理部其他成员绩效考核挂钩。

（4）公司设立项目考评小组，全面负责项目全过程考评工作。

（5）项目经理部对施工项目管理工作开展情况，以及实际效果的检查与考核综合评价得分，与施工合同结算直接挂钩，按照规定对施工单位进行合同结算。

（6）总经理办公会负责《项目管理任务书》的审批和项目经理部最终项目考评结果的审定。

（7）考评分工内容见表16–14。

表16–14　项目考评分工内容

项目管理部	（1）负责《项目管理任务书》考评节点中施工节点计划进行审核； （2）牵头组织公司相关职能部门制订项目各节点考评指标，并完成本部门管控的进度、质量及项目管理指标的制订； （3）牵头组织相关职能部门对公司审定的项目节点进行考评，并对进度、质量及项目管理情况出具部门考评意见； （4）负责项目考评结果的汇总、确认、反馈和上报； （5）根据考评结果，负责调配本部门项目管理人员，满足建设需要
技术管理部	（1）负责《项目管理任务书》考评节点中设计进度节点计划进行审核； （2）负责项目考评指标中设计考评指标的制订； （3）对各节点设计工作控制情况出具考评意见； （4）根据考评结果，负责调配本部门项目管理人员，满足建设需要

续表

费用控制部	（1）负责《项目管理任务书》考评节点中竣工结算节点计划进行审核； （2）负责项目考评指标中经营成本考评指标的制订； （3）对节点成本控制情况出具考评意见； （4）根据考评结果，负责调配本部门项目管理人员，满足建设需要
质量安全管理部	（1）负责《项目管理任务书》安全考评指标的制订； （2）对节点安全管理情况出具考评意见
采购管理部	（1）负责《项目管理任务书》考评节点中采购节点计划进行审核； （2）负责项目考评指标中采购管理指标的制订； （3）对各节点采购管理工作情况出具考评意见； （4）根据考评结果，负责调配本部门项目管理人员，满足建设需要
综合管理部	（1）负责《项目管理任务书》管理考评指标中廉政建设指标的制订； （2）负责廉政建设情况出具考评意见； （3）负责依据考评结果兑现奖惩； （4）根据考评结果，对各岗位人员职业能力进行评价
财务管理部	（1）负责成本核算，确认收入、成本，对资金收付情况出具考评意见； （2）根据考评结果，负责调配本部门项目管理人员，满足建设需要

三、项目考评依据与内容

项目开工前，项目管理部会同费用控制部、质量安全管理部、技术管理部、采购管理部、综合管理部等职能部门，组织编制《项目管理任务书》，并与项目经理部沟通协商后，确定各项考评指标，经项目分管领导审核，总经理办公会审批后执行。

以垃圾焚烧发电项目为基础，共设置21个工程完成项作为考评节点，节点如下：

（1）主厂房（垃圾仓）浇筑第一罐混凝土；

（2）垃圾仓出零米；

（3）钢架基础交安；

（4）锅炉汽包安装就位；

（5）锅炉水压试验合格；

（6）汽机房封闭断水；

（7）化学水处理间制出合格水；

（8）配电室、控制室精装修完成；

（9）垃圾仓结构到顶；

（10）厂用受电完成；

（11）汽轮机基座交安；

（12）汽轮机扣盖完成；

（13）垃圾仓具备进料条件；

（14）烟气净化设备具备通烟条件；

（15）烟气净化封闭完成；

（16）锅炉烘煮炉完；

（17）渗滤液具备进料条件；

（18）机组整套启动具备条件；

（19）机组 72+24 小时试运行完成；

（20）项目移交（资料和设施）；

（21）竣工结算完成。

节点编制时注意以下事项：

（1）以上工程节点以垃圾焚烧发电项目为依据制订；

（2）餐厨废弃物处理及其他项目，根据项目实际情况确定节点，最多不超过 21 个；

（3）如项目为两台以上发电机组，均按照最后一台机组完成节点为准；

（4）考评节点在《项目管理任务书》确定前，由项目经理组织相关专业人员制订，经各职能部门审核，公司批准后，作为考评的依据。

四、工程节点考核管理

（一）工程节点考核标准

项目经理部完成《项目管理任务书》中确定的考评节点，并未发生否决性事件，方可申请考评评价，每个节点考核评价原则上只允许申请一次。工程节点完成标准及完工比例见表 16–15。

表 16–15 工程节点完成标准

序号	节点名称	完成标准	完工比例（%）	累计完成（%）
1	EPC 合同签订	EPC 合同各方签字盖章完成	2	2
2	初设审批完	完成中节能集团初步设计审批并取得批准文件	3	5
3	第一罐混凝土浇筑完成	—	—	—
4	汽包就位完成	最后一台锅炉汽包吊装完成	5	10
5	锅炉水压试验完成	最后一台锅炉受热面安装完成，管道温度元件与取源部件安装完成，水压试验合格	5	15
6	汽轮机扣缸完成	最后一台汽轮机轴系找正完成，高压缸找正完成，汽缸内部通流间隙调整结束，凝汽器与汽缸连接完成，汽缸抽汽管连接结束，凝汽器灌水试验结束	7	22
7	厂用受电完成	电气开关室必须完成安装工作，受电范围内的电气连锁和保护装置调试工作结束，开关室的暖通和消防、照明、通信应具备投用条件，厂用受电完成	8	30

续表

序号	节点名称	完成标准	完工比例（%）	累计完成（%）
8	垃圾仓具备进料条件	土建施工完成，设备安装完成，系统调试完毕，施工现场环境满足进料条件	8	60
9	锅炉点火吹管完成	最后一台锅炉烘炉曲线合格，煮炉检测结果合格，吹管合格	5	70
10	机组整套试运并通过72+24h	最后一台机组完成汽机和电气超速试验以及发电机所有电气试验机组保护100%投入；符合满负荷连续运行条件；达到断油、投高加、投除尘，机组能带稳定负荷，连续运行72+24h	15	85

（二）考评申请程序

项目节点完成后，项目经理部填写《工程节点考评申请表》，附支撑性证明材料，向公司申请节点考评。

工程节点考评结合每两个月进行一次的定期监督检查进行。考评小组依据公司与项目经理部签订的《项目管理任务书》中所确定的安全、质量、进度、经营、廉政建设与日常管理指标进行综合评定，考评指标原则上不做调整。项目经理部考评应提供的资料如下。

（1）工程节点相关各种计划完成情况。

（2）工程节点所发生的来往文件、函件、签证、记录、鉴定、证明。

（3）项目当前各项技术经济指标的完成情况及分析资料。

（4）项目管理当前总结报告，包括进度、技术、质量、成本、安全、合同履约及党风廉政建设工作等完成情况。

（5）执行的各类合同、管理制度。

（6）各类安全管理内业资料及上报安全信息资料。

（7）图片、音像等证明材料。

考评小组按检查结果进行评价，并在工程节点考评申请表填写考评意见和奖惩建议。考核结果经分管工程领导审核，总经理批准后执行。

五、考评结果的运用

公司总经理办公会负责审定考评小组提出的考评奖励发放总金额（如3万～5万元）及标准。项目经理部相应岗位人员奖金发放的分配权属项目经理。综合管理部按总经理办公会批准的节点奖励总金额及项目经理部奖金分配表进行发放。

六、对施工单位考评管理

项目开工前，项目经理部组织编制《项目管理策划书》，并与施工单位沟通协商后确定各项考评指标，经项目经理审批后执行。考评依据《项目管理策划书》的各项指标和管理目标。

施工单位项目部填写《工程节点考评申请表》，上报项目经理部/项目考评办公室审核后，交项目经理批准，项目经理部成立考评小组组织考评，考评小组成员包括项目经理、项目副经理、项目管理各职能负责人。

考评工作开始时，由项目经理任考评组长，确定小组成员，经项目主管领导审核通过后，考评小组要提前编制完整项目考评方案，按考评方案做好准备工作。考评小组依据项目经理部发布的《项目管理策划书》中所确定的安全、质量、进度、经营、廉政建设与日常管理指标进行综合评定。

（一）检查及考核方法

（1）项目经理部负责组织参建单位各项工作开展情况及其取得的实际效果进行综合评价。

（2）根据实际需要，项目经理部按照工程施工的具体情况，在工程开工前、施工中和工程竣工投运后等不同阶段，分别进行过程检查评价并作好相关记录，在工程竣工后、施工合同最终结算前，项目经理部汇总评价情况及相关记录，由项目经理部审核确定最终评价得分，并填写《施工单位工作开展情况及其实际效果评价打分表》（见附表 16–1）。

（3）经项目经理部审核汇总（见附表 16–2）后上报工程公司，同时抄送参建单位。

（二）评价标准

（1）施工单位工作开展情况及其实际效果综合评价满分 100 分（其中施工项目经理部设置 20 分、项目管理 20 分、安全管理 20 分、质量管理 20 分、造价管理 10 分、技术管理 10 分），并设置加分项 5 分，鼓励施工项目经理部加强管理、争先创优，具体评价指标及评价标准见附表 16–1。

（2）对施工单位工作开展情况及其实际效果进行综合评价打分，要严格按照附表 16–1 中统一规定标准进行，每项检查都应在检查表的相应栏目内，记录该次检查得分，并对扣分原因做出简要说明。

（3）检查表内各检查子项的标准分，是该项工作评价的最高得分，同时也是检查扣分的上限。

（4）若某项目评价存在缺项，可以采用附表 16–1 部分指标进行评价，通过计算得分率确定评价结果。

（三）考核办法

（1）施工单位工作开展情况及其实际效果的综合评价得分，与施工合同结算直接挂钩，按照相关规定对施工单位进行合同结算。

（2）对施工单位工作开展情况及其实际效果的综合评价得分，同时作为对该项目施工单位合同履约评价、资信评价打分，并与下一阶段招投标资格预审及评标打分挂钩。其中，资信评价定级如表 16–16 所示。

表 16–16　　资信评价定级

序号	评价得分总和 Z（分）	综合得分率 K（%）	评价定级
1	$Z<60$	$K<60$	不合格
2	$60\leqslant Z<80$	$60\leqslant K<80$	达标
3	$80\leqslant Z<90$	$80\leqslant K<90$	良
4	$Z\geqslant 90$	$K\geqslant 90$	优

（四）考核实施

具体考核实施使用表格见附表 1 和附表 2。

相关表单：

（1）办公设备领用申请单
（2）办公用品借用登记表
（3）办公用品采购单
（4）办公用品领用
（5）办公物品报废申请表
（6）工程周报表
（7）工程月报表
（8）费用报销单
（9）差旅费报销单
（10）员工岗位变动表
（11）员工调配申请表（见表 16–17）
（12）工作交接清单（见表 16–18）
（13）调休/冲抵病（事）假申请表
（14）员工请假申请表
（15）项目经理部短期聘用人员备案表
（16）员工转正考核鉴定表
（17）部门年度培训计划表
（18）整改通知单
（19）整改验证单
（20）工程节点考评申请表

相关流程：

（1）签报管理流程（见图 16–12）
（2）印章使用流程（项目部）（见图 16–13）

表 16–17 员工调配申请表

<table>
<tr><td colspan="4">××××工程公司员工调配申请表</td><td colspan="2">表格编号</td></tr>
<tr><td>姓名</td><td></td><td>性别</td><td></td><td>学历</td><td></td></tr>
<tr><td>现部门</td><td></td><td>现岗位</td><td></td><td>拟调配日期</td><td></td></tr>
<tr><td>调配类型</td><td colspan="5">□借调 □正式调转</td></tr>
<tr><td>调配原因</td><td colspan="5">□个人申请 □部门申请调入 □部门申请调出 □公司整体安排理由：</td></tr>
<tr><td rowspan="2">调出部门意见</td><td colspan="5">部门负责人意见：
签字： 日期：</td></tr>
<tr><td colspan="5">部门分管领导意见：
注：调出人员此栏不填 签字： 日期：</td></tr>
<tr><td rowspan="2">调入部门意见</td><td colspan="5">部门负责人意见：
签字： 日期：</td></tr>
<tr><td colspan="5">部门分管领导意见：
注：调入人员此栏不填 签字： 日期：</td></tr>
<tr><td>人力资源意见</td><td colspan="5">人力资源负责人意见：
签字： 日期：</td></tr>
<tr><td>备注</td><td colspan="5"></td></tr>
</table>

表 16–18 **工 作 交 接 清 单**

<table>
<tr><td colspan="6" rowspan="2">××××工程公司工作交接清单</td><td colspan="2">表格编号</td></tr>
<tr><td colspan="2"></td></tr>
<tr><td>姓名</td><td colspan="2"></td><td>部门及职务</td><td colspan="4"></td></tr>
<tr><td>入职日期</td><td colspan="3">年 月 日</td><td colspan="2">调动日期</td><td colspan="2">年 月 日</td></tr>
<tr><td rowspan="7">物品及文件
交接清单</td><td>序号</td><td colspan="5">物品及文件名称</td><td>数量</td></tr>
<tr><td></td><td colspan="5"></td><td></td></tr>
<tr><td></td><td colspan="5"></td><td></td></tr>
<tr><td></td><td colspan="5"></td><td></td></tr>
<tr><td></td><td colspan="5"></td><td></td></tr>
<tr><td></td><td colspan="5"></td><td></td></tr>
<tr><td colspan="4">交接人签名：</td><td colspan="3">接收人签名：</td></tr>
<tr><td rowspan="9">工作交接
清单</td><td>序号</td><td colspan="6">工作内容</td></tr>
<tr><td></td><td colspan="6"></td></tr>
<tr><td></td><td colspan="6"></td></tr>
<tr><td></td><td colspan="6"></td></tr>
<tr><td></td><td colspan="6"></td></tr>
<tr><td></td><td colspan="6"></td></tr>
<tr><td></td><td colspan="6"></td></tr>
<tr><td></td><td colspan="6"></td></tr>
<tr><td colspan="4">交接人签名：</td><td colspan="3">接收人签名：</td></tr>
<tr><td>部门负责人
意见</td><td colspan="7">签名： 日期：</td></tr>
<tr><td>部门分管
领导意见</td><td colspan="7">签名： 日期：</td></tr>
</table>

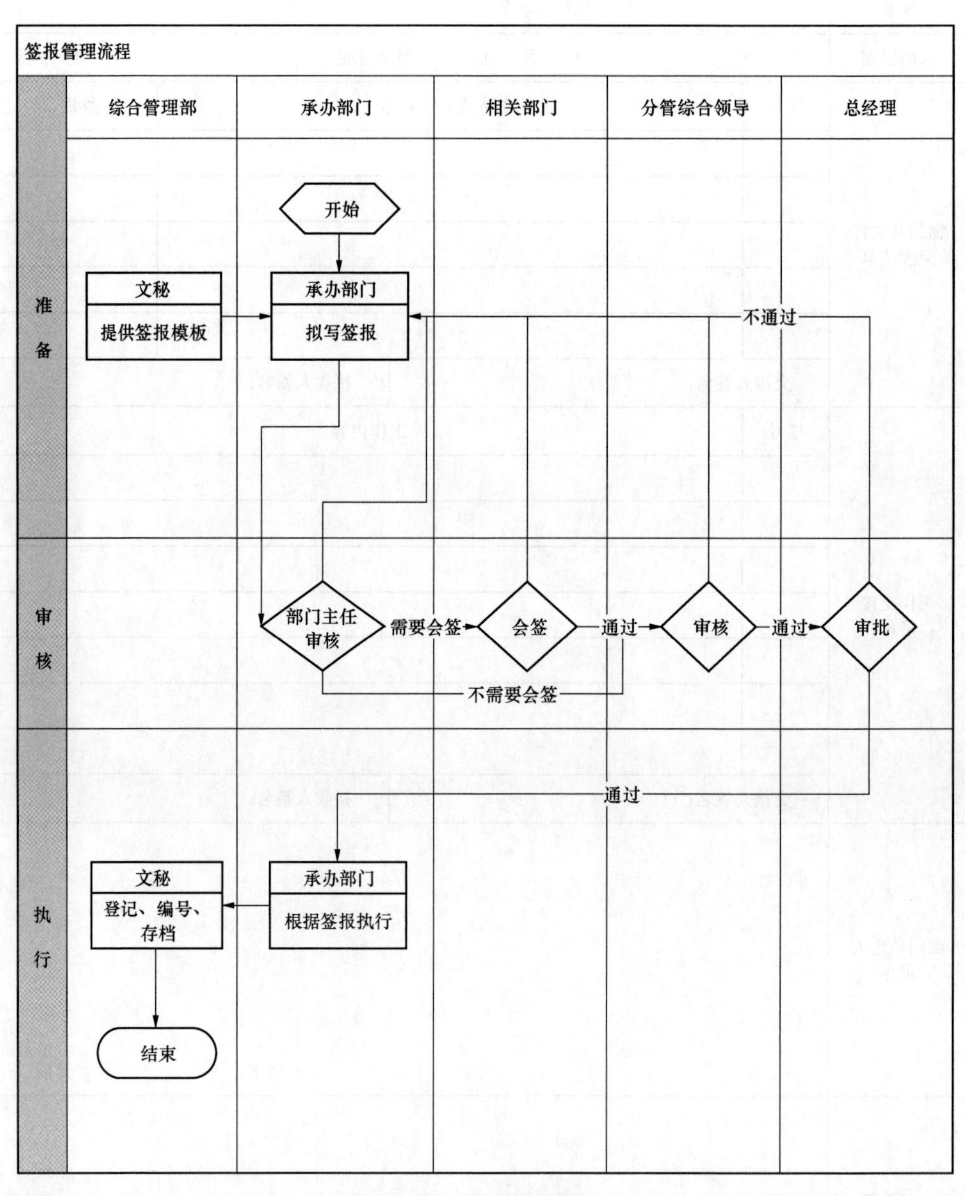

图 16–12 签报管理流程

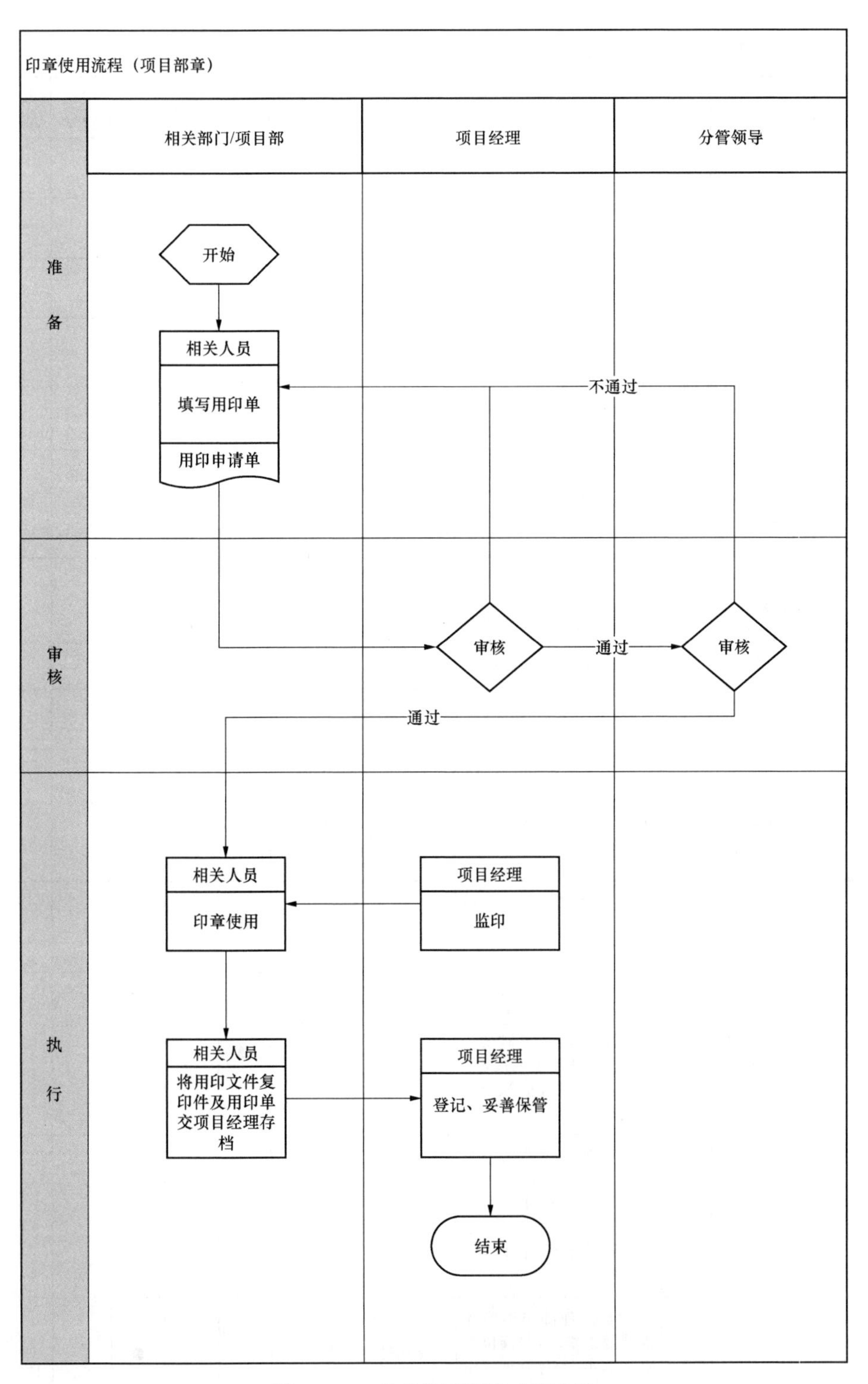

图 16–13　印章使用流程（项目部）

附表 16–1　　施工单位工作开展情况及其实际效果评价打分表

序号	评价项目（指标）	标准分	评分标准	检查方法	评价时间			检查得分	扣分说明
					开工前	施工中	竣工后		
1	施工项目经理部设置	20	—	—					
1.1	项目经理部人员配置	9	—	—					
1.1.1	项目经理及其他管理人员资格	3	项目经理应具有相应资格，且经过施工单位的任命。项目经理不具备资格扣3分，其他人不具备资格扣2分	抽查项目经理及其他管理人员资格证复印件	●				
1.1.2	项目经理部管理人员配备	3	项目经理部管理人员配备应符合工程公司相关规定，未达到要求的扣1分/人	查管理人员的配备情况	●				
1.1.3	项目经理及项目经理部管理人员上岗情况	3	项目经理同时承担两个及以上在施项目领导岗位工作扣2分；管理专责配备不齐或管理人员兼职不合理扣1分/岗	查项目经理及其他管理人员的兼职情况，查项目经理部管理人员异动的申请、批复手续		●			
1.2	项目经理部资源配置	5	—	—					
1.2.1	项目经理部建设	3	按照工程公司的要求，进行施工项目经理部建设，发现一项不符合要求扣0.5分	查项目经理部的设置，查项目经理部标识、标志是否符合规定要求，查施工区、生活区是否分开	●				
1.2.2	项目经理部办公设施配备情况	2	项目经理部办公设施的配备不能满足使用需要，少一种扣0.5分	查项目经理部办公设施的配备	●				
1.3	项目经理部制度建设	2	施工项目经理部应配备本公司编制的施工管理制度汇编本，其制度范围应满足本手册的规定，未达到要求的，每缺一项制度扣0.5分	查向监理项目经理部报审的制度清单及制度汇编本	●				
1.4	施工人员培训	2	施工项目经理部应对施工人员进行操作技能，规程规范、技术标准，以及施工安全知识和质量管理要求等方面的培训，未进行培训扣2分	查岗前培训和专项培训资料	●				
1.5	工作效果	2	项目经理部布局整体观感效果差、人员岗位职责不落实，整体管理工作效果差扣1～2分	现场随机检查			●		

续表

序号	评价项目（指标）	标准分	评分标准	检查方法	评价时间			检查得分	扣分说明
					开工前	施工中	竣工后		
2	项目管理	20	—	—					
2.1	项目管理实施规划	3	—	—					
2.1.1	项目管理实施规划的编制	2	（1）未编制《施工组织设计》和《强制性条文执行计划》扣2分，未按时完成扣1分 （2）文件审批手续不规范、不完整扣0.5分 （3）《项目管理实施规划》或《强制性条文执行计划》与项目特点未有机结合扣0.5分/处	（1）查《施工组织设计》《强制性条文执行计划》及其报审资料 （2）文件审批手续是否符合本手册要求 （3）查文件内容是否与项目特点相符	●				
2.1.2	项目管理实施规划的实施	1	（1）未认真执行经过审批的策划文件，未落实业主或监理方提出的整改要求，每次扣0.5分 （2）实施规划变更未履行审批手续扣0.5分/次	（1）查监理通知书及相关闭环整改资料 （2）查《项目管理实施规划》的变更手续		●			
2.2	进度管理	3	—	—					
2.2.1	施工进度计划	2	（1）未编制项目施工进度计划或计划安排不合理扣1分 （2）未按业主方下达的施工进度计划调整要求，调整进度计划扣1分 （3）未按月向业主和监理方编报施工月报，扣0.5分/次	（1）查施工进度计划报审表 （2）查施工进度调整计划报审表 （3）查施工月报	●	●			
2.2.2	施工进度计划执行	1	（1）因施工单位原因，未按期开工每推迟10天扣0.1分。工程受各种因素影响而停工，未办理停、复工手续扣0.2分/次 （2）对进度计划执行情况进行分析和纠偏，未做到扣0.1分/次 （3）按要求编制施工月计划，每少一份扣0.2分 （4）因施工原因未按期投产扣0.5分	（1）查工程开工报审表、查工程停、复工报审表 （2）查施工进度报审表、施工进度调整计划报审表、变更工期报审表 （3）查施工日志、查施工月计划 （4）查工程移交生产交接书		●	●		

续表

序号	评价项目（指标）	标准分	评分标准	检查方法	评价时间			检查得分	扣分说明
					开工前	施工中	竣工后		
2.3	施工项目经理部工作计划管理	2	—	—					
2.3.1	设备、材料及施工机具供应计划管理	1	（1）未编制甲供设备和材料需求计划、乙供材料需求计划、施工机具需求计划每项扣 0.2 分 （2）设备、材料采购到场未进行登记，主要材料无跟踪记录每种扣 0.2 分 （3）大中型施工机械进出场应报监理项目经理部确认，未经确认 0.2 分/次	（1）查相关需求计划 （2）查相关报审表 （3）查相关记录	●	●			
2.3.2	施工项目经理部例会管理	1	项目经理（总工）定期召开工程会议，无会议记录扣 0.5 分，记录不完整每少一次扣 0.2 分	查会议记录	●	●			
2.4	合同管理	3	—	—					
2.4.1	合同执行	1	（1）接受工程项目交底和前期承包合同交底，不符合要求时每次扣 0.2 分 （2）未及时协调合同执行过程中的各种问题扣 0.2 分/次	（1）查工程项目交底记录和前期承包内容交底记录 （2）查合同执行过程中协调工作的文字记录		●	●		
2.4.2	分包合同管理	1	（1）根据工程公司年度分包商名录选择分包单位不符合要求每份合同扣 0.5 分 （2）专业、劳务分包范围应符合公司规定，不符合扣 0.5 分/次 （3）拖欠农民工工资扣 1 分	（1）查分包商名录，判断分包商是否在合格分包商名录范围内 （2）查项目经理部合同台账及合同文本 （3）查农民工工资发放证明	●	●			
2.4.3	物资供应合同管理	1	收集乙供物资供应商资质，并上报监理项目经理部审查，未做到或上报资料不完整扣 0.5 分/份	查主要材料及构配件供应商资质报审表	●	●			
2.5	施工协调管理	3	—	—					

续表

序号	评价项目（指标）	标准分	评分标准	检查方法	评价时间			检查得分	扣分说明
					开工前	施工中	竣工后		
2.5.1	外部协调	2	（1）未配合业主做好工程开工协调工作影响工程施工进度扣 0.5 分 （2）未协调解决好业主及监理下达的施工协调工作，影响工程施工扣 0.5 分/次	（1）查工程开工报审表、单位（分部）工程报审表 （2）查现场基建管控模块		●	●		
2.5.2	施工后期协调	1	未落实内部验收、参加竣工验收与启动试运行及移交工作要求，影响工程安全、质量和进度，扣 0.5 分	组织施工项目内部验收、参与竣工验收和启动试运行和移交工作		●	●		
2.6	信息与档案管理	2	—	—					
2.6.1	文件的收发、整理、保管、归档工作	1	（1）未及时收集有关文件扣 0.5 分 （2）未按要求进行工程施工档案的分类、组卷，档案移交不及时每延误 3 天扣 0.5 分 （3）相关文件、资料收集不及时、填写不规范，内容及签字不完整的扣 0.1 分/处	（1）查是否建立管理信息系统、查文件分类目录 （2）查档案移交证明 （3）查项目经理部相关文件资料		●	●		
2.6.2	信息平台维护	1	（1）未及时整理业主项目经理部（建设单位）下发的各类文件每缺少 1 件扣 0.2 分 （2）由于信息协调不当影响工程施工的扣 0.5 分 （3）未及时向系统输入信息每延误 3 天扣 0.5 分 （4）因未向系统输入信息影响下一步信息录入工作的扣 1 分	（1）查记录 （2）查信息管理系统是否建立 （3）（4）查信息资料上报和信息平台维护情况		●			
2.7	工程竣工报告	1	未按期提交竣工报告扣 1 分	查竣工报告			●		
2.8	工程总结	1	未按要求提交工程总结扣 1 分	查工程总结			●		
2.9	项目管理工作效果	2	项目管理工作总体效果差，造成矛盾或产生不良影响扣 1～2 分	现场随机检查			●		
3	安全管理	20	—	—					
3.1	项目安全策划管理	4	—	—					

续表

序号	评价项目（指标）	标准分	评分标准	检查方法	评价时间			检查得分	扣分说明
					开工前	施工中	竣工后		
3.1.1	安全组织体系、安全制度体系、环境保护管理体系	1	（1）项目安全管理组织机构不健全（专兼职安全员在岗到位，项目经理、安全员应满足任职条件），缺一项扣 0.2 分 （2）停（带）电施工工作负责人、工作票签发人未经施工单位安规培训并考试合格，扣 0.2 分/人 （3）项目环境管理组织机构、项目经理部环境管理台账不健全，缺一项扣 0.2 分 （4）项目经理部及施工队（班组）安全管理账表册卡不健全，缺一种扣 0.2 分	（1）查安全管理机构图 （2）查相关证明文件 （3）查环境管理台账 （4）查项目经理部及施工队（班组）安全管理台账	●				
3.1.2	安全管理策划	1	（1）未编制《安全文明施工实施细则》《应急预案》等安全文件，缺一项扣 0.1 分 （2）未向监理项目经理部报审施工管理人员资质、特殊工种/特殊工作人员、主要施工机械/工器具/安全用具、大中型施工机械进场/出场的，缺一项扣 0.2 分	（1）查相关安全文件 （2）查特种作业人员登记台账	●				
3.1.3	安全例会	1	不按规定召开安全例会，未及时传达、学习并组织落实上级安全文件、会议精神，总结当前安全工作，布置下阶段安全活动、安全施工工作及安全防范重点，缺一项扣 0.2 分	查安全工作会议（例会）记录	●	●			
3.1.4	安全交底	1	（1）未组织项目经理部全体管理人员进行安全交底，扣 0.2 分；开工前或分部分项工程开工前，未对参加施工的所有人员进行安全交底，扣 0.2 分 （2）交底记录中有未签字、代签字或机打签字等问题，扣 0.2 分	（1）（2）查安全施工措施交底记录	●	●			

续表

序号	评价项目（指标）	标准分	评分标准	检查方法	评价时间			检查得分	扣分说明
					开工前	施工中	竣工后		
3.2	项目安全风险管理	2	—	—					
3.2.1	危险点辨识及预控措施	1	（1）未结合本专业和项目安全施工要求进行危险点辨识或未对危险点制订预控措施的，缺一项扣 0.2 分 （2）未进行危险点及预控措施交底，扣 0.2 分/人 （3）安全施工作业票中无针对工作内容的危险源及预控措施，扣 0.1 分	（1）查危险源辨识、风险评价和风险控制措施表 （2）查危险源辨识、风险评价和风险控制措施交底记录 （3）根据现阶段危险源及预控措施查安全施工作业票	●	●			
3.2.2	大型机械管理	1	（1）未对进场作业的大型机械进行检查，并建立机械台账，缺一项扣 0.2 分 （2）应查验、保存机械操作人员资格，保存机械进场检查记录，无相关记录，缺一项扣 0.2 分	（1）查机械台账 （2）查相关检查记录资料	●	●			
3.3	项目安全文明施工管理	2	—	—					
3.3.1	安全文明施工措施	1	（1）安全文明施工类物品（包括安全帽、安全带、速差自控器、安全自锁器、下线爬梯、作业平台、标识牌、警示牌、提示牌、灭火器、应急药箱、孔洞盖板、验电器、施工电源箱、接地线、各式围栏、提示遮栏等）的管理和使用不符合国家及公司规定的，发现一处扣 0.2 分 （2）未编制安措费使用计划、文明施工措施费使用计划，缺一项扣 0.2 分；计划不落实，缺一处扣 0.2 分 （3）现场无垃圾箱和废料箱或垃圾、废料未分类集中存放的，扣 0.2 分	（1）查相关登记台账 （2）查安措费使用计划及文明施工措施费使用计划及其执行情况 （3）现场检查		●			
3.3.2	利用数码照片加强施工过程安全控制	1	未按照公司要求留存相关照片的，缺少重要或关键的照片，扣 0.2 分/幅	查电脑存档照片		●	●		

续表

序号	评价项目（指标）	标准分	评分标准	检查方法	评价时间			检查得分	扣分说明
					开工前	施工中	竣工后		
3.4	项目安全性评价管理	2	—	—					
3.4.1	评价工作	1	未开展安全性自评价工作或不配合上级安全性评价工作，扣1分	查项目经理部安全健康环境管理评价记录等相关资料		●			
3.4.2	问题整改	1	（1）未形成评价报告或未对评价中不符合要求的项目进行整改闭环，缺一项扣0.5分 （2）评价报告未上报项目监理部，扣0.3分	（1）查证评价报告及整改记录 （2）上报项目监理部的证据			●		
3.5	项目分包安全管理	4	—	—					
3.5.1	分包合同与安全协议	1	（1）分包合同不符合集团公司的相关规定或分包方资质不合格的，扣0.3分 （2）未在签订分包合同的同时，按照《分包安全协议范本》签订安全协议的，缺一份扣0.5分	（1）查分包合同的符合性 （2）查安全协议是否符合《分包安全协议范本》	●	●			
3.5.2	分包队伍人员管理	2	（1）分包单位未配备专职（或兼职）安全员，扣0.5分 （2）未查验、留存分包方作业人员中特种作业人员的上岗证明的，缺一人扣0.2分 （3）分包方人员体检、安全教育培训考试、交底等不完备的，缺一种扣0.2分 （4）从事危险作业人员未办理意外伤害保险，扣0.3分	（1）查分包单位花名册，按30人以上设专职、以下设兼职安全员核对总人数和安全员上岗证 （2）（3）查分包单位花名册人员与职工体检情况登记台账；查安全考试登记台账；安全施工措施交底记录 （4）查验分包单位为从事危险作业人员所办理的保险手续	●	●			
3.5.3	机具检验	1	在分包方进场后，未对其投入项目施工的施工机械、工器具等进行入场验证或发现施工机械存在隐患的，缺一台扣0.5分	查安全工器具登记台账；施工机具安全检查记录表	●	●			
3.6	项目安全应急管理	2	—	—					

续表

序号	评价项目（指标）	标准分	评分标准	检查方法	评价时间			检查得分	扣分说明
					开工前	施工中	竣工后		
3.6.1	应急预案与应急救治	1	（1）未针对工程特点制订事故应急预案及应急救治路线、应急联络方式不清的，缺一项扣 0.2 分 （2）预案内未包括组织机构、职责、联系方式、救援及逃生路线、人员和物资及车辆保障或处理程序的，扣 0.3 分 （3）未组织进行工程意外伤害急救知识培训教育和应急预案演练的，扣 0.2 分	（1）（2）查《应急预案》及相应报审手续的符合性 （3）查培训记录和应急预案演练记录	●	●			
3.6.2	应急物资器材	1	未配备应急物品和设备器材，且无专人管理的，少一种扣 0.2 分	查应急物品和设备器材登记台账；应急物品和设备器材检查试验记录；应急物品和设备器材发放记录	●				
3.7	项目安全检查管理	2	—	—					
3.7.1	安全检查与问题整改	1	（1）未配合各级安全检查或未按月组织项目经理部安全检查，扣 0.2 分/次 （2）未对安全检查所发现的问题做到闭环管理的，发现一项扣 0.2 分	（1）查安全检查记录和相关检查活动照片 （2）查安全施工问题通知单和现场核实或查存档照片。是否完成，形成闭环管理		●	●		
3.7.2	事故处理	1	事故调查分析与处理，未按照“四不放过”要求整改，扣 0.3 分	查事故报告			●		
3.8	安全管理工作效果	2	安全管理工作整体效果差、未实现项目经理部安全健康环境管理目标，扣 1～2 分	现场随机检查			●		
4	质量管理	20	—	—					
4.1	施工策划阶段的质量管理	3	—	—					
4.1.1	质量管理机构和项目质量管理制度的建立	1	（1）未编制项目质量制度或制度有漏项扣 0.1 分/处 （2）质量管理制度未报审扣 0.1 分/处	（1）（2）查质量管理制度及报审表	●				

续表

序号	评价项目（指标）	标准分	评分标准	检查方法	评价时间			检查得分	扣分说明
					开工前	施工中	竣工后		
4.1.2	质量策划文件	2	（1）未编写质量策划文件《施工质量验收及评定范围划分表》每缺一项扣 0.5 分 （2）文件内容不完善、操作性差扣 0.1 分/处；未报审扣 0.2 分	（1）查质量策划文件及其报审表 （2）抽看文件内容	●				
4.2	施工准备阶段质量管理	3	—	—					
4.2.1	计量器具、检测设备及实验室资质的管理	1	（1）未建立计量器具、检测设备台账扣 0.5 分；施工现场在用计量器具的品种、数量不能够满足施工需要扣 0.1 分/件 （2）有未经检定或检定超周期的计量器具、检测设备扣 0.1 分/件 （3）计量器具、检测设备未报审扣 0.5 分 （4）试验室资质未报审 0.5 分	（1）查项目经理部计量器具、检测设备管理台账 （2）（3）查主要测量计量器具/试验设备检验报审表；抽查计量器具、检测设备的检定标识 （4）查试验（检测）单位资质报审表	●	●			
4.2.2	设备、原材料的管理	1	（1）设备、原材料出厂合格证及试验报告不齐全、有缺项或错误等扣 0.2 分/份 （2）原材料未按规定试验、见证取样送检扣 0.2 分/处 （3）设备、原材料到货检验手续不齐全扣 0.2 分/处 （4）设备材料到货报审手续不全扣 0.1 分/处 （5）设备、原材料保管不当、不合格产品未清出工地现场扣 0.1 分/件 （6）出现不合格品，未向监理报《缺陷通知单》扣 0.1 分/件；待缺陷处理后，未再次进行报审扣 0.1 分/件	（1）查原材料出厂合格证及试验报告 （2）查试验报告、见证取样及送检记录 （3）查设备、原材料开箱检查记录及保管现场 （4）查设备、原材料报验表 （5）抽查设备、原材料存放现场 （6）查不合格品处理记录	●	●			
4.2.3	特殊工序和特种作业人员的管理	1	（1）首件试品试验未报审扣 0.1 分 （2）特种人员无上岗证的扣 0.2 分/人次	（1）查试品/试件试验报告报验表 （2）查特种作业人员报审表	●	●			

续表

序号	评价项目（指标）	标准分	评分标准	检查方法	评价时间			检查得分	扣分说明
					开工前	施工中	竣工后		
4.3	施工阶段质量管理	10	—	—					
4.3.1	混凝土施工	1	（1）未对混凝土施工按要求抽样送检，扣0.1分 （2）未对混凝土抗压强度进行检验评定的扣0.1分 （3）未将混凝土抗压强度汇总及评定的，扣0.1分	（1）（2）（3）查混凝土送检试验报告及混凝土养护记录、查混凝土抗压强度汇总及评定表		●			
4.3.2	质量检查及质量活动的开展	3	（1）未按时开展质量活动，扣0.1分/次 （2）质量检查不到位，追踪标准化工艺的落实情况不及时，对发现的质量缺陷不能及时提出整改要求的扣0.2分 （3）未对质量缺陷进行闭环整改或整改未经确认的，扣0.2分/处	（1）查工程质量活动记录 （2）查过程质量检查表 （3）查工程质量问题处理单		●			
4.3.3	三级质量检验	3	（1）工程验评记录及签证记录，未能与工程保持同步，扣1分/处；内容不真实、数据不准确每处扣0.2分 （2）专检完成后，未及时出具专检报告扣0.2分 （3）未按规定进行工程质量报验的，每项扣0.2分	（1）查质量检验及评定记录和签证记录 （2）查工程质量专（复）检报告 （3）查分项工程质量报验申请单；分部（子分部）工程质量报验申请单		●			
4.3.4	质量信息管理	1	未按要求采集质量方面数码照片扣0.2分；整理不规范或不满足要求的扣0.1分/处	查项目经理部数码照片资料		●			
4.3.5	质量事故的处理	2	（1）施工期间发生一般质量事故扣1分/次 （2）未采取相应措施，避免事故情况的进一步扩大，同时保护好事故现场的扣0.2分/处 （3）未及时填报工程/安全质量事故报告表的扣0.2分/次 （4）未及时填报未及时填报工程/安全质量事故处理方案报审表的扣0.2分/次 （5）未及时填报工程/安全质量事故处理结果报验表的扣0.2分/次	（1）（2）（3）查工程安全/质量事故报告表 （4）查相关报审表 （5）工程安全/质量事故处理结果报验表		●			

续表

序号	评价项目（指标）	标准分	评分标准	检查方法	评价时间			检查得分	扣分说明
					开工前	施工中	竣工后		
4.4	施工验收阶段质量管理	1	（1）三级自检通过后，未申请中间验收的，缺一项扣 0.2 分 （2）未积极配合中间验收、工程质量监督检查，未编制各阶段质量检查汇报材料的扣 0.2 分/次	（1）查相关表单记录 （2）查工程阶段质量检查汇报材料		●			
4.5	项目总结评价阶段质量管理	1	（1）未编制工程质量总结，扣 0.2 分 （2）未执行质量回访计划，扣 0.2 分 （3）未及时完成保修工作的扣 0.2 分	（1）查工程质量总结材料 （2）（3）查工程质量相关表单			●		
4.6	质量管理工作效果	2	质量管理工作整体效果差、未实现项目经理部质量管理目标扣 1～2 分	现场随机检查			●		
5	造价管理	10	—	—					
5.1	成本控制管理	2	（1）未编制成本管理规划及资金使用计划扣 1 分 （2）成本控制措施不落实或未结合实际及时调整扣 0.5 分/项 （3）未对价款使用进行控制、分析、反馈的，每项扣 0.5 分	（1）查成本管理规划及资金使用计划 （2）（3）查相关资料		●			
5.2	施工图预算与进度款管理	2	（1）未根据施工图设计文件，编制施工图预算的扣 0.5 分 （2）未编制工程预付款和进度款报审表扣 0.5 分/项 （3）未对设备、材料供应商提出的付款申请进行审核，每少一项扣 0.5 分	（1）查相关资料 （2）查工程预付款报审表、工程进度款报审表			●		
5.3	工程变更预算管理	2	（1）未及时根据设计变更，编制、核对费用变动预算的扣 0.5 分/项 （2）未编制报送工程变更单汇总表扣 0.5 分	（1）查工程变更单 （2）查工程变更单汇总表		●	●		
5.4	工程索赔费用管理	2	（1）未按合同约定的时间提出索赔申请扣 0.5 分/次 （2）索赔材料依据不充分、证明材料不完整扣 0.5 分	（1）（2）见相关资料		●	●		

续表

序号	评价项目（指标）	标准分	评分标准	检查方法	评价时间			检查得分	扣分说明
					开工前	施工中	竣工后		
5.5	工程结算与财务决算管理	2	（1）未按照要求编制竣工结算工程量确认书扣 0.5 分 （2）未编制工程竣工结算报审表扣 0.5 分 （3）未配合建设管理单位完成合同的阶段性结算工作扣 0.5 分	（1）查相关资料 （2）查工程竣工结算报审表 （3）查相关资料			●		
6	技术管理	10	—	—					
6.1	技术标准的贯彻落实	1	—	—					
6.1.1	技术标准的配备	1	（1）项目施工所需的技术标准配备不齐，缺一个标准扣 0.2 分。发现技术标准的引用、配备了失效版本，发现一个扣 0.2 分 （2）未收集施工技术标准执行中存在的问题、各标准间差异的扣 0.2 分	（1）查项目经理部技术标准清单及项目经理部有关管理文件及相关技术标准 （2）查相关资料	●				
6.2	施工技术管理	7	—	—					
6.2.1	施工图预审、会检与施工图设计交底	1	（1）未进行施工图预审扣 0.5 分 （2）未参加施工图会检和施工图设计交底扣 0.5 分	（1）查施工图预审记录 （2）查设计交底记录	●				
6.2.2	施工技术方案与技术交底	4	（1）未制订施工技术方案（措施）、调试报告或施工技术方案（措施）、调试报告缺乏可操作性扣 0.5 分/项 （2）（一般）施工技术方案和调试报告未报监理审批扣 0.2 分/项 （3）特殊施工技术方案（措施）未报监理和业主项目经理部审批扣 0.5 分 （4）修改施工方案（措施）未履行原审批程序扣 0.1 分 （5）施工技术方案没有得到贯彻执行扣 0.5 分/项 （6）未在工程开工或分部工程开工前对项目经理部和劳务分包人员进行技术交底扣 0.5 分 （7）技术交底内容缺乏针对性扣 0.5 分/次 （8）技术交底未履行签字手续或签字手续不规范扣 0.1 分/人	（1）查项目经理部编制的施工技术方案（措施）、调试报告 （2）查相关资料 （3）查特殊施工技术方案（措施）报审表 （4）（5）查施工记录及工程实体 （6）（7）（8）查技术交底记录	●	●			

续表

序号	评价项目（指标）	标准分	评分标准	检查方法	评价时间			检查得分	扣分说明
					开工前	施工中	竣工后		
6.2.3	施工图管理与设计变更	1	（1）施工图和工程变更无接收、发放登记扣0.2分/项 （2）工程变更手续不符合规定或工程变更发放范围与施工图发放范围不一致扣0.2分/份 （3）工程变更执行完毕，未履行报验手续扣0.1分/份	（1）（2）（3）查相关记录	●	●			
6.2.4	竣工图及工程施工档案资料	1	（1）未按时完成设计单位提交的竣工图的审核签署工作，扣0.5分 （2）收集、整理工程施工档案资料，资料收集不及时、内容不齐全每缺1项扣0.2分	（1）查工程竣工图 （2）抽查所收集的施工资料内容			●		
6.3	施工科技管理	1	（1）落实施工承包单位和业主项目经理部针对本项目提出的“四新”应用计划，编制相应实施措施并组织执行，未编制具体措施或措施无可操作性扣0.5分 （2）工程施工中使用了国家、地方和行业明令禁止和限制使用的建筑材料及施工工艺的，扣0.5分/种	（1）查基建新技术应用计划表 （2）抽查有关材料报验表和施工记录		●			
6.4	技术管理工作效果	1	技术管理工作不到位，重大技术方案的编制或执行中出现问题，造成重大损失或严重后果的扣1分	现场随机检查			●		
7	加分项目	5	—	—					
7.1	工程目标	1	工程全面实现安全、质量、工期等各项工程目标加1分	核查目标完成情况					
7.2	信息化	2	基建管控模块中监理操作节点按期正确完成率100%加2分	查系统自动统计数据					
7.3	技术创新	1	积极应用新技术施工，获得行业或以上级别科技成果奖或能够提供查新报告书或获得技术类专利，每项加0.5分，最多加1分	查科技成果获奖证明、查新报告书、专利证书等专利性资料					

续表

序号	评价项目（指标）	标准分	评分标准	检查方法	评价时间			检查得分	扣分说明
					开工前	施工中	竣工后		
7.4	合理建议	1	积极向有关部门和单位提出合理化建议，该建议能对项目实施产生积极影响（如减少工期、节约成本或提高效益等）每项加 0.5 分	查正式建议书面材料和相关证明资料					

附表 16–2　　施工单位工作开展情况及其实际效果评价打分汇总表

工程名称					
施工单位					
项目部					
序　号	评分项	标准分	检查得分	得分率（%）	评价人员（签名）
1	项目经理部设置	20			
2	项目管理	20			
3	安全管理	20			
4	质量管理	20			
5	造价管理	10			
6	技术管理	10			
7	加分项				
总体情况					
主要问题					
整改建议					
评价结论					

评价工作负责人：　　　　年　　月　　日

引 用 说 明

在本《管控手册》的编制过程中，重点参考、引用了以下国家的相关法律法规、标准和规范。

（1）《中华人民共和国建筑法》

（2）《中华人民共和国合同法》

（3）《中华人民共和国招标投标法》

（4）GB/T 19000—2016《质量管理体系　基础和术语》

（5）GB/T 19001—2016《质量管理体系　要求》

（6）GB/T 24001—2015《环境管理体系　要求及使用指南》

（7）GB/T 28001—2011《职业健康安全管理体系　要求》

（8）GB 50049—2011《小型火力发电厂设计规范》

（9）GB 50187—2012《工业企业总平面设计规范》

（10）GB 50229—2006《火力发电厂与变电所设计防火规范》

（11）GB/T 50326—2017《建设工程项目管理规范》

（12）GB/T 50358—2017《建设项目工程总承包管理规范》

（13）GB/T 50430—2017《工程建设施工企业质量管理规范》

（14）DL/T 5094—2012《火力发电厂建筑设计规范》

（15）DL/T 5210.1—DL/T 5210.8《电力建设施工质量验收及评价规程》

（16）CJJ/T 137—2010《生活垃圾焚烧厂评价标准》

后 记

接触项目管理，已经好长时间了。

曾经做过很多企业管理咨询项目，我和我的团队，认认真真地、踏踏实实地去做每一个项目，有意无意间践行着项目管理理论。那许许多多的项目的实施，也是我们服务了不同行业、不同性质、不同规模的客户见证。我们的付出，可能会改进了他们的管理，促进了他们的发展，也让我们自己得到了成长。无论是我们的成绩，还是客户的成就，都从不同的方面检验了项目管理理论能够有效地规范、改善人们行为举止，提升绩效，这是我们推行项目管理共同的目的。

2016 年，北京中电力企业管理咨询有限责任公司与中节能（北京）节能环保工程有限公司合作，对近几年该公司的发展历程进行调研与分析，为其导入标准化管理体系建设，逐渐深入接触了生活垃圾焚烧发电项目管理。合作过程中，我们不断思考，逐渐地理解。团队内，与同事、与聘请的专家、与我们服务的客户，结合时事、结合大家的实践经验、结合一个个管理现场的具体情况，不断地沟通和探讨，希望借助于标准化的理念和方法，形成一套适合于特定行业、特定组织形式和特定建设项目的管理模式。我希望把大家的积累，也是把大家在现场数年来辛辛苦苦的积累，反复斟酌、修订与补充，编制成一本册子，印制出来。如果那些还在摸索的同行们、朋友们能从中受到启发，或借鉴使用其中一二，进而助推我们国家 PPP 项目具体实施过程中管控模式的建立以及保证项目的有效实施，我们的这项工作将更有意义！

虽然经过多次的修订、补充和完善，文中难免存在一些偏差或不足。企业基础管理是一个循序渐进不断提高的过程，如同我们写书一样。希望通过积累更多的案例与经验，对建设项目管控起到一定的促进作用，这就是我们良好的初衷！

是为后记！

中电力咨询　李权

2018 年 1 月 19 日